Präventivschlag im Zeitstrom

Geheimakte MARS 22

Umschlagsfoto: Mit Lizenz

Paperback: ISBN:9781983566202
Imprint: Independently published

Hardcover: ISBN:9798862189780
Imprint: Independently published

ISBN-e-Book: ebenfalls erhältlich:

D.W. McGillen, 25.09.2023

Inhaltsverzeichnis

Rückblick

Episode 19:

Den Uylanern, ein ehemaliges Hilfsvolk der Adramelech gelingt es Kolonien und Flottenträger der Adramelech auszuschalten. Das gerissene und kampferprobte Volk will den Regenten von seinem Thron stoßen. Die Flotte der Mächtigen musste sich aufsplitten und sucht in vielen Sektoren ihrer Spiralgalaxie nach den Abtrünnigen. In der Zwischenzeit formiert sich eine starke Allianz. Die neue redartanische Republik hat starke Unterstützung erhalten. Eine Flotte des Neuen-Imperiums wird durch ein schlagkräftiges Geschwader der Lantraner verstärkt. Sie haben mit den Mächtigen noch eine Rechnung offen. Dank dem Überläufer Adra'Metun, können Hinweise auf das Heimatsystem der hasserfüllten Adramelech gefunden werden.

Die rechtzeitig eingetroffene Evakuierungsflotte von Admiral Tarin vermutet hinter den Adramelech das Volk, welches für den Angriff der Rigo-Sauroiden auf Natrid verantwortlich war. Auch Admiral Tarin schießt sich mit seiner mächtigen Kampfflotte der Suche an. Dank einer Unterstützung von den Sorganis, gelingt es den Lantraner

Geräte zu entwickeln, welche die Schutzschirme der Raumschiffe in Sekundenschnelle neu modulieren lassen. Hiermit ist es möglich, die gasförmige blaue Energiewolke des Zwischenraumes ableiten. Die wichtigste Waffe der Adramelech wird bedeutungslos. Die Flotte unter Führung des Neuen-Imperiums bereitet sich vor, um die Adramelech für ihre Taten in der Vergangenheit zur Rechenschaft zu ziehen. Unverhofft tauchen weitere treue Verbündete auf, welche die Gemeinschaftsflotte unterstützen möchten. Der Flug durch das Wurmloch-Portal kann beginnen.

Episode 20:
Die Gemeinschaftsflotte des Neuen-Imperiums verhandelt mit den Adramelech über einen Friedensvertrag. Nach der Entmaterialisierung des Heimat-Planeten des Regenten in eine andere Zeitzone, muss das Volk der Mächtigen neue Spielregeln akzeptieren. Die Reinigungs-Kriege in der Adramalon-Galaxie gehören ab sofort der Vergangenheit an. Ein Friedensvertrag wird nur unterschrieben, wenn eine friedliche Koexistenz aller Rassen in der Sterneninsel möglich erscheint.

Rückblick: Vor 250.000 Jahren traf die lantranische Führung zu politischen Konsultationen auf Natrid mit dem Kaiser Quoltrin-Saar-Arel zusammen. Aritron wollte das natradische Imperium als Schutzmacht für die Milchstraße etablieren. Doch die Gespräche verliefen anders als gedacht. Erste Hinweise auf Spuren der ersten Rasse im Sol-System werden gefunden. Doch durch einen Angriff der Rigo-Sauroiden, verliert die Kommandantin der Atlantis-Basis ihre Erinnerungen.

Neuzeit: Atlanta erhält ihre lange verlorenen Erinnerungen zurück. Thoran ermöglicht ihr sich zu erinnern und Hinweise auf die Raguner mitzuteilen. Diese Rasse galt lange Zeit als mächtigstes Bollwerk in dem bekannten Universum. Viele Jahrtausende vor der Existenz der Natrader, lebten sie auf dem 5. Planeten im Sol-System, der heute nur noch als ein Asteroidenfeld hinter Natrid erkennbar ist. Eine neue Mission wird ausgerüstet. Major Travis, und Atlanta machen sich mit einem Team auf die Suche nach den Erkenntnissen der Vergangenheit.

Episode:21

Das Expeditionsteam, unter Leitung von Major Travis findet einen geheimen Stützpunkt, tief unter einem Gebirge in Wales. Hinweise auf die mystische Rasse der Aller-Ersten werden gefunden, die scheinbar die Basis als Fluchtstation für die Raguner erbaut hatten. Die erste Species des Sol-Systems, kämpfte gegen einen unerbittlichen Feind, der ihr ganzes Imperium in Frage stelle. Gebaut für die Ewigkeit, überdauerte die Station und erhielt sich selbst. Dem Team von Major Travis fallen neue Techniken in die Hände.

Als durch ein zeitgesteuertes Wurmloch die legendären Klappflügel-Zerstörer der Raguner in die Realzeit eindringen und die alte Flucht-Station vernichten wollen, schalten die Kampfsysteme des Neuen-Imperiums auf eine gezielte Abwehr. Der schlafende Wächter der Station erwacht und informiert seine Herren über den Angriff von außen Diese scheuen sich nicht, nach einer langen Zeit des Beobachtens wieder aktiv zu werden und offen in die Risiken eines möglichen Krieges einzugreifen. Abgesandte tauchen auf und versuchen die Situation zu bereinigen.

Ein guter Bekannter von Major Travis informiert ihn über die neue Gefahr. Der Hohe-Rat der Aller-Ersten vermutet hinter den Vorgängen einen Abtrünnigen ihrer Rasse, der maßgeblich an der Entwicklung der ersten Rasse beteiligt war. Er möchte den Untergang des ragunischen Imperiums verhindern und sieht in der Manipulation der Zeit eine letzte Möglichkeit. Erst jetzt wird bekannt, dass der Angriff auf das Hoheitsgebiet der Raguner unter der Regie der Arthropoden stattfindet. Admiral Tarin vermutet in ihnen die Species, welche den Angriff auf Natrid geplant hatte. Die Ereignisse überschlagen sich.

Vor langer Zeit in einer weit entfernten Galaxie

Rückblick

Die Schöpfung der Arthropoden war nicht humanoiden Ursprungs. Legenden sagten, dass sie sich auf dem Feuer der Sterne entwickelt hatten, als die Galaxien entstanden und ihre Planeten schufen. Die Species entwickelte sich aus einer spinnenartigen Lebensform. Im Laufe ihrer Entwicklung gelang es ihnen, erstaunliche Fähigkeiten zu entwickeln. Irgendwann sahen sie sich selbst an der Spitze der Evolution. Sie entwickelten sich weiter und entdeckten die Möglichkeiten der Raumfahrt. Sie forschten und entdeckten neue Sternen-Systeme und Planeten. Ihre Galaxie war mit vielen großen Staub-und Materiewolken verdunkelt. Doch es gelang ihnen, die Navigation ihrer Raumschiffe entsprechend den ungünstigen Verhältnissen ihrer Galaxie anzupassen.

Sie nannten ihren Bereich der Galaxie das graue Universum. Trotz intensiver und ausgedehnter Forschungsflüge konnten sie keine weiteren Lebensformen in ihrem grauen Universum entdecken. Ihre Vermutung wurde bestätigt. Sie sahen sich als wertvolle und einzige Evolution des Universums an. Sie gelangten zu der Erkenntnis, dass nicht nur ihr Heimatplanet für sie erschaffen worden war, sondern auch alle anderen Planeten, die in den habitablen Zonen von Sternensystemen in ihrem grauen Universum lagen.

Sie verstanden es als ihre hoheitliche Aufgabe, die Planeten mit dem immer größer werdenden Nachwuchs ihrer Rasse zu bevölkern.

Jahrtausende vergingen ohne Ereignisse, so dass ihnen keine große Beachtung geschenkt wurde. Die Zivilisation der Arthropoden entwickelte sich prächtig. Stetig wurden neue Planeten und Welten besiedelt, die unter der Verwaltung des Heimatplaneten lagen. Um der großen Anzahl der neuen Welten und der Vielfalt zahlreicher Arthropoden-Stämme Herr zu werden, wurde zu gegebener Zeit eine neue Staats-Ordnung eingeführt. Alle Arthropoden-Stämme, die sich auf anderen Planeten als der Heimatwelt entwickelten, durften sich in eigenen Staaten organisieren. Jedoch unter der Berücksichtigung, dass in hoheitlichen Fragen die Regierung ihres Ursprungsplaneten das Recht hatte, alle nationalen Anordnungen zu überlagern.

Diese Gesetze dienten zum Wohle des Imperiums und zum Erhalt der Species. Über allen Erlassen standen die Imperatorin und ihr Gatte. Sie war die mächtigste Kaiserin in der Rang-und Staatsordnung. Der ihr verliehene Titel war die höchste Auszeichnung in der Staatsordnung der Arthropoden. Selbst ihrem Gatten, dem Imperator, war sie in der Befehlsgewalt übergeordnet. Wie die Ahnen es gelehrt hatten, konnten nur die Imperatorin und der

Imperator die Hinweise der göttlichen Bestimmung empfangen und für den Staat definieren.

Die Arthropoden organisierten ihre Welten arbeitsteilig und gründeten immer wenigstens drei sogenannte Kasten. Die erste von ihnen bestand aus Soldaten, Offizieren, Bürokraten und hohen Beamten, die leitende Funktionen ausübten. Die zweite Kaste stand den weiblichen Individuen und einigen wenigen Königinnen zu, welche die Befehlsgewalt auf den Kolonien ausübten. Die dritte Kaste wurde von zahlreichen männlichen Individuen bevölkert, die überwiegend dem Arbeiterstatus zugeordnet wurden. Vor Hunderten von Millionen Jahren dienten die männlichen Individuen lediglich zur Paarung. Sie wurden in großer Anzahl von ringförmigen Palästen aufgezogen.

Nach der Paarung verstarben die männlichen Arthropoden. Zu dieser Zeit erhob sich die Regierung des Ursprungsplaneten über alle Planeten und festigte sich als Zentralmacht. Sie setzte die oberste Kaiserin in Rang und Würden und als Verkünder der göttlichen Bestimmung ein. Jahrhunderte später erkannte die Kaiserin, dass sie nicht alle Fäden ihres Imperiums allein ziehen konnte. Sie erklärte der Zentral-Regierung, dass von der göttlichen Bestimmung ein Absterben der männlichen Arthropoden nicht länger geduldet würde. Das war ihr seit langer Zeit ein Dorn im Auge. Sie brauchte die männlichen Arthropoden für wichtige Aufgaben in der Verwaltung. Die Regierung befahl ihren Wissenschaftlern, vorrangig nach der Ursache des Absterbens männlicher Arthropoden zu forschen.

Erst viele Jahrhunderte später konnte dieser Fehler der Evolution korrigiert werden. Den arthropodischen Wissenschaftlern war es gelungen, das betreffende Gen in der DNA ihrer Rasse zu neutralisieren und auszutauschen. Endlich konnten auch die männlichen Individuen einem langen Leben frönen und für wichtige Aufgaben als leitende Politiker, Offiziere und militärische Befehlsgeber herangezogen werden. Der göttlichen Bestimmung war es fortan möglich, ihren immer größer werdenden Staat perfekt zu lenken. Ab diesem Zeitpunkt wurde auf allen Planeten des Imperiums eine Königin der kolonialen Regierung vorgestellt.

Sie trug die globale Befehlsgewalt und hielt einen intensiven Kontakt zu der Imperatorin, der Verkünderin der göttlichen Bestimmung. War die Population eines Kolonialplaneten zu groß geworden, dann übernahm ein Flotten-Schwarm männlicher Offiziere die Suche nach neuen Planeten. War dieser gefunden, wurde hier ein neuer Staat gegründet. Wie die göttliche Bestimmung es forderte, wurden drei Kasten gegründet, die von ausgesuchten Getreuen der Kaiserin kontrolliert wurden. Auf allen Planeten wurden Brutzentren eingerichtet, die den stetigen Nachwuchs noch besser und schneller organisierten. In immer kürzeren Zeiten wurden neue Planeten besiedelt und dem Netzwerk der Planeten hinzugefügt. In stiller Zufriedenheit beobachtete die Kaiserin die Ausdehnung und die Vielfalt ihrer Zivilisation.

Flottenverband der Ceshalter

Die gewaltige Flotte von 12.000 Kriegsschiffen der Ceshalter war aus dem großen Wurmlochfenster vor dem grauen Universum materialisiert. Die Aussaat von vielen Sporen und DNA-Material durch zahlreiche alte Rassen des Universums war ihnen ein Gräuel. Sie unterstützten den Wunsch dieser Species nicht, die Vielfalt des Lebens in dem Universum zu unterstützen. Seit Jahrtausenden versuchten sie akribisch, dieser Entwicklung entgegenzuwirken und veränderten und mutierten Species den Nährboden ihrer Existenz zu entreißen. Sie hatten in den Zusammenkünften der alten Rassen stetig vor einer Ausuferung von minderen und aggressiven Lebensformen gewarnt. Doch sie waren nur mit Gelächter gestraft worden. Als die Leidenschaft dieser Versammlungen, mit der Aufnahme neuer Species verloren ging, zogen sich viele alte Rassen zurück und boykottierten die Zusammenkünfte. Als keine gemeinschaftlichen Gespräche mehr stattfanden, entschlossen sich die Ceshalter zu einem Alleingang. Mit Ekel sahen sie, wie sich unzählige mutierte Species in ihren beanspruchten Gebieten entwickelten. Sie vergrößerten ihre Kriegsflotten und sandten diese in alle erreichbaren Gebiete ihrer Mächtigkeitsballung. Eigentlich waren sie als gemäßigt und zurückhaltend einzustufen. Doch sie wollten die bewohnbaren Welten des Universums nicht von mutierten Species bevölkert wissen. Nach ihrem Verständnis waren alleine humanoide Lebensformen von der allgegenwärtigen Evolution für eine breitflächige Bevölkerung erschaffen worden. So vermittelte es ihnen ihr Glaube.

Die gewaltigen und todbringenden Zerstörer der übergroßen 5.000 Meter-Klasse stoppten ihre Antriebe. Die gigantischen Raumschiffe, einer längst als ausgestorbenen geglaubten Rasse, hatten in der Tiefe des Weltraums weiter ihren Hass geschürt. Versteckt und zurückgezogen beobachteten sie die schrecklichen Ereignisse. Wie bereits öfter in den vergangenen Jahrtausenden waren sie erneut aufgebrochen, um eine Säuberung des Universums vorzunehmen. In aller Stille hatten sie erkannt, dass sich niemand mehr von ihren ehemals befreundeten Rassen, um diese Angelegenheit kümmern wollte. Wieder blieb es an ihnen hängen, für den richtigen Nachwuchs in den Galaxien zu sorgen. Sie arbeiteten im Dunkeln und hinterließen nur wenige Spuren. Nichts sollte von ihren geheimen Plänen bekannt werden. Sie wussten nur allzu gut, dass ihre Vorgehensweise nicht von allen alten Species mitgetragen wurde. Viele von ihnen begrüßten eine Artenvielfalt unterschiedlicher Lebensformen. Doch nach ihrem eigenen Glauben war dies nicht von der Evolution bestimmt gewesen. Diese Einsichten hatten sie sich seit vielen Jahrtausenden vereinheitlicht und zu ihren wichtigsten Aufgaben gemacht.

Die großen Zerstörer der Ceshalter formierten sich auf breiter Linie vor dem grauen Universum. Tiefensensoren aktivierten sich, Spähdrohnen wurden in das graue und staubige Universum geschickt. Der Oberbefehlshaber der Flotte wurde mit dem Namen Tuula angesprochen. Er gehörte zu der Gruppe des Galting-Standes. In diesem Clan wurden wichtige Strategen und hochdekorierte Militärs vereint.

Der Oberbefehlshaber blickte auf den großen Bildschirm seines Schiffes. Zufrieden lehnte er sich in seinem Kommandostuhl zurück und wartete ab.

»Es sieht alles so unscheinbar aus«, bemerkte der 1. Offizier des Schiffes.

Er stand neben dem Kommandeur.

»Niemand vermutete, dass sich in dieser Staubzone so viele Planeten mit mutierten Lebensformen befinden könnten«, ergänzte er.

Kommandeur Tuula nickte grinsend.

»Unter jedem staubigen Stein kann sich ein Lebewesen entwickeln«, antwortete er. »Es ist unsere Aufgabe, diese Auswucherungen in den Griff zu bekommen. Diese Anweisung hat uns die große Vielfältigkeit übertragen. Sie sah uns als würdig an, die Ecken und Kanten ihres Erschaffenen zu glätten. «

»Ist es bestätigt, dass sich dort spinnenartige Wesen verbergen? «, erkundigte sich der 1. Offizier. » Bisher konnten wir keine Anzeichen hierfür verzeichnen? «

»Die Hinweise der Kon-Ra-Tak haben sich immer als verlässliche Informationen dargestellt«, antwortete der Kommandeur. » Unserer Führung wurde dieser Hinweis gezielt zugespielt. Sie sind uns technisch weit überlegen, doch leider abgestumpft und zu keinen militärischen Interventionen bereit. Unsere Regierung vermutet, dass sie genau wissen, dass wir die Drecksarbeit für sie übernehmen werden. Ihre Hände bleiben sauber. Falls sie noch Verbindungen zu den anderen alten Rassen des Universums unterhalten, können sie sich so aus der Affäre ziehen. Sie werden dann sagen, sie wüssten von nichts. Unserer Führung wurde strikt verboten, von den Gesprächen mit den Kon-Ra-Tak Aufzeichnungen zu machen. «

Die Offiziere blickten auf den Bildschirm. »Wann erwarten wir die Drohnen zurück? «, erkundigte sich der Kommandeur.

»Das kommt auf die Größe dieser Staubbestie an«, antwortete der 1. Offizier. »Unsere Sensoren können das graue Universum von außen nicht vermessen. Die sich überlagernden Staubwolken stören unsere Instrumente. Die Anomalie grenzt wie eine fremde Zone an den Normalraum. Aus diesem Grunde wurden die mutierten Wesen nicht früher von uns entdeckt. Sie konnten sich eine lange Zeit entwickeln und vermehren. «

»Damit ist jetzt Schluss«, erwiderte der Kommandeur. »Sollten sich hier wirklich mutierte Lebensformen verstecken, dann werden wir das Gebiet reinigen. Es ist wie die Ausbreitung einer Seuche. Wenn wir nicht kontinuierlich alle Gebiete unseres Einflussbereiches kontrollieren würden, dann wären viele bewohnbare Planeten bereits von skurrilen Gattungen bevölkert. «

»Nicht alle Ceshalter sind mit dem Vorgehen unserer Regierung einverstanden«, bemerkte der 1. Offizier.» Sie sprechen von verlorenen Schöpfungen. «

»Das sind die gemäßigten Schartare«, erwiderte der Kommandeur angewidert. »Diese Politiker möchten jeder entdeckten Species die Hand reichen und mit ihnen zusammenarbeiten. «

Angewidert verzog er sein Gesicht.
»Sie untergraben unsere Kultur und hinterfragen die göttlichen Ziele unserer Vorfahren«, ergänzte er. »Bereits sie hatten erkannt, dass die Evolution nicht perfekt war und immer wieder neue mutierte Rassen hervorbrachte. Als dann die große Vielfältigkeit unseren Vorfahren den Auftrag erteilte, für eine Reinigung des Universums zu sorgen, führte unser Volk diesen Wunsch aus. Die Schartare stellten diesen göttlichen Auftrag immer in Frage. Sie teilen ihrem immer größer werdenden Kreis von Anhängern mit, dass es für eine göttliche Aufgabe keine Beweise gäbe. Sie halten die Befehle unserer Regierung für einen Mord an den unterentwickelten Zivilisationen. Alles das, wofür wir gelebt und gekämpft haben, wird durch die Schartare in Frage gestellt. «

Der 1. Offizier blickte ihn an.
»Die Zeiten ändern sich«, antwortete er. »Ich bin ein

Mitglied der jüngeren Generation. Wir wurden in der Flottenakademie zu einem analytischen Denken erzogen, um Krisensituationen meistern zu können. Aus diesem Grunde war es doch vorherzusehen, dass auch die Ansichten unserer Vorfahren auf den Prüfstand kamen. «

Der Kommandeur blickte seinen 1. Offizier entsetzt an.
»Sind sie auch bereits mit dem Gedankengut der Schartare verseucht? «, fragte er.

Maala versuchte, sich nichts anmerken zu lassen.
»Natürlich nicht«, entgegnete er empört. »Sie wissen so gut wie ich, dass solche Gedanken in der Flotte verboten sind. Widerhandlungen führen zum sofortigen Ausschluss. «

Der Kommandeur nickte langsam mit seinem Kopf.
»Da bin ich aber sichtlich froh«, antwortete er. »Wir beiden wissen, dass die Verfechter der neuen Gedanken immer stärker werden. Irgendwann wird sicherlich eine neue Sichtweise unserer Ideale diskutiert werden müssen. Bis zu diesem Zeitpunkt werden wir der Großen Vielfältigkeit und den Zielen unserer Vorfahren nacheifern. «

Er blickte auf den großen Bildschirm seines Schiffes.

»Es wird immer wieder vergessen, dass wir durch unsere Vorgehensweise auch Schäden von unseren Welten abhalten konnten«, erklärte der Kommandeur. »Wir haben es keiner dieser mutierten Species erlaubt, derart zu erstarken, dass sie uns gefährlich werden konnten. Von diesem Aspekt aus gesehen, kann die jahrtausendelange Anwendung der Vorgabe unserer Ahnen auch als Selbstschutz deklariert werden. «

»Das Einfachste wäre es, wenn die Anordnungen der großen Vielfältigkeit bewiesen werden könnte«, konterte der 1. Offizier. » Das würde die Schartare zum Schweigen bringen. «

»Sie wissen es so gut wie ich, dass unseren Verkündern keine Beweise für diesen göttlichen Auftrag vorliegen«, antwortete der Kommandeur. » Alle Schriften wurden von ihnen mehrfach geprüft. Es lässt sich kein Hinweis finden. Nicht alle Aufgaben der großen Vielfältigkeit wurden in den alten Schriftrollen definiert. In früheren Zeiten sprachen die Götter öfter persönlich zu den Verkündern. Das war die Zeit, als unser Volk noch nach dem richtigen Weg suchte. «

»Ich kenne die übergebenen Schriftrollen der Propheten«, antwortete der 1. Offizier. »Nach ihnen richtet sich unsere Kultur. Doch es ist kein einziger

Hinweis auf die Säuberung anderer Planeten zu finden. Das ist ein Argument, womit die Schartare immer wieder aufwarten.«

»Genug der Diskussionen hierüber«, empörte sich der Kommandeur. »Wir führen Befehle aus. Sollen sich doch die Gelehrten mit der Regierung über das weitere Vorgehen einig werden. Bis zu neuen Anordnungen werden wir weiter vorgehen wie bisher.«

Ein Piepsen von den Ortungstastern ließ die beiden Offiziere aufblicken.

»Die Drohnen kommen zurück«, erkannte der 1. Offizier.

»Sämtliche Daten auslesen«, befahl der Kommandeur. »Unsere KI soll die Informationen aufbereiten.«

Maala nickte und schritt zu einem Terminal. Er tätigte einige Eingaben und blickte auf das Display. Noch während des Anfluges der Drohnen auf das Mutterschiff wurden die Daten übertragen.

Das monotone Summen der großen Hypertronic-KI wurde zwischendurch von einem Klick-Klack und aufleuchtenden Lichtern unterbrochen. Die große Maschine war an der Rückwand der Brücke des Schiffes installiert. Ihr Arbeiten hörte sich an, als ob jemand kontinuierlich mit seinen Fingern im Rhythmus auf einen Tisch trommelte.

Tuula blickte seinen wissenschaftlichen Offizier an.
»Warum dauert das so lange? «, fragte er ungeduldig.

Der angesprochene Offizier beugte sich über seine Instrumente, ehe er antwortete. Er atmete tief durch. Leutnant Teeka wusste, dass sein Kommandeur in solchen Situationen keine Ruhe ausstrahlen konnte.

»Ich habe immer gesagt, dass wir uns um eine Modernisierung der alten Hypertronic-Anlagen auf unseren Raumschiffen kümmern sollten«, antwortete er. »Unsere ausgesandten Drohnen scheinen eine große Anzahl von Daten übermittelt zu haben. Die Aufbereitung benötigt noch etwas Zeit.

Tuula blickte ungehalten auf seinen Zeitmesser.
»Unsere KI war bisher immer zuverlässig«, knurrte er. »Es ist ungewöhnlich, dass sie uns gerade jetzt im Stich lässt.«

»Ich sage es noch einmal«, erwiderte der wissenschaftliche Offizier. »Die Hypertronic-KI arbeitet an ihren Grenzen. Die Datenmenge überfordert sie. Gedulden sie sich noch etwas. «

Der Kommandeur blickte seinen 1. Offizier an. Der zuckte mit seinen Schultern.

»Wir müssen auf das Ergebnis warten«, bemerkte er zurückhaltend. «

Wie eine Furie sprang Tuula auf. »Ist es nicht möglich, mir erste Informationen zu vermitteln? «, fragte er seine Mannschaft.

»Eines Tages werden sie vor lauter Hektik tot umfallen«, antwortete der wissenschaftliche Offizier zu. »Die Hypertronic-KI wertet tausende von Informationen aus. Wollen sie das manuell erledigen? «

Tuula war ein langjähriges Mitglied der Flotte und konnte als erfahren und analytisch angesehen werden. Bisher brauchte noch kein Schiff unter seinem Kommando als Verlust abgeschrieben werden. Wenn nicht immer diese Ausbrüche von Ungeduld bei ihm verzeichnet würden.

»Beruhigen sie sich wieder«, sagte der 1. Offizier. »Wir werden die Daten gleich erhalten. Es kann sich nur noch um wenige Minuten handeln. «

Der Kommandeur erkannte, dass er nichts anderes machen konnte, als auf die Auswertung seiner Hypertronic-KI zu warten.

Verärgert ließ er sich in seinen Kommandosessel fallen. »Hypertronic-Schrott«, murmelte er. »Wenn wir unsere Mission beendet haben, sorgen sie bitte dafür, dass wir unverzüglich ein leistungsfähiges Modell erhalten. Dieser Zustand kann nicht länger hingenommen werden.«

»Befehl verstanden«, bestätigte Maala. »Die Flottenführung wird nicht begeistert sein.«

»Das ist mir egal«, raunte der Kommandeur. »Wir brauchen auf diesen Missionen eine zuverlässige Technik, worauf wir uns verlassen können. Das sollte auch die große Vielfältigkeit einsehen können. Ansonsten kann sie ihre Missionen zukünftig selber fliegen.«

»Soll ich das unserer großen Vielfältigkeit mitteilen?«, erkundigte sich der 1. Offizier.

»Machen sie, was sie wollen«, erwiderte der Kommandeur.

»Nach dem Umfang der Daten ist es fraglich, ob eine neue Hypertonic-KI besser hiermit umgehen kann?«, antwortete Maala. » Nach dem Umfang des Datenmaterials scheint die Aufbereitung ziemlich kompliziert zu sein. «

»Die Hypertronic-KI ist mit dem Prozess durch«, meldete der wissenschaftliche Offizier.

Ehe er weitere Worte äußern konnte, meldete sich die KI monoton.

»Die Aufbereitung der Drohnendaten wurde abgeschlossen«, teilte sie mit.

»Auf den zentralen Bildschirm legen«, befahl der Kommandeur aufgebracht.

»Die Daten werden übertragen«, bestätigte die KI.
Die Offiziere der Brücke hielten den Atem an. Viele der Videosequenzen zeigten, wie die Drohnen näher an die zahlreichen Planeten in dem grauen Universum flogen.

Zahlreiche Raumschiffe in einer unbekannten Bauart kreuzten ihren Flug. Einige der Drohnen stießen in die Umlaufbahn von Planeten vor und tauchten in die Atmosphäre ein.

Die Bilder vermittelten eine intakte Zivilisation. Der Boden des Planeten war dicht besiedelt. Unzählige Bauten, Hallen und runde Gebäude waren dicht an dicht gebaut. Diese wurden durch große Grünflächen unterbrochen. Auf ihnen stand jeweils mittig ein großes braunes Hügelgebäude. Auf einer Außenseite lief ein breiter Weg kreisrund auf die Spitze zu. Auf ihnen waren viele Lebewesen zu sehen.

»Heran zoomen«, befahl der Kommandeur.

Das Bild vergrößerte sich und zeigte spinnenartige Geschöpfe, die auf acht Beinen in einem zügigen Tempo den äußeren Weg dieses tempelartigen Gebäudes hochliefen.

»Insektenmutationen«, staunte der 1. Offizier. »So eine Species findet man selten. «

»Die Informationen der Kon-Ra-Tak werden hiermit bestätigt«, sagte der Kommandeur. »Ihr Hinweis entspricht den Tatsachen. Das braune Gebäude wird einer ihrer Bruttempel sein. Hier reift ihr Nachwuchs heran. «

»KI«, fragte der 1. Kommandeur. »Wie viele bewohnte Planeten dieser Species konnten lokalisiert werden? «

»Die Reichweite der Drohnen konnten 75 Prozent der grauen Anomalie scannen«, antwortete die KI. »Es wurden von der mutierten Lebensform 323 in Besitz genommene und besiedelte Planeten registriert. «

Der Kommandeur blickte seinen 1. Offizier und seinen wirtschaftlichen Berater an.

»Welche Population von Lebewesen befindet sich auf dem Planeten der ersten Drohnen-Aufnahmen? «, fragte er.

»Unsere Sensoren haben exakt 2 Milliarden Lebensformen auf jedem Planeten registriert«, teilte die KI mit. »Scheinbar wird die Anzahl der Lebewesen pro Planet begrenzt. «

Der Kommandeur schlug sich seine Hände vor den Kopf. »Das darf doch nicht wahr sein«, schimpfte er. »Diese extreme Vermehrung der mutierten Lebensformen konnte nur passieren, weil wir dieses graue Universum nie geprüft haben. Jetzt stehen wir einer Anzahl von 646 Milliarden fremdartigen Geschöpfen gegenüber. «

Er blickte seinen Funk-Offizier an.

»Senden sie einen übergeordneten Hyperkomm-Funkspruch an unsere Regierung und fragen sie nach ihren weiteren Befehlen«, befahl er. »Weisen sie die Politiker darauf hin, dass wir in schwere Gefechte verwickelt werden könnten. Fragen sie nach, ob sie uns eine zweite Kampf-Flotte zur Unterstützung senden wollen? Übersenden sie ihnen unsere Drohnen-Informationen. «

Dieser nickte und setzte den befohlenen Funkspruch mit dem Datenpaket unverzüglich ab.

»Die mutierte Rasse wird von unserem Angriff überrascht sein«, bemerkte der 1. Offizier. »Vermutlich hat sie noch nie Kontakt zu anderen Lebensformen gehabt. Das graue Universum hat sie vor den Blicken anderer Rassen geschützt. «

Die Offiziere blickten auf den Bildschirm. Ein großer rötlich brauner Planet, tief in dem grau staubigen Universum wurde sichtbar. Ihm näherte sich eine Flotte von 150 Raumschiffen. Die Baumasse der Schiffe konnten einer 1.200 Meter-Klasse zugeordnet werden.

»Das Bild vergrößern«, forderte der Kommandeur.

Die KI tat wie ihr befohlen.

Jetzt erkannten die Offiziere, dass alle Schiffe auf der Oberseite mit Fahnen ausgerüstet waren. Die Schiffe machten einen majestätischen Eindruck.

»Der Planet erhält gerade hohen Besuch«, vermutete Teeka. »Vermutlich treffen gerade Parlamentarier zu Verhandlungen ein. «

Der Kommandeur blickte auf den Bildschirm und nickte langsam.

»Wenn das ihre Regierung ist und wir unseren ersten Schlag gegen die Flotte und den Planeten richten, dann werden die mutierten Wesen ohne Führung sein«, lachte er. »Sie werden wie ein Haufen von Insekten kopflos durch die Gegend laufen. Unfähig weitere Entscheidungen zu treffen.«

»Das ist ein gewagtes Spiel«, erwiderte der 1. Offizier. »Wir wagen uns mittig in ihr Gebiet. Es ist möglich, dass sie bereits über große Flottenverbände verfügen und diese in Bereitschaft halten? «

»Das ist nicht maßgebend«, antwortete der Kommandeur. »Die Stärke ihrer Waffensysteme ist viel wichtiger. Auf welchem technischen Stand sind ihre Geschütze? Das interessiert mich wesentlich mehr. «

»Die Drohnen haben hierüber keine Informationen geliefert«, antwortete der wissenschaftliche Offizier. »Sie waren lediglich auf die Erkundung aller bewohnbaren Welten programmiert. «

»Dessen bin ich mir bewusst«, murrte der Kommandeur. »Die Frage ist jetzt, wie erhalten wir verwertbare Daten über ihre Kampfstärke? «

Die Offiziere dachten nach.
»Eingehender Hyperkomm-Funkspruch von der Flottenleitung«, meldete der Funk-Offizier.

»Legen sie auf die Lautsprecher«, entschied Tuula.

»Hier ist die Flottenführung«, tönte es aus den Lautsprechern. »Kommandeur Tuula hören sie mich? «

Der Kommandeur öffnete die Verbindung.
»Ich höre sie«, bestätigte er die Verbindung. »Haben sie unsere Daten erhalten? «

»Das haben wir«, antwortete der Oberkommandeur. »Es war für uns erschreckend zu sehen, wie sich hinter unserem Rücken eine so große Population einer mutierten Insekten-Species entwickeln konnte. Die gesamte Anzahl der Zivilisation wird von uns auf über 640 Milliarden Lebewesen geschätzt. «

»Das können wir bestätigen«, antwortete der Kommandeur. »Die gleiche Anzahl wurde von unserer KI ermittelt. Zu welcher Vorgehensweise rät uns die Flottenführung? «

»Es gibt nur eine richtige Vorgehensweise, erwiderte der Oberkommandeur. »Diese wurde mit der großen Vielfältigkeit abgestimmt. Sie fordert die bedingungslose Ausrottung der Species und eine Zerstörung ihres Lebensraumes. Wir können in unserem näheren Umfeld keine mutierten Species dulden. Schon keine, die bereits eine selbständige Raumfahrt entwickelt haben. Ihre Flotte ist dazu auserkoren, die Befehle unserer großen Vielfältigkeit umzusetzen. «

Der Kommandeur blickte seinen 1. Offizier und seinen wissenschaftlichen Berater an.

»Erwägen sie uns Verstärkung zu senden? «, fragte er.

»Das ist nicht notwendig«, teilte der Oberkommandeur der Flottenführung mit. »Nach den uns vorliegenden Erkenntnissen verfügt die mutierte Species nicht über durchschlagende Waffensysteme. Sie befehlen die modernste Flotte unserer Kampf-Verbände. Für sie dürften die Schiffe der Insektoiden keine Bedrohung darstellen. «

»Da sind wir aber anderer Ansicht«, konterte der Kommandeur der 12.000 Schiffe umfassenden Flotte. »Sie konnten den Daten unserer Spähdrohnen entnehmen, dass wir in ein Wespennest stechen. Haben sie nicht das starke Flugaufkommen registriert? «

»Das ist uns bewusst«, erklärte der Oberbefehlshaber der Flotte. »Doch sehen sie sich die Schiffe einmal intensiver an. Es handelt sich vermutlich nur um zivile Transportschiffe, oder um Schiffe mit Warenlieferungen. Unsere Experten konnten nur geringfügige Geschütztürme ausmachen. Laut den Informationen, die uns von den Kon-Ra-Tak zur Verfügung gestellt wurden, werden von der mutierten Species lediglich ihre gebrüteten Nachkommen auf neue Planeten überführt. Diese braunen kreisrunden Gebäude scheinen ihre Brutzentren zu sein. Speziell diese Einrichtungen sind von ihrer Flotte mit aller Härte zu eliminieren. Das ist ein ausdrücklicher Wunsch unserer großen Vielfältigkeit. Haben sie den Befehl verstanden? «

»Ich habe verstanden«, bestätigte Tuula den Befehl. »Wir werden alles Mögliche versuchen. «

»Das wissen wir zu schätzen«, antwortete der Ober-Kommandeur des Flottenkommandos. »Halten sie uns auf dem Laufenden. «

Die Verbindung brach ab.

Der Kommandeur schlug mit seiner Faust auf die Konsole vor ihm.
»Wir erhalten keine Verstärkung«, fluchte er. »Unsere Flottenführung steht unter einer vollständigen Beeinflussung der großen Vielfältigkeit. Sie kann nur ihre Vorgaben ausführen. Eigene Entscheidungen treffen sie nicht mehr. «

»Wir werden wohl angreifen müssen? «, erkundigte sich der 1. Offizier.

»Haben wir eine andere Wahl? «, fragte der Kommandeur. »Jedoch werden wir unmöglich mit diesem Einsatz die ganze graue Staubanomalie in diesem Sektor reinigen können. Für diese Größe würden 5 Flotten-Verbände nötig sein. «

Er blickte seine Offiziere an.
»Wir bereiten den Angriff vor«, befahl Tuula. »Informieren sie alle Schiffe. Unsere Zerstörer sollen ihre Waffenbänke hochfahren und die Anti-Ortungs-

Deflektoren aktivieren. So werden wir erst geortet werden, wenn wir schon kurz vor dem Einflug in ein Sternensystem sind. Sämtlicher abgehender Funkverkehr von dem Planeten ist zu stören. Den mutierten Insektoiden darf es nicht möglich sein Verstärkung anzufordern. «

Der 1. Offizier nickte.
»Was wird unser erstes Ziel sein? «, erkundigte er sich.

Der Kommandeur lachte ihn an.
»Die parlamentarische Abordnung der mutierten Species wird von uns angegriffen«, antwortete Tuula. »Vielleicht haben wir Glück und ihr Regierungsoberhaupt ist an Bord. Befehlen sie unserer Flotte, zu den georteten Koordinaten zu springen. «

Hoheitliche Brutstation der Arthropoden, Planet Goratin

In der Leitstelle des Planeten war die Ankunft der hoheitlichen Flotte des Imperators registriert worden. Die Königin des Planeten war persönlich mit einer Abordnung ihrer Regierung des kleinen Protektorats in der Raumüberwachung erschienen.

Die Offiziere verbeugten sich, als die Königin und ihr militärischer Stab des souveränen imperialen Territoriums eintraten. Ihr Sternensystem war ein selbstverwaltender Staat, lediglich durch einen völkerrechtlichen Vertrag, dem Imperium der Arthropoden unterstellt. Die Königin wusste um ihre Privilegien. Nur durch den Standort und die Auswahl ihres kleinen Sternensystems war ihre Welt ausgewählt worden, die hoheitlichen Brutnester ihrer Zivilisation zu beherbergen. In ihnen wurde der geistige, hoheitliche Nachwuchs ihrer Rasse gebrütet.

»Ist alles vorbereitet? «, fragte sie die Offiziere der Leitstelle.

Ein Offizier trat auf sie zu.
»Ich bin der Leiter der Raumüberwachung«, stellte er sich vor. »Mein Name ist Norusch. Ihre militärischen Berater haben alles vorsorglich mehrmals geprüft. Den Vorschriften der hoheitlichen Zeremonie wurde Rechnung getragen. Sie werden mit unserer Arbeit zufrieden sein. «

»Das hoffe ich für sie«, antwortete die Königin.
Surisch war engagiert und strebsam. Ihr Ziel war es, irgendwann an den imperialen Hof berufen zu werden. Sie wollte raus aus der Provinz und mithelfen, das große

Imperium der Arthropoden zu lenken. Nur alleine konnte sie das nicht schaffen. Sie benötigte einen Protektor, der ihrer Imperatorin von ihren Leistungen berichtete. Von daher kam ihr der Besuch des Gatten der Kaiserin sehr gelegen. Das konnte ihr langersehnter Schritt aus der Provinz sein.

Sie blickte wieder Norusch an.

»Sie wissen von der Wichtigkeit dieses Besuches? «, erkundigte sie sich. » Der Imperator wird persönlich erscheinen, um sich über unsere Fortschritte im hoheitlichen Brutprozess zu informieren. Sind die neuen Brutstationen abgesichert? «

»Der Geheimdienst hat sich dieser Angelegenheit angenommen«, antwortete Norusch. »Alle Unruhestifter wurden aus Sicherheitsgründen inhaftiert. Erst nach dem Abflug des Imperators werden sie wieder aus der Haft entlassen. «

»Sehr gut«, lächelte die Königin. »Es darf keinen Eklat geben. Das würde uns um Jahre zurückwerfen. Unsere derzeitige Stellung als wichtigster und fortschrittlichster Brutplanet muss erhalten bleiben. «

»Das wird er«, erwiderte der Leiter der Raumüberwachung. »Machen sie sich keine Sorgen. Es ist nicht das erste Mal, dass wir Besuch von unserem Zentralplaneten erhalten. «

Die Königin blickte auf den großen Raumhafen, außerhalb der Leitstelle. Eine Ehrengarde von exakt 500 Kampfsoldaten hatte bereits Aufstellung genommen. Die Knöpfe ihrer bunten Galauniformen blitzten unter der heißen Sonneneinstrahlung.

»Die hoheitliche Flotte bittet um Landegenehmigung? «, erkundigte sich der Funk-Offizier der Leitstelle.

Bevor Norusch antworten konnte, ergriff die Königin das Wort.

»Erteilen sie die Erlaubnis «, befahl sie. »Eine Rückfrage erübrigt sich in diesem Fall. Das sollten sie eigentlich wissen. Der vorderste Landeplatz ist für das Schiff des Imperators reserviert. Weisen sie die Flotte ein. «

Der Funkoffizier blickte seinen Vorgesetzten an. Der nickte kurz.

»Machen sie es«, bestätigte er die Anweisung.

Der Funk-Offizier gab die Landeanweisungen durch. Die Offiziere der Leitstelle erkannten, wie die 150 Schiffe des

Imperators geordnet in den Landeanflug übergingen. Sie durchstießen die Atmosphäre und zündeten ihre Bremsdüsen. Der Himmel verdunkelte sich über dem großen Raumhafen des Planeten Goratin. Es war ein überwältigendes Ereignis. Nur selten konnte ein so hoher Besuch begrüßt werden.

Surisch beobachte die Landung der Raumschiffe selbstsicher. Sie wusste, dass ihr Ansehen stetig wuchs. Die Antriebe der Schiffe erstarben. Das Schiff des Imperators stand an der vordersten Stelle des Landeplatzes. Die Königin sah, wie sich die Ausstiegsbrücke öffnete.

»Wir müssen gehen«, sagte sie. »Der Imperator bereitet seinen Ausstieg vor.

Ohne eine Antwort abzuwarten, eilte sie aus der Leitstelle. Die Abgesandten ihrer Regierung folgten ihr.

Norusch winkte den restlichen Besuchern der Leitstelle. »Lassen wir unseren Imperator nicht warten«, sagte er. »Folgen wir der Königin. «

Außerhalb der Leitstelle war ein roter Teppich ausgerollt worden. Rechts und links von ihm standen Kampf-Soldaten in Galauniform. Weit dahinter warteten zahlreiche Zivilisten, die von Sicherheitsbeamten der Raumstreitkräfte zurückgedrängt wurden.

Das Ausstiegsschott war bereits geöffnet und eine mechanische Brücke ausgefahren worden. Fünfzig 8-beinige Kampf-Roboter strömten aus dem Schiff. Sie trugen Kampfanzüge und hielten Lasergewehre in ihren Händen. Auf dem Landefeld nahmen sie ihre eingespielte Sicherheitsposition ein. Sie riegelten das Schiff des Imperators ab.

Die Menge der Zivilisten grölte und drückte gegen die Abriegelung der Raumsoldaten. Sie wollten näher an ihren Imperator heran.

Weitere 24 Elite-Roboter, eilten die Ausstiegsbrücke herunter. In ihren Armbeugen lagen ebenfalls schwere Lasergewehre. Ihre Körper wurden von einem harten Schutzpanzer bedeckt. Sie liefen auf die grölende Menge der Zivilisten zu. Ihr regungsloser Blick ließ die Menge verstummen. Sie stellten sich in breiter Linie hinter den Raumsoldaten des Sicherheitsdienstes auf. Der Anführer der Gruppe sprach etwas in seinen Kommunikator.

»Sie können sich den Bewohnern zeigen«, bemerkte der Befehlshaber der Flotte zu seinem Imperator. »Das Gelände ist gesichert. «

Dieser schaute durch ein Schauglas in der Bordwand seines Schiffes.

»Schaltet eure Individual-Schirme auf die maximale Leistung«, befahl der Imperator seinen Begleitern. »Nur so können wir die silberfarbene göttliche Aura imitieren.«

Forusch, der militärische Oberbefehlshaber der Arthropoden und Kurusch, der wissenschaftliche Berater bezüglich optimierter Brutnester, nickten zustimmend. Sie machten dieses nicht zum ersten Mal.

Imperator Arthopor nickte zufrieden, als er die Schirme seiner Begleiter aufflammen sah. Langsam traten sie aus dem Schott des hoheitlichen Schiffes und blieben stehen. Die drei speziellen Individual-Schirme hüllten die Körper der Arthropoden in eine silbrige Aura ein. Auf Außenstehende mussten sie wie göttliche Wesen wirken.

Bedächtig schritten sie die mechanische Brücke herunter auf den am Boden ausgerollten roten Teppich zu. Die Menge jubelte. Auch die Soldaten klatschten ihrem Imperator zu.

Die kleine Gruppe genoss die Huldigungen sichtbar.

Dreißig Sekunden lang hoben die drei Arthropoden ihre beiden Hände in die Luft. Sie schienen zu beten.

Dann blickte Imperator Arthopor die wartende Bevölkerung an und senkte seine Arme.

»Gesegnet ist die Göttliche Bestimmung, die uns alle Befehle erteilt«, sprach er die Menge an. »Wir sind ihr Mund und ihre Hände. Nur durch unsere Ehre, den Mut und durch unsere Taten, werden wir ihr irgendwann begegnen. Sie hat uns zu euch befohlen, weil ihr geehrt werden sollt. Eure Kraft, euer Mut und euer Einfallsreichtum sind bereits zu ihr durchgedrungen. Dieser Planet wurde von ihr ausgewählt, um in Zukunft den hoheitlichen Nachwuchs unseres Imperiums zu brüten. «

Wieder grölte die Menge. Der Imperator hob seine Arme.

»Dieser Planet erhält ab sofort den hoheitlichen Schutzstatus«, erklärte er. »Er ist jetzt allen anderen Welten unseres Imperiums ebenbürtig, die übergeordnete Leistungen für das Wohl der Göttlichen Macht erbringen. Euch wird es in der Zukunft an nichts mehr fehlen. Dieser Planet wird als Flottenstützpunkt ausgebaut. Kein Abtrünniger wird es mehr wagen, diesen Planeten anzugreifen. Er wird kontinuierlich mit allen frischen Produkten von unseren Agrar-Planeten und mit ausreichend Frischwasser versorgt werden. Wir wissen allzu gut, dass heiße, staubige, für Brutzentren geeignete Planeten, oft nur sehr karg über Frischwasser verfügen. Ab heute gehört dieses Manko der Vergangenheit an. Die göttliche Macht hat angeordnet, dass euer Planet an die imperialen Wasserlieferungen angeschlossen wird. «

Wieder huldigte die Menge dem Imperator. Das wollte sie hören. Die lange Zeit des Wartens gehörte der Vergangenheit an. Ab heute würden bessere Zeiten für Goratin beginnen.

Langsam schritt der Imperator auf Königin Surisch zu. Er hob seine Hand und begrüßte sie.

Sie und ihre Begleiter verbeugten sich tief vor ihm. Langsam richtete sie sich wieder auf.

»Wir begrüßen den Imperator auf Goratin«, sagte sie freundlich. »Es ist eine Ehre für uns, dass wir sie heute empfangen dürfen. «

»Seien sie nicht so bescheiden«, lächelte der Imperator. »Sie haben doch hierauf hingearbeitet. Ihre Wissenschaftler und Techniker haben sie schließlich zum Erfolg gebracht. Ich bin auf die Neuentwicklungen ihrer

Brutzentren gespannt. Leider habe ich nicht viel Zeit. Die Kaiserin erwartet mich gegen Abend zu dem hoheitlichen Bankett auf Aramis. «

Die Königin nickte verlegen.
»Dann sollten wir sofort mit der Besichtigung beginnen«, empfahl sie.

»Das wäre uns recht«, erwiderte der Imperator.

Königin Surisch blickte den Leiter der Raumüberwachung an.

»Lassen sie die 5 Ehrengleiter vorfahren«, befahl sie. »Wir werden das Brutzentrum 51 besuchen. Das ist die neuste Brutarena unseres Planeten. «

Norusch sprach etwas in seinen Kommunikator. Es dauerte nur wenige Sekunden, dann fuhren fünf schwarze Gleiter der Königin vor. Außen auf den Schotts, glitzerten die Logos des königlichen Protektorats von Goratin.

Surisch winkte den Sicherheits-Soldaten. Jeweils zwei von ihnen sprangen auf einen Gleiter zu und öffneten das Schott.

»Darf ich sie bitten einzusteigen?«, lächelte die Königin den Imperator an. » Wir nehmen den dritten Gleiter. Die restlichen sind für ihre und meine Soldaten vorgesehen. «

Der Imperator nickte. Er und seine Begleiter folgten der Königin in das bequeme Gefährt. Die silberfarbene Aura der Individualschirme hüllte ihre Köper ein.

Die 24 Elite-Roboter auf vier Füßen gehend, eilten zu den vordersten zwei Gleitern und stiegen ein. Sicherheits-Soldaten der Königin liefen zu den letzten zwei Gleitern der Kolonne. Dann schlossen sich die Schotts. Vorsichtig hoben sie vom Boden ab und gewannen an Höhe.

Der Imperator und seine Begleiter blickten aus den Fenstern des Gleiters.

Die Bilder vermittelten ihnen eine intakte Zivilisation. Der Boden des Planeten war dicht besiedelt. Unzählige Bauten, Hallen und runde Gebäude waren dicht an dicht gebaut. Diese wurden durch große Grünflächen unterbrochen. Auf ihnen stand jeweils mittig ein großes braunes Hügelgebäude. Auf einer Außenseite lief ein breiter Weg kreisrund auf die Spitze zu.

»Sie haben hier Erstaunliches erreicht«, sagte Arthopor. »Diese Welt ist noch nicht lange ein Bestandteil unseres

Imperiums. Sie haben seiner braunen Oberfläche ein neues Gesicht gegeben. Ich bin begeistert. «

Die Königin zeigte sich verlegen.
»Ihr Lob schmeichelt mir«, antwortete sie. »Eine intakte Infrastruktur muss kein Gegensatz zu unseren Bruttempeln sein. Nur wenn man auf eine zufriedene Bevölkerung zurückgreifen kann, ist es möglich globale Verbesserungen zu erzielen. Das kommt dann auch wieder dem Imperium zugute. Das ist mein Vorsatz. «

Der Imperator dachte nach.
»Das ist eine gute Einstellung«, erwiderte er. »Leider verstehen das einige Königinnen unseres Imperiums nicht so. Ihr Verständnis ist lediglich auf hohe Brutzahlen ausgerichtet. Hierunter leidet eindeutig die Qualität des Nachwuchses. Das geht aus neuen Analysen unserer Wissenschaftler hervor. «

»Dann sollten diese Führungsgremien erneut geschult werden«, schlug Surisch vor. »Eine Veränderung der mentalen Entwicklung kann uns langfristig Probleme bereiten. «

»Das sehe ich genauso«, lächelte der Imperator. »Könnten sie sich vorstellen, diese leitende Stelle zu übernehmen? Sie würden in ihrem Rang allen planetaren

Königinnen vorstehen und ihnen weisungsbefugt sein. Wir brauchen einen qualitativen einheitlichen Brutvorgang. «

»Ihr Angebot schmeichelt mir«, antwortete die Königin. »Gerne bin ich bereit diese hoheitliche Aufgabe zu übernehmen. «

Imperator Arthopor lächelte sie an.
»Ich werden alle Details mit meiner Gattin besprechen«, entgegnete er. »Das ist nur noch eine Formsache. Halten sie sich für ihre neue Aufgabe bereit. «

Königin Surisch zeigte aus dem Fenster.
»Wir nähern uns Brutzentrum 51«, erklärte sie. »Das ist unsere modernste Brutarena. «

Der Imperator und seine Begleiter blickten aus dem Fenster. Die Anlage bestand aus fünf flächendeckenden großen Bruttempeln, die alle miteinander verbunden waren.

»Was ist das für eine gewaltige Anlage? «, staunte Arthopor. » Haben sie aus fünf Brutzentren eine gemacht? «

»Nicht ganz«, lächelte die Königin. »Das hier ist nicht nur ein neues automatisches Brut-und Reifezentrum, sondern auch eine Forschungs- und Entwicklungsstation für externe Species aus Arthropoden-DNA. Hiermit ist es uns möglich, eigene Rassen nach unseren Wünschen zu modellieren. Es können Arbeiter sein, oder auch Kampftruppen. Jeder Rasse können spezielle Eigenschaften implantiert werden. «

Der Imperator kam aus dem Staunen nicht mehr heraus. »Ihnen ist es gelungen, den Grundstein für im Labor gezüchtete Species zu legen? «, erkundigte er sich.

»Nicht nur den Grundstein«, lächelte Surisch. »Wir haben ein einzelnes Exemplar gezüchtet. Es zeichnet sich durch eine extreme Stärke und Aggressivität aus. Das Wesen horcht dank seiner Programmierung exakt unseren Befehlen. «

»Was ist das für ein Wesen? «, erkundigte sich der Imperator.

»Es ist noch ein minderwertiges Wesen«, antwortete die Königin. »Wir haben es auf der Welt Rigo gefunden. Es läuft dort über den Sand und vergräbt sich in ihm, wenn es eine Gefahr erkennt. Es ernährt sich von Insekten. Das Insekt besitzt eine grüne Haut, ist mit Reißzähnen ausgestattet und scheint sich auf heißen, dürren, wasserarmen Planeten wohlzufühlen. «

»Interessant«, bemerkte der Imperator. »Sie haben es verändert? «

»Nein«, antwortete die Königin. »Wir haben seine DNA mit unserer DNA vermischt und einige Komponenten hinzugefügt. Zu ihrem besseren Verständnis muss ich ihnen mitteilen, dass dieses Wesen in seiner Urform eine Größe von 30 Zentimetern erreicht und auf zwei Armen und zwei Beinen über den Boden kriecht. Unsere Wissenschaftler haben die programmierbare DNA des Wesens komplett umgeschrieben.

Es ist von ihnen ein neues Wesen erschaffen worden, dass jetzt eine Größe von 1,60 Metern aufweist, aufrecht auf zwei Beinen gehen kann und sehr muskulös ist. Es besitzt immer noch seine grüne Hautfarbe und muss auch weiterhin einer Echsen-Species zugerechnet werden. Aber nach unserer Auffassung ist das Wesen optimal als Angriffs-Soldat geeignet. «

»Sie beabsichtigen eine große Menge von diesen Wesen im Labor herzustellen? «, fragte der Imperator. »Aber wofür?«

»Um unsere eigenen Soldaten zu ersetzen, die immer wieder umkommen, wenn wir Krisenherde bekämpfen müssen«, antwortete die Königin. »Alleine der äußere Eindruck dieser grünen Wesen wird die Aufständler unseres Imperiums bereits früh in die Flucht schlagen. «

»Sie machen mich neugierig«, sagte der Imperator. »Wurden ihre Forschungsergebnisse bereits an das imperiale Archiv übermittelt? «

Königin Surisch schmunzelte ihn an.
»Selbstverständlich«, antwortete sie. »So ist es doch Vorschrift. Leider wurden wir von den Wissenschaftlern des imperialen Archivs als verrückt bezeichnet. Sie konnten die Tragweite unserer Entwicklungen nicht abschätzen. «

»Ich verstehe«, antwortete der Imperator. »Nach meiner Rückkehr werde ich mir die zuständigen Wissenschaftler des Archivs vornehmen. Es kann nicht angehen, dass wichtige Forschungen der Göttlichen Macht nicht gemeldet werden. «

»Dafür wäre ich ihnen dankbar«, antwortete die Königin. Alarmsirenen ertönten in der Raumüberwachung des Planeten Goratin.

Verwundert blickte Königin Surisch ihre Offiziere an.
»Haben wir ein Problem? «, erkundigte sie sich.

»Was für ein Problem könnte das sein? «, bemerkte der Imperator schmunzelnd. » Vermutlich ist es wieder ein technisches Problem. Wir haben auch anderen Welten unseres Imperiums festgestellt, dass die globale Vernetzung unserer Behörden noch nicht einwandfrei funktioniert. «

»Das hat nichts mit dem Alarm zu tun«, erklärte Norusch, der Leiter der Raumüberwachung. »Das Netzwerk auf unserem Planeten arbeitet einwandfrei. «

Er blickte auf seine Instrumente des Gleiters. Die Anzeigen schlugen massiv in den hohen Bereich aus.

»Die Sensoren erfassen eine Anomalie im Hyperraum«, ergänzte er. »Erwarten sie noch eine große Raumflotte als Verstärkung? «

Der Imperator schüttelte seinen Kopf.
»Meine Begleitschiffe sind bereits alle gelandet«, antwortete er. »Es sei denn, meine Gattin hat diese Flotte uns nachgeschickt. «

»Die Anzeigen werden immer stärker«, meldete Norusch. »Es muss sich um eine sehr große Flotte handeln. Wir brechen ab und fliegen zu unserer Leitstelle zurück. Dort sind die Daten besser zu analysieren. «

Norusch gab dem Piloten den Befehl abzudrehen. Schnell flogen die Gleiter zu der Raumüberwachung zurück.

Hektik war in der Leitstelle der planetaren Raumüberwachung ausgebrochen. Die Offiziere wussten, was zu tun war. Zwei Sicherheits-Soldaten baten die Königin und ihren hoheitlichen Besuch, etwas aus dem operativen Bereich der Leitstelle zurückzutreten. Die Besucher schritten in den Rücken der Offiziere, um von dort das Geschehen zu beobachten.

Norusch erteilte die Befehle.
»Sofort den globalen Alarm ausrufen«, befahl er. »Die Zivilbevölkerung soll die Schutzräume aufsuchen. Es ist mit einem Angriff auf unsere Welt zu rechnen. «

Er blickte seinen Funkoffizier an.
»Informieren sie sofort die Regierung und das militärische Oberkommando«, befahl er. » Wir wissen noch nicht, mit was oder wem wir es zu tun bekommen. Sie sollen einen Krisenstab gründen. «

Er zeigte mit einem Finger auf den wissenschaftlichen Offizier.

»Sofort alle Schutzschirme aktivieren«, ergänzte er. »Die globalen Brutzentren müssen geschützt werden. Alle planetaren Abwehrgeschütze sind auszufahren. Die Feuerfreigabe erfolgt ausschließlich durch uns. «

»Was ist mit unserer Kampfflotte«, bemerkte ein Offizier seines Stabes. »Ich empfehle den sofortigen Start aller Schiffe unserer Heimatflotte. «

Norusch nickte.
»Wie viele Schiffe sind einsatzbereit? «, erkundigte er sich.

Tarusch, der wissenschaftliche Offizier las die Daten von seinem Display ab.

»Derzeit verfügen wir über 469 einsatzbereite Angriffsschiffe«, antwortete er.

»Wie ist die Klassifizierung der Schiffe? «, erkundigte sich der Imperator.

»Wir besitzen lediglich Schiffe unserer 500 Meter-Klasse«, antwortete Tarusch. »So sieht es die imperiale Verordnung vor.

Der Hieb auf die imperiale Zuweisung von Schiffsgruppen für die Heimatverteidigung besiedelter Planeten, konnte sich der wissenschaftliche Offizier nicht verkneifen.

»Diese Verordnung stammt doch von ihnen«, ergänzte er. »Die großen Kampf-Zerstörer bleiben der göttlichen Bestimmung vorbehalten. «

Imperator Arthopor blickte ihn mit einem grimmigen Blick an, doch er vermied es weitere Äußerungen von sich zu geben. «

»Sollen auch unsere Kampf-Jets aufsteigen? «, fragte der wissenschaftliche Offizier.

»Alles, was fliegen kann, will ich in der Luft sehen«, brüllte Norusch ihn an.

»Bekommen wir neue Daten«, erkundigte sich die Königin. »Ist das ein Angriff von Aufständischen? «

Watasch, der Ortungs-Offizier schüttelte seinen Kopf.

»Eine große Flotte bricht aus dem Hyperraum, direkt vor unserem Planeten«, erklärte er. »Es werden unzählige fremde Impulse angezeigt. «

»Das ist nicht möglich«, stutzte der Imperator. »Es gibt keine anderen Lebewesen im Universum. «

Norusch, der Leiter der Raumüberwachung hob seinen Kopf. Er hatte die Angabe seines Ortungs-Offiziers überprüft.

»Scheinbar doch«, antwortete er verhalten. »Unsere ganze Weltanschauung wird mit diesem Erstkontakt in Frage gestellt. «

»Wer sind die Fremden? «, fragte Königin Surisch. » Was wollen sie? «

Norusch blickte seinen Funk-Offizier an.
»Uyrusch«, sagte er. »Funken sie die fremden Schiffe an und weisen sie diese daraufhin, dass sie sich in dem Sicherheitsgebiet des Planeten Goratin befinden. Sie sollen sofort abdrehen und einen Sicherheitsabstand von 10.000 Kilometern einhalten. «

Der Funk-Offizier nickte.

»Ich sende auf allen Frequenzen«, antwortete er. »Die Fremden sollten unsere Anweisung erhalten haben. «

»Bekommen wir eine Antwort? «, erkundigte sich der Imperator ungeduldig.

Der Funk-Offizier schüttelte seinen Kopf.
»Nein«, antwortete er. »Ich erhalte keine Antwort. Vermutlich verstehen die Fremden unsere Sprache nicht. « »Die Zählung der Fremdimpulse wurde abgeschlossen«, meldete die Hypertronic-KI der Leitstelle. » Es handelt sich exakt um 12.000 Raumschiffe einer fremden 5.000 Meter-Klasse. Eine Identifizierung ist nicht möglich. Ich empfehle sofortige Verhandlungen aufzunehmen. «

»Außenmonitore aktivieren und die Zielerfassung der Abwehrtürme aktivieren«, befahl der Leiter der Raumüberwachung.

Norusch drehte sich zu dem Imperator um.
»Vielleicht sollten sie ihre Begleitflotte starten lassen«, empfahl er. »Ihre Schiffe sind auf den neuesten technischen Stand. Die fremden Schiffe werden nicht ohne einen Grund hier sein. «

Der Imperator schaute den Leiter der Raumüberwachung mit durchdringenden Augen an.

»Warum sollten uns die Fremden angreifen? «, erkundigte er sich. » Wir haben ihnen nichts getan. «

»Eben deswegen«, antwortete Norusch.
Er zeigte auf die große Anzahl fremder Raumschiffe, die sich ringförmig um den Planeten positioniert hatten. Sie machten keine Anstalten sich zurückzuziehen.

»Die fremden Raumschiffe fahren ihre Waffensysteme aus«, erklärte Norusch. »Sie kommen« nicht nur, um uns kennenzulernen. «

Der Imperator riss seinen Kopf herum und starrte auf dem Bildschirm die fremden Raumschiffe an. Es war klar ersichtlich, wie sich Luken an den Raumschiffen öffneten und Geschütztürme ausgefahren wurden.

»Öffnen sie mir eine Leitung zu meinen Raumschiffen«, befahl er.

Der Funk-Offizier reichte ihm einen Kommunikator.
»Sie können sprechen«, antwortete er. »Ihre Flotte hört sie. «

Der Imperator hielt sich den Kommunikator vor seinen Mund.

»Hier spricht Imperator Arthopor«, sprach er hinein. »Sie kennen mich als einen Abgesandten der Göttlichen Macht. Ich befehle den sofortigen Start meiner Begleit-Flotte und ordne alle erforderlichen Abwehrmaßnahmen an, um die feindliche Flotte von Raumschiffen aus unserem Hoheitsgebiet zu verjagen. Sie wollen Goratin angreifen. Dieser moderne Brutplanet muss unter allen Umständen erhalten bleiben. Schützen sie unseren Nachwuchs. «

»Die Bestätigungen kommen bereits an«, meldete der Funk-Offizier.

Zufrieden blickte der Imperator auf einen Bildschirm. Er registrierte, wie seine Begleitflotte ihre Triebwerke zündete und von dem großen Raumhafen abhob.

»Setzen sie einen imperialen Notruf mit höchster Priorität ab«, befahl er. »Alle verfügbaren Kampf-Verbände im Umkreis, sollen sofort einen Kurs zu unseren Koordinaten einschlagen. «

Der Funk-Offizier gab die Meldung sofort weiter. Doch wenige Sekunden später stutzte er.

»Ich erhalte kontinuierliche Fehlermeldungen«, teilte er

mit. »Mein Hyperkomm-Funkspruch lässt sich nicht senden. Die fremden Schiffe müssen ihn irgendwie blockieren. «

Die Gesichter der Offiziere der Raumüberwachung verdunkelten sich.

»Das ist nicht gut«, flüsterte Norusch. »Ohne Unterstützung werden wir nicht viel ausrichten können. «

»Unsere Technik ist ausgereift«, antwortete der Imperator. »Unsere Schiffe werden die Fremden vernichten. «

»Ihnen ist offensichtlich nicht klar, mit was wir es zu tun bekommen«, antwortete Norusch. »Haben sie nicht verstanden, dass unsere Schiffe es mit Giganten einer fremden 5.000 Meter-Klasse aufnehmen müssen. Wer solche Schiffe bauen kann, der wird auch entsprechende Waffensysteme besitzen. Wie gutgläubig sind sie eigentlich? «

Der Imperator und die Königin blickten den Leiter der Raumüberwachung mit aufgerissenen Augen an.

Flotte der Ceshalter

Die großen Raumschiffe der Ceshalter waren in den Normalraum gewechselt. Vor ihnen lag der geortete Planet mit den mutierten Species.

»Das ist nahe genug«, sagte Kommandeur Tuula. »Unsere Flotte soll ihre Position halten. «

»Ihr Befehl wurde übermittelt«, meldete der Funk-Offizier. »Alle Schiffe nehmen günstige Schusspositionen ein. «

»Sehr gut«, lachte der Kommandeur. »Die mutierte Species scheint mit unserem Eintreffen nicht gerechnet zu haben. «

»Wie sollte sie es auch«, bemerkte der 1. Offizier des Schiffes. »Wir sind auf keine Patrouillen gestoßen. Scheinbar haben sie noch nicht oft Kontakt zu anderen Rassen gehabt. «

Wieder lachte der Kommandeur gehässig auf.
»Dann wird ihr erster Kontakt und ihr letzter sein«, antwortete er.

Ein Teil der Offiziere auf Brücke lachte. Sie hatten dieses Szenario schon öfter miterlebt. Nie war es bisher irgendwelchen Species gelungen, die hochstehende Technik der Ceshalter zu überlisten.

»Wir erhalten einen Hyperkomm-Funkspruch von dem Planeten«, meldete der Funk-Offizier.

Der Kommandeur blickte ihn an.
»Unsere Hypertonic-KI soll die Meldung übersetzen«, antwortete er.
»Das dauert
einen Augenblick«, antwortete der wissenschaftliche Offizier. »Die Sprache der Species ist völlig unbekannt. Unsere KI wird versuchen, diese mit anderen archivierten Sprachen abzugleichen. «

»Der Hyperkomm-Funkspruch wurde übersetzt«, meldete die Hypertronic-KI. »Der Wortlaut wird abgespielt. «

»Fremde Schiffe«, tönte es aus den Lautsprechern. »Sie befinden sich in dem Hoheitsgebiet des Planeten Goratin. Identifizieren sie sich. Was ist der Grund ihres Besuches? Ziehen sie sich unverzüglich auf einen Sicherheitsabstand von 10.000 Kilometern zurück. Auf dem Planeten befinden sich unverzichtbare Brutnester unserer Rasse. Diese dürfen auf keinen Fall beschädigt werden. Ziehen sie sich sofort auf den vorgegebenen Sicherheitsabstand zurück, ansonsten werden wir Gegenmaßnahmen ergreifen.«

»Die insektoide Species wagt es tatsächlich, uns zu drohen«, sagte der Kommandeur. »Noch nie hat eine fremde Rasse eine solche Arroganz an den Tag gelegt.«

»Sie hatten genügend Zeit ihre Zivilisation aufzubauen, bemerkte Maala. »Bisher haben wir die große graue Staubwolke nie untersucht. Es ist auch unsere Schuld, dass sie sich so weit entwickeln konnten.«

»Sie haben Recht«, erwiderte der Kommandeur.» Die Hinweise der Kon-Ra-Tak entsprechen den Tatsachen. Wir müssen ihnen für diesen Hinweis dankbar sein.«

Er blickte seinen wissenschaftlichen Offizier an. »Teeka«, sagte er. »Alle Schiffe sollen ihre Waffenluken öffnen und die Geschütze ausfahren. Wir antworten nicht auf den Hyperkomm-Funkspruch. Die mutierte Species wird unser Vorhaben noch frühzeitig genug erkennen.«

»Das ist gegen die Anordnung der großen Vielfältigkeit«, konterte der 1. Offizier. »Einer mutierten Species muss Gelegenheit gegeben werden, auf den Vorwurf ihrer unkontrollierten Vermehrung zu antworten. Die große Vielfältigkeit verlangt, dass wir uns zu erkennen geben und der Species mitteilen, dass wir in ihrem Auftrag agieren und den Angriff als eine Maßnahme der Reinigung des Universums ansehen. «

»Es starten Schiffe von dem Planeten«, meldete der Ortungs-Offizier aufgeregt.

Der Kommandeur blickte ihn an.
»Was sind das für Schiffe? «, erkundigte er sich.

»Der Ortungs-Offizier vertiefte sich in seine Instrumente. »Ich erfasse 469 Schiffe einer unbekannten 500 Meter-Bauart«, antwortete er. »Das scheint wohl ihre planetare Verteidigung zu sein. «

Er stutzte einen Augenblick.
»Kampf-Jets starten von unterschiedlichen Landeplätzen«, ergänzte er. »Sie wurden von unserer Hypertronic-KI auf eine Länge von 16 Metern registriert. Die Jets sind lediglich mit leichter Bewaffnung ausgestattet. «

»Das dürfte keine große Gefahr für unsere Schiffe bedeuten«, lachte der Kommandeur. »Unsere Schiffe sollen die 469 kleinen Schiffe der 500-Meter-Klasse als Erstes aus dem Weg räumen. Danach vernichten wir ihren Planeten. «

»Ihre Befehle wurden an die Flotte durchgegeben«, meldete Keeka, der Funk-Offizier. »Unsere Schiffe haben ihre Waffensysteme ausgefahren. Sie warten auf ihren Feuerbefehl. «

»Ich registriere einen weiteren Start von Raumschiffen«, meldete Nurrka.

Der Ortungs-Offizier blickte auf seine Instrumente. »Dieses Mal sind es 150 Schiffe einer 1.200 Meter-Klasse«, ergänzte er. »Ich vermute, es handelt sich um die parlamentarische Flotte, die erst kürzlich gelandet ist. « »Sie werfen uns alles entgegen, was sie haben«, schmunzelte der Kommandeur. » Doch es wird nicht reichen. Wir sind hier, um das graue Universum zu reinigen. Das ist längst überfällig. Öffnen sie mir einen Hyperkomm-Funkkanal zu der Raumüberwachung der Species. Ich möchte ihnen ihren Untergang ankündigen. Das erwartet die große Vielfältigkeit von mir. «

»Sie können sprechen«, meldete der Funk-Offizier. »Die Bild und Tonleitung steht. «

Auf dem zentralen Monitor baute sich ein Bild auf.

Angewidert erkannten die Ceshalter spinnenartige Wesen, die auf zwei Beinen standen und ihnen fragend entgegenblickten.

»Ich bin Tuula«, sprach der Kommandeur die fremden Wesen an. »Wir kommen im Auftrag der großen Vielfältigkeit, die alles erschaffen hat und überwacht. Wir sind humanoide Wesen und mit der Aufgabe betraut worden, ausgeuferte mutierte Lebensformen aus dem Universum der großen Vielfältigkeit zu entfernen. Sie wurden entsprechend klassifiziert. Hiermit haben sie das Recht auf ihr Leben und ihre weitere Entfaltung verwirkt. Das Urteil der großen Vielfältigkeit ist unumkehrbar. Wir werden alle bevölkerten Planeten von ihnen angreifen und ihre ausufernde Brut auslöschen. Das Universum ist ausschließlich humanoiden Rassen vorbehalten. So war es bei der Erschaffung durch die große Vielfältigkeit geplant. Der Start ihrer Schiffe wird ihnen nichts nützen. Wir sind ihnen technisch weit überlegen. Haben sie etwas zu ihrer Verteidigung zu sagen? «

»Mein Name ist Norusch, ich bin der Leiter der Raumüberwachung von Goratin«, sagte ein spinnenartiges Wesen, das in der Mitte einer Gruppe stand. »So nennen wir diesen Planeten. Auch wir haben ein Recht zu leben. Wir sind ebenfalls ein Bestandteil des Universums. Warum maßen sie sich an, uns angreifen und vernichten zu wollen. Das ist nicht im Sinne der Göttlichen Macht. Ich fordere sie auf, unverzüglich ihr Vorhaben einzustellen und sich mit ihren Schiffen zurückzuziehen. Sie können unmöglich alle 323 besiedelten Planeten unseres Hoheitsgebietes vernichten. Es leben derzeit 646 Milliarden Arthropoden auf diesen Welten. Wollen sie einen Massenmord, an einer friedlichen Species begehen? Wir stellen für niemanden eine Gefahr dar. «

Der Kommandeur machte ein verächtliches Gesicht.
»Sie haben es selbst angesprochen«, erwiderte er. »Ihre ausufernde Zivilisation besteht aus 646 Milliarden Geschöpfen. Unsere Analysen bestätigen, dass ihre Species weiterwächst und irgendwann aus dem grauen Universum ausbrechen wird, um sich einen weiteren Lebensraum nutzbar zu machen. Das ist nicht im Sinne der großen Vielfältigkeit. Nehmen sie das Urteil an? «

»Das werden wir nicht«, tobte Norusch. »Falls sie es wirklich wagen sollten uns anzugreifen, dann werden wir umdenken müssen. Wir werden diesen Akt der Brutalität nicht vergessen. Sie können sicher sein, dass wir Gegenmaßnahmen ergreifen und sie und alle anderen humanoiden Wesen ihrer Gattung ausfindig machen und auslöschen werden. Wir werden das Universum von Lebensformen ihrer Gattung befreien. Darauf haben sie unser Wort. Unsere Species nennt sich Arthropoden. Wir sind stolz und im Überleben trainiert. Seien sie sicher, dass wir irgendwann ihre Heimatwelt finden werden. Dann machen wir das Gleiche mit ihnen, das sie erwägen uns heute anzutun. Noch können sie von ihrem Vorhaben ablassen. Doch verstehen sie bitte, dass wir Arthropoden niemals etwas vergessen können. Mit dieser besonderen Eigenschaft hat uns die Evolution gesegnet. «

Kommandeur Tuula machte eine barsche Bewegung mit seiner Hand. Die Bild und Tonverbindung brachen ab. Der Bildschirm auf dem Flaggschiff wurde dunkel.

Mit einem grimmigen Gesicht blickte er seine Offiziere an. »Die mutierte Rasse wagt es, uns zu drohen«, sagte er. »Es wird nicht ausreichen, nur einen Teil ihrer Planeten zu reinigen. Wir werden die ganze graue Staubwolke säubern müssen. «

»Mit dieser Mission werden wir uns erbitterte Feinde schaffen«, teilte der 1. Offizier mit. »Sollten wir die große Vielfältigkeit nicht hierüber informieren. Es ist möglich, dass wir nicht alle von ihnen auslöschen können. Die Überlebenden werden ihre Zivilisation neu aufbauen. Diese Species wird sich rasend schnell wieder vermehren. Vermutlich werden sie irgendwann ihr Versprechen einlösen und vor unserem Heimatplaneten stehen. Wenn wir es am wenigsten erwarten und unvorbereitet sind, dann werden sie Vergeltung üben. Noch können wir diesen Einsatz überdenken und von ihm ablassen. «

Der Kommandeur blickte ihn entsetzt an.
»Die große Vielfältigkeit gibt unser Handeln vor«, entgegnete er. »Sollen wir uns gegen ihre Wünsche stellen? Wir würden in Ungnade fallen. Bisher waren alle ihre Befehle von Weitsicht und Weisheit geprägt. «

»Bisher mussten wir aber nie eine so große Population von Lebewesen ausrotten«, bemerkte der wissenschaftliche Offizier. »Das gleicht bereits einem Völkermord. Das hat nichts mehr mit der Säuberung ausufernder Species zu tun. Als wissenschaftlicher Offizier dieser Flotte warne ich dringend vor diesem Schritt. «

»Bekommen meine Offiziere jetzt kalte Füße? «, knurrte der Kommandeur. » Wie leicht lassen sie sich von ein paar Worten einer totgesagten Species einschüchtern. «

Er blickte Keeka an, der als Funk-Offizier seinen Dienst verrichtete.

»Stellen sie mir eine abhörsichere Verbindung zu unserer Regierung her«, befahl er. »Ich brauche die oberste Raumbehörde. Sie hat uns auf diese Mission geschickt. Ich möchte sie auf den neuesten Stand bringen. «

»Befehl erhalten«, bestätigte der Funk-Offizier.

Er drückte einige Knöpfe an seiner Konsole.
»Die Verbindung steht«, antwortete er nach wenigen Sekunden. »Das Büro der obersten Raumbehörde ist in der Leitung. «

»Hier ist Kommandeur Tuula«, sprach er in den Kommunikator. »Ich bin auf der Sondermission der Raumbehörde unterwegs, um die graue Staubanomalie im Auftrag der großen Vielfältigkeit zu säubern. «

»Sie sprechen mit Raala«, tönte es aus den Lautsprechern. »Ich bin der diensthabende Leiter der obersten Raumbehörde. Es erstaunt mich, dass sie ihren Auftrag bereits abgeschlossen haben? «

Tuula atmete hörbar durch.
»Mit der Ausführung des Auftrages wurde noch nicht begonnen«, erwiderte er. »Es sind Komplikationen aufgetreten. «

»Welche Komplikationen können das schon sein? «, fragte der Offizier der Raumbehörde abwertend. » Ihr Auftrag wurde von der großen Vielfältigkeit angeordnet und von der Regierung genehmigt. Führen sie ihn pflichtgemäß aus. «

»Das schaffen wir nicht alleine«, antwortete der Kommandeur der großen Flotte. »Uns wurden Vergeltungsmaßnahmen angedroht, die bis zu einer Vernichtung unserer Heimatwelt reichen. Ich bitte dringend um Verstärkung. Nur wenn wir alle 346 bewohnten Planeten dieser Species reinigen können, kann diese Gefahr gebannt werden. Sie spiele ihnen den Mitschnitt des Gesprächs mit der Species vor. Hören sie genau zu. «

Die Stimme des Kommandeurs war zu hören.
»Sie haben es selbst angesprochen«, sagte er. »Ihre ausufernde Zivilisation besteht aus 646 Milliarden Geschöpfen. Unsere Analysen bestätigen, dass ihre Species weiterwächst und irgendwann aus dem grauen Universum bricht, um sich weiteren Lebensraum zu suchen. Das ist nicht im Sinne der großen Vielfältigkeit. Nehmen sie das Urteil an? «

»Das werden wir nicht«, tobte ein Wesen der Species.
»Falls sie es wirklich wagen sollten uns anzugreifen, dann werden wir umdenken müssen. Ihren Akt der Brutalität werden wir nicht vergessen. Sie können sicher sein, dass wir Gegenmaßnahmen ergreifen und sie und alle anderen

humanoiden Wesen ihrer Gattung ausfindig machen und auslöschen werden. Wir werden das Universum von Lebensformen ihrer Gattung befreien.

Darauf haben sie unser imperiales Wort. Unsere Species nennt sich Arthropoden. Wir sind stolz und im Überleben trainiert. Seien sie sicher, dass wir irgendwann ihre Heimatwelt finden werden. Dann machen wir das Gleiche mit ihnen, das sie erwägen uns heute anzutun. Noch können sie von ihrem Vorhaben ablassen. Doch verstehen sie bitte, dass wir Arthropoden niemals etwas vergessen können. Mit dieser besonderen Eigenschaft hat uns die Evolution gesegnet. «

Das Gespräch brach ab.
»Haben sie alles verstanden? «, fragte Kommandeur Tuula.
»Klar und deutlich«, antwortete der Leiter der obersten Raumbehörde. »Ich verstehe das Gespräch als ein Aufbäumen einer unterlegenen Rasse. Doch sie haben Recht. Die registrierten 346 bewohnten Planeten lassen sich nicht so schnell von ihnen alleine säubern. Es muss verhindert werden, dass sich ein Teil der Bevölkerung außerhalb der Staubwolke in Sicherheit bringen kann. Konnten sie den abgehenden Funkverkehr von dem Planeten stören? «

»Das haben wir bereits«, bestätigte Tuula. »Eine Verstärkung kann von der Species nicht angefordert werden. «

»Das ist gut«, erwiderte der diensthabende Leiter der obersten Raumbehörde. »Ich werde zwei weitere Flottillen zu ihnen beordern. Beide Verbände werden ebenfalls über 12.000 Kampf-Zerstörer verfügen. Das sollte genügen, um die Bevölkerungen aller bewohnbaren Welten in der Staubanomalie auszulöschen. «

»Sehr gut«, antwortete Flotten-Kommandeur Tuula. »Mehr wollten wir nicht. Es geht darum, Schaden von unserem Hoheitsgebiet abzuhalten. «

»Das ist uns klar«, antwortete der Offizier der Raumbehörde. »Warten sie auf ihre Verstärkung. Erst dann beginnen sie mit ihrer Mission. Ich werde die Regierung und die große Vielfältigkeit informieren. «

»Danke«, antwortete Tuula. »Sie haben uns sehr geholfen. «

»Gepriesen sei die große Vielfältigkeit«, verabschiedete sich der Offizier der Raumbehörde.

»Gepriesen sei die große Vielfältigkeit«, antwortete der Kommandeur der Flotte.

Die Verbindung wurde beendet.

Er blickte die Offiziere seines Flaggschiffes an.
»Es war gut, dass wir uns rückversichert haben«, teilte er mit. »Der Offizier der obersten Raumbehörde war von unseren Angaben überrascht worden, ansonsten hätte er niemals einer Verstärkung zugestimmt. Wir warten mit dem Angriff, bis unsere Verstärkung eingetroffen ist. «

»Die Schiffe der Mutierten befinden sich auf einem frontalen Angriffskurs«, meldete der Ortungs-Offizier.

Der Kommandeur der Flotte drehte seinen Kopf dem zentralen Bildschirm zu.

»Wir werden angegriffen? «, staunte er. » Das ändert natürlich die Lage. Sobald die Schiffe das Feuer eröffnet haben, geben sie ihnen alles, was unsere Geschütztürme aufbieten können. Ich befehle ein breites Abwehrfeuer auf die fremden Schiffe. «

Planet Goratin

Die 469 Schiffe der Heimatflotte von Goratin, hatten sich mit den 150 Kampfzerstörern der imperialen Begleitflotte vereinigt. Unter dem Kommando der 1.200 Meter messenden Schiffe näherten sie sich der mengenmäßig stark überlegenen Flotte der Fremden. Seitlich wurden die Schiffe von unzähligen Kampf-Jets eskortiert.

Kytasch war der Oberbefehlshaber des Flotten-Verbandes, welcher als Schutz für den Imperator ausgewählt wurde. Er blickte auf den großen Bildschirm seines Schiffes und stierte die immer größer werdenden Schiffe der unbekannten Humanoiden an.

»Bisher gab es keine Probleme bei einem Begleitschutzauftrag unseres Imperators«, sagte er zu seinem 1. Offizier. »Noch nie sind wir auf andere Rassen gestoßen. Es scheinen tatsächlich noch mehr Lebensformen im Universum zu existieren. Wir werden unsere ganze Weltanschauung ändern müssen. Scheinbar sind nicht alle diese Species so friedfertig, wie wir es annahmen. «

»Wie schätzen sie die Kampfkraft der gegnerischen Schiffe ein? «, fragte der Offizier. » Sie sind uns in der Anzahl stark überlegen. «

Der Oberbefehlshaber nickte verbissen.

»Das werden wir nach unserem Angriff erfahren«, antwortete er. »Sie sind in unser Territorium eingedrungen. Heute sind wir an einem Wendepunkt in unserer Geschichte angelangt. Wir versuchen unseren Imperator zu schützen, um einen möglichen Schaden von ihm abzuwenden. Eine Flotte wird gewinnen. Ich hoffe nur, dass es unsere sein wird. «

Erneut blickte er auf die große Flotte auf dem Bildschirm, die bedrohlich näherkam.

»Wir sind gleich in Schussreichweite«, meldete der Ortungs-Offizier.

»Öffnen sie mir eine Verbindung zu der Flotte«, befahl der Oberkommandeur.

»Sie können sprechen«, antwortete der Funk-Offizier. »Unsere Schiffe können sie empfangen. «

»Hier spricht Oberbefehlshaber Kytasch«, sprach er in seinen Kommunikator. »Erstmals stehen wir fremden Aggressoren gegenüber. Sie wollen in unser Territorium eindringen und unsere Kultur vernichten. Das lassen wir nicht zu. Leider können wir keine Verstärkung anfordern, weil die Fremden in der Lage sind, unseren Hyperkomm-Funkverkehr zu stören. Wir sind auf uns gestellt. Die fremde Species ist uns mengenmäßig an Raumschiffen überlegen. Auch sind ihre Einheiten wesentlich größer als unsere Schiffe. Doch wir sind Arthropoden und dienen der göttlichen Bestimmung. Sie hat uns diese schwere Aufgabe auferlegt, um uns zu testen. Enttäuschen wir sie nicht. Formieren sie ihre Einheiten in Gruppen zu 5 Schiffen. Greifen sie in dieser Formation lediglich ein Schiff der Fremden an. Synchronisieren sie ihr Laserfeuer auf die vordersten Schiffe der Fremden. Zeigen wir ihnen, was wir zu bieten haben. Der Dank der göttlichen Bestimmung wird uns gewiss sein. «

Der Oberbefehlshaber unterbrach die Verbindung. Er blickte die Offiziere seiner Brücke an.

»Formieren wir uns mit anderen Schiffen zu einer Angriffsgruppe«, befahl er. »Ich ordne die Feuerfreigabe auf die fremden Schiffe an. « Der Steuermann wiederholte den Befehl und flog eine Schleife und reihte sich in eine Formation von Schiffen ein. Dann beschleunigte die Gruppe und flog auf den Verband der fremden Schiffe zu. Zahlreiche Triebwerke zündeten und erhellten den Weltraum. Wie ein Schwarm Hornissen flog die Flotte der Arthropoden auf die großen Schiffe der Eindringlinge zu. Ohne Ankündigung sausten unzählige Laserlanzen auf die fremden Schiffe zu.

Die Heimatflotte der Arthropoden hatte das Feuer eröffnet. Die Synchronisation der Waffensysteme von fünf Schiffen einer Gruppe, ließen die Schutzschirme der Zerstörer der Ceshalter aufflammen. Die Schirme bäumten sich auf, um die einschlagende Energie abzulenken. Doch scheinbar wurden Kommandeure der Schiffe von dem starken Abwehrfeuer überrascht. Noch war keine Gegenwehr zu erkennen. Auf den vordersten Schiffen des Ceshalter-Verbandes brachen die Schutzschirme zusammen.

Nachfolgende Lasersalven durchschlugen die Bordwände und richteten schwere Explosionen auf den Schiffen an. Feuergluten entwichen den offenen Wunden in den Bordwänden. Eine Gruppe von 12 schweren Kriegsschiffen hatte sich aus dem Verband gelöst und flog auf die Atmosphäre des Planeten zu. Kytasch, der Oberbefehlshaber der imperialen Begleitflotte hatte das Manöver erkannt und befahl einer Abfangflotte von 25 Schiffen die Verfolgung aufzunehmen.

In einem wahnsinnigen Tempo eilten die Schiffe der Heimatflotte den schweren 5.000 Meter messenden Kreuzern hinterher und belegten sie mit einem Dauerfeuer. Vom Boden des Planeten Goratin zischten Hunderte starker Laserstrahlen heran, die von Boden-Abwehranlagen stammten. Auch sie hatten die einschwenkende Flotte ausgemacht, die sich ihrem Planeten näherte. Das Trommelfeuer, auf die sich der Atmosphäre nähernden Schiffe zeigte Erfolg. Die Lasersalven der Bodenstellungen und die rückseitig einschlagenden Laserstrahlen der Abfangflotte rissen die Schirmfelder der fremden Schiffe auf. Die nachfolgenden Lasersalven schlugen in die Antriebe ein und ließen sie explodieren. Bereits 7 Schiffe der Ceshalter konnten als zerstört registriert werden. Sobald sich ein Schiff der Angreifer in eine Atomglut verwandelte, konzentrierten die Schiffe des arthropodischen Abfangverbandes ihr Feuer auf die verbliebenen Schiffe.

Flotte der Ceshalter

»Verdammte Schweinerei«, fluchte Kommandeur Tuula. »Wir haben die mutierte Species unterschätzt. Sie besitzen starke Waffensysteme. Wie viele Verluste haben wir zu beklagen? «

»Wir hätten zuerst angreifen müssen«, antwortete der 1. Offizier. »In den ersten Minuten ihres Feuers haben wir 39 Schiffe verloren. «

»Sofort das Gegenfeuer eröffnen«, befahl der Kommandeur. »Die Zeit des Wartens ist vorbei. Zerstören wir ihre Antriebe und ihre Waffensysteme. «

»Ihr Befehl wurde an die Flotte weitergeleitet«, meldete der Funk-Offizier.

Tuula blickte auf den Bildschirm seines Schiffes. Ein Blitzgewitter war ausgebrochen. Er und die Offiziere seines Schiffes erkannten, wie jetzt auch unzählige Laserstrahlen in die Schiffe der mutierten Species einschlugen. Einige verirrte Lasersalven hatten anfliegende Kampf-Jets ausgeschaltet. Die kleinen Explosionen interessierten den Befehlshaber der Flotte nicht.

»Unsere Flotte soll näher an den Planeten heranrücken«, befahl er. »Die Schiffe Bombenteppiche auszuschleusen. Wir müssen ihre Bodenabwehrstellungen ausschalten. «

Eine erbarmungslose Schlacht tobte in dem grauen Universum. Beide Seiten schenkten sich nichts. Die schweren Schiffe der Ceshalter feuerten ihre Bordgeschütze auf die Einheiten der Arthropoden. Das gleichzeitige Auftreffen mehrerer Einschläge verkrafteten die Schutzschirme der imperialen Flotte der Arthropoden nicht. Die Schutzschirme kollabierten und gaben breite ungeschützte Flächen den Angreifern preis. Diese feuerten im Automatikmodus auf die angeschlagenen Schiffe. Fast synchron explodierten drei Schiffe der spinnenartigen Species unter den schweren Einschlägen. Die hellen sich ausbreitenden Feuergluten blendeten die nachfolgenden Schiffe. Die sich der Atmosphäre des Planeten Goratin nähernden Schiffe der Ceshalter, waren auf zwei Einheiten zusammengeschmolzen.

Eines der Schiffe hatte seine Unterlegenheit erkannt. Der Kommandeur beschleunigte das Schiff und brach durch die Abfanggeschwader. Mit extremer Geschwindigkeit tauchte es in die Atmosphäre ein. Heißes Feuer brannte an dem Bug des Schiffes, als es in die Luftschichten eintauchte. Der Befehlshaber des Schiffes hatte bereits mit seinem Leben abgeschlossen. Er wusste, dass es kein Zurück mehr für ihn und seine Crew gab. Es ging lediglich um Minuten. Er gab seinem wissenschaftlichen Offizier ein Zeichen.

»Sämtliche Raketen und Bomben ausschleusen«, befahl Kommandeur Laalka. »Auf selbstsuchend programmieren. Sämtliche Abwehrgeschütze am Boden müssen eliminiert werden. «

Der angesprochene Offizier nickte.
»Die Programmierung wurde abgeschlossen«, antwortete er. »Ich schleuse alle Bomben und Raketen unseres Schiffes aus. «

Kommandeur Laalka erkannte, wie unterhalb seines Schiffes Tausende von Bomben und Raketen ihre Triebwerke zündeten und in alle Richtungen davon rauschten. Erleichtert lehnte er sich in seinem Stuhl zurück und blickte seinen 1. Offizier an.

Der Weltraum über dem Planeten schien zu erglühen. Unzählige Laserlanzen zischten hin und her und schlugen in programmierte Ziele ein. Ein pausenloses Klingen der Ortungsgeräte wies die Crews der Schiffe daraufhin, dass sie von gegnerischen Schiffen geortet wurden. Zahlreiche Leuchtfeuer erhellten den Raum und zeugten von explodierenden Schiffen.

Ein Schwarm von Metallsplittern und Überresten von Raumschiffsteilen flog auf den Planeten zu und wurde von seiner Gravitation eingefangen. Eine Gruppe von 50 Schiffen der Ceshalter hatte sich abgesetzt und feuerte aus dem Orbit auf Ziele am Boden des Planeten.

Die Abwehrflotte der Arthropoden schoss im Automatikmodus massives Laserfeuer auf das in die Atmosphäre eindringende Schiff. Immer mehr Laserstrahlen durchbohrten den aufgeweichten Schutzschirm und trafen auf die ungeschützte Bordwand.

Kommandeur Laalka hatte bereits alle seine Bomben

und Raketen ausgeschleust. Sie suchten sich selbstständig Ziele am Boden den Planeten.

»Das wird ihnen den Rest geben«, sagte er. »Hiervon werden sie sich nicht mehr erholen. «

Er schaute unbehaglich auf die Anzeigen, die Schwachpunkte des Schiffes durch andauernde Treffer der mutierten Species anzeigten.

Sekunden später zogen zwei starke Erschütterungen durch das Schiff.

»Wir sind stark getroffen worden«, meldete der wissenschaftliche Offizier des Schiffes. »Die einschlagenden Lasersalven haben unsere Triebwerke zerfetzt. Wir sind antriebslos und stürzen auf den Planeten. «

Kommandeur Laalka bemerkte, wie sein Schiff anfing unkontrolliert zu rotieren.

»Die mutierte Species ist nicht so hilflos, wie man uns glauben machen wollte«, knurrte er. »Alle verfügbaren Energien in die Bremsdüsen leiten. Alles auf Aufschlag vorbereiten. «

»Die Steuerung ist ausgefallen«, teilte der Navigator mit. »Wir können unseren Flug nicht mehr beeinflussen. Die Bremsdüsen arbeiten nur noch teilweise und können unseren Fall nicht mehr vollständig abfangen. «

»Unsere Mannschaft muss das Schiff verlassen«, sagte der Kommandeur. »Sie sollen versuchen in den Rettungskapseln unsere Schiffe im Orbit zu erreichen. «

»Ihr Befehl wurde durchgegeben«, antwortete der Funk-Offizier.

Ein monotoner Alarmton wurde auf dem ganzen Schiff vernommen. Die Mannschaft verließ aufgeregt ihre Stationen und versuchte freie Fluchtkapseln zu finden.

Währenddessen trudelte das große Schiff weiter dem Erdboden des Planeten Goratin entgegen. Zahlreiche Flucht-Tore öffneten sich an dem großen Raumschiff. Dicht an dicht schossen kleine Fluchtkapseln aus den Öffnungen heraus und strebten dem Weltraum entgegen.

Die Offiziere der Brücke starrten auf den Bildschirm. Zahlreiche Explosionen brachen am Boden des Planeten aus. Stichflammen schossen in die Atmosphäre und verpufften. Dichte Rauchsäulen zogen sich in den Himmel.

»Ein Großteil der Bodenabwehr-Geschütze wurde zerstört«, meldete der 1. Offizier des Schiffes.

»Funktionieren unsere Sensoren noch? «, erkundigte sich der Kommandeur.

»Nur zum Teil«, meldete der wissenschaftliche Offizier. »Die Aufnahmen werden gespeichert. «

»Das nützt uns nichts mehr«, antwortete Laalka. »Senden sie alles an das Flaggschiff von Kommandeur Tuula. Er wird die Informationen für seinen weiteren Angriff benötigen. «

»Die Daten wurden übermittelt«, bestätigte der Funk-Offizier.

»Danke«, antwortete der Kommandeur. »Schalten sie alle Waffensysteme auf eine automatische Zielerkennung. Wie lange noch bis zum Aufschlagen?«

»Der Aufschlag erfolgt in 2,10 Minuten«, antwortete der wissenschaftliche Offizier. »Wir sollten uns einen sicheren Platz suchen. «

»Was schlagen sie vor? «, fragte Laalka.

»Der Boden des Schiffes schlägt zuerst auf und wird vollständig zerschmettert«, antwortete der wissenschaftliche Offizier. »Die Schiffsetagen drücken sich zusammen. Ich halte das Panoramadeck für am wenigsten gefährdet. «

»In Ordnung«, antwortete der Kommandeur. »Alle Personen folgen mir. «Die Brückencrew stürmte aus der Leitstelle zu dem Aufzug. Der Schott schloss sich hinter ihnen. Der Aufzug jagte die Etagen des großen Schiffes hoch. Nach 45 Sekunden hatte die verbliebene Brückencrew die äußerste Abteilung erreicht.

»Jeder sucht sich einen Sitz und schnallt sich fest«, befahl Laalka. »Der Aufschlag erfolgt in wenigen Sekunden. «

Brutplanet der Arthropoden

In der Leitstelle des Planeten Goratin war Panik ausgebrochen. Die Offiziere registrierten die Vernichtung vieler ihrer bodengebundenen Abwehrtürme. Das große 5.000 Meter messende Raumschiff trudelte schwer getroffen der großen Hauptstadt entgegen.

»Ist die Bevölkerung evakuiert? «, fragte der Imperator. » Der Aufprall des großen Schiffes wird viel Schaden in unserer Stadt anrichten. «

»Die Bevölkerung wurde in die Schutzbunker gebracht«, antwortete Norusch, der Leiter der Raumüberwachung. »Es ist zum Verzweifeln. Wir bekommen keine Verbindung zu Aramis. Unser Hyperkomm-Funkverkehr wird massiv gestört. «

»Wie sieht es im Weltraum aus? «, erkundigte sich Königin Surisch.

Der wissenschaftliche Offizier blickte sie an.
»Nicht gut«, antwortete er. »Die fremden Raumschiffe reiben unsere Flotte auf. Sie haben keine Chance. Die Anzahl unserer Kampf-Jets wurde bereits halbiert. Von der Flotte unsere Heimatverteidigung sind noch 243 Schiffe unversehrt. Sie riegeln unseren Planeten ab, so gut es ihnen gelingt. Auch die Hälfte der Schiffe unseres Imperators wurde zerstört. Die fremden Raumschiffe sind einfach in der Überzahl. Ihre Waffensysteme sind mit unseren gleichzusetzen. «

Der Imperator blickte die Königin an.
»Sehen sie es als einen Akt der göttlichen Bestimmung an«, sagte er. »Dieser Zeitpunkt wird in die Geschichte unseres Volkes eingehen. Dieser Planet und seine Bevölkerung werden untergehen. Möglicherweise ereilt dieses Schicksal auch weitere bewohnte Planeten unseres

Imperiums. Doch glauben sie mir, irgendwann wird unser Volk zu alter Stärke auferstehen. Wir werden es nicht vergessen, was uns dieses humanoide Volk angetan hat.

Diese Species und alle Ableger, die es hervorgebracht hat, werden unsere Vergeltung zu spüren bekommen. Wir werden nicht eher ruhen, bis wir sie aus dem Universum entfernt haben. Das verspreche ich hier der göttlichen Bestimmung. Sie wird uns hören und dafür sorgen, dass dieser Fluch von Generation zu Generation weitergetragen wird. «

»Unsere Brutstationen wurden vernichtet«, teilte der Funk-Offizier mit. »Sie wurden mit Bomben und Raketen angegriffen. Niemand hat überlegt. Es existiert nur noch Schutt und Asche. Ich habe gerade die Meldungen der Rettungsteams erhalten. «

»Dafür werden die Fremden bezahlen«, tobte die Königin. »Tausende unserer Eier wurden dort gelagert. Der Fortbestand unserer Zivilisation sollte hiermit gesichert werden. «

»Die Rettungsteams konnten keine mehr sichern? «, erkundigte sich Norusch
.

Uyrusch, der Funk-Offizier schüttelte seinen Kopf.

»Die Meldungen sind eindeutig«, antwortete er. »Die Rettungskräfte müssen sich selbst vor durchschlagenden Laserstrahlen aus dem Orbit in Acht nehmen. «

»Die Rettungskräfte sollen sich in Sicherheit bringen«, befahl der Imperator. »Falls sie überleben, sollen sie abwarten, bis sich die Situation beruhigt hat. «

Der Funk-Offizier nickte.
»Ich gebe ihre Anweisung sofort durch«, antwortete er.

Der Ton der Alarmsirene wurde lauter. Der Imperator blickte den Leiter der Raumüberwachung an.

»Abstürzendes, unbekanntes Raumschiff auf Kollisionssturz zur Leitstelle der Raumüberwachung«, meldete die Hypertronic-KI monoton. »Der Einschlag erfolgt in fünf Sekunden. «

Was bedeutet das? «, erkundigte sich der Imperator.
»Wir müssen hier raus«, antwortete Norusch.

Er sprang auf und lief aus der Leitstelle in den breiten Korridor. Doch es war zu spät. Außerhalb bemerkte er die starken Vibrationen des Gebäudes, Staub rieselte von der Decke herunter, als das ganze Gebäude über den Personen einstürzte. Feuerwände rollten durch Gänge und Korridore und verbrannten alles, was nicht widerstehen konnte. Explosionen breiteten sich aus und ließen weitere Gebäudeteile in sich zusammenbrechen.

Die verbliebenen Begleitschiffe des Imperators sahen das Dilemma auf ihrem Bildschirm.

»Die unbekannten Angreifer haben eines ihrer Raumschiffe über der Leitstelle der Raumüberwachung abstürzen lassen«, teilte ein Ortungs-Offizier seinem Kommandeur mit. »Imperator Arthopor und Königin Surisch müssen tot sein. Das kann niemand überlebt haben. «

»Das Bild zoomen«, befahl Kommandeur Kytasch. »KI, zeige uns die Raumüberwachung auf Goratin. «

Die Offiziere des Raumschiffes blickten verzweifelt auf den Monitor. Das Bild vergrößerte sich und erfasste ein großes 5.000 Meter messendes Schiff, das sich tief in das Gebäude und den Boden der Raumüberwachung gebohrt hatte. Es war auseinandergebrochen und in etliche Teile zersplittert. Zahlreiche Explosionen und Feuersäulen waren zu erkennen. Es konnte nicht genau zugeordnet werden, ob sie von der vernichteten Raumüberwachung, oder aus den geborstenen Leitungen des Schiffes stammten.

Entsetzt drehte der Kommandeur des Schiffes seinen Kopf.

»Öffnen sie mir eine Verbindung zu unseren Schiffen«, befahl er. »Wir gehen auf einen Angriffskurs. «

»Die Verbindung steht«, bestätigte der Funk-Offizier. »Unsere Schiffe können sie hören. «

Der Kommandeur griff nach dem Kommunikator.
»Hier spricht Kytasch, Oberbefehlshaber der göttlichen Begleitflotte unseres Imperators«, sprach er mit eiserner Stimme in das Gerät. »Falls sie es noch nicht mitbekommen haben, die fremden Angreifer haben ein Raumschiff auf die Raumüberwachung des Planeten Goratin stürzen lassen. Es muss davon ausgegangen werden, dass Imperator Arthopor und Königin Surisch tot sind. Ich halte den Absturz des Schiffes für einen gezielten Angriff auf den Imperator unseres Imperiums. Alle Offiziere der Raumüberwachung wurden getötet.

Dieses Gebäude wurde erst vor kurzer Zeit fertiggestellt. Alle ranghohen Offiziere waren zu der Einweihung durch unseren Regenten erschienen. Es ist mit ihrem Tode zu rechnen. Wir waren als Begleitflotte für die Unversehrtheit des Regenten verantwortlich. Das konnten wir nicht gewährleisten. Laut dem Gesetz unseres Imperiums können wir nicht mehr nach Aramis zurück. Wir haben Schande auf unsere Person geladen. Die Imperatorin erwartet von uns Vergeltung. «

Er ließ eine kurze Pause vergehen.
»Der Imperator ist tot«, sprach er in den Kommunikator.
»Ich befehle einen Frontalangriff auf die fremde Flotte. Nehmen wir so viele ihrer Schiffe mit in den Untergang, wie wir können. Aktiveren sie ihre Antimaterie-Bomben. Wir fliegen per Kurztransit in die Flotte der Fremden hinein. Dort angelangt werden wir die Antimaterie-Bomben freisetzen. Sie werden hoffentlich einen immensen Schaden anrichten. Ich danke ihnen für ihre Treue und ihre Zuverlässigkeit als Kommandeure von Schiffen der imperialen Begleitflotte. Setzen wir unseren letzten Kurs. «

Die Offiziere des Schiffes blickten betroffen zu Boden. Sie wussten, dass ihr Kommandeur die Wahrheit gesprochen hatte. Sie konnten nicht mehr zurück auf ihren Zentralplaneten Aramis. Sie alle würden freiwillig sterben und versuchen, den Angriff der fremden Flotte noch aufzuhalten.

Die Stille wurde von der Meldung des Funk-Offiziers unterbrochen.

»Die Schiffe bestätigen ihren Befehl«, sagte er. »Sie sind bereit für ein letztes Geleit. «

Kytasch nickte verhalten.
»Fahrt voraus«, befahl er. »Springen wir unter ihre Schiffe und entfesseln das Feuer der göttlichen Bestimmung. Es soll die Angreifer zu Asche verbrennen und ihnen zeigen, dass sie nicht alleine über das Universum zu bestimmen haben. «

Die Flotte, der 1.200 Meter messenden Begleitflotte des Imperators, nahm Fahrt auf und beschleunigte.

Flotte der Ceshalter

Kommandeur Tuula hatte sein Flaggschiff etwas hinter seine angreifende Flotte verlegt. Er registrierte, dass sich die wenigen Schiffe der Heimatverteidigung ordentlich wehrten und bereits einige Erfolge erzielen konnten.

Er griff nach seinem Kommunikator.
»Hier spricht Oberbefehlshaber Tuula«, sprach er in das Gerät. »Wir haben zu viele Ausfälle. Die Schiffe der mutierten Species müssen eingekesselt werden. Sie sind routiniert. Eröffnet ein Flächenfeuer auf ihre Schiffe. Wir dürfen nicht zu viele Verluste erleiden. «

»Ihr Befehl wurde bestätigt«, meldete der Funk-Offizier des Schiffes.

Der Kommandeur sah, wie sich starke Schiffsgruppen bildeten und auf die einzelnen Schiffe der spinnenartigen Species zuflogen. Diese verharrten auf ihrer Position und feuerten ihre Laserstrahlen auf die vordersten angreifenden Schiffe seiner Armada. Er schlug mit seiner Faust auf die Konsole vor ihm, als er erkannte, dass wieder ein großes Schiff seiner Flotte in einem gigantischen Feuerball verging. Plötzlich stutzte er. Ein Teil der Heimatflotte war verschwunden. Bisher hatte diese Flotte den Anflug seiner Schiffe in die Atmosphäre des Planeten verhindert.

»Wo sind die Schiffe hin? «, fragte er.» Was plant diese Species. «

»Ich zeichne 98 fremde Impulse mittig unter unserer Flotte«, meldete der Ortungs-Offizier.»Die Schiffe sind unter unseren Haupt-Verband gesprungen. «

»Die Schiffe schnell auseinanderziehen«, brüllte Kommandeur Tuula.»Geben sie sofort den Befehl durch.«

Der Funk-Offizier blickte ihn irritiert an. Dann griff er nach seinem Kommunikator und hielt ihn an seinen Mund.

»Zu spät«, antwortete der Ortungs-Offizier. »Ich registriere unzählige starke Explosionen in dem Verband unserer Schiffe. «

Die Crew des Flaggschiffes blickte auf den Bildschirm. Wie ein Feuerwerk explodierten die Schiffe der mutierten Species in feurigen, sich immer weiter ausbreitenden Atomgluten. Die große Feuerwand ergriff die Schiffe der Ceshalter und hüllte sie ein. Wie eine Seifenblase explodierten die erfassten Schiffe. Sie blähten sich auf und zerplatzten in zahlreiche kleine Teile.

Die große Feuerwand raste über die angreifende Flotte hinweg. Die Schiffe waren nicht mehr in der Lage, der heranrasenden und sich immer breiter ausdehnenden Feuerwand auszuweichen. In der Mitte des großen Verbandes der Ceshalter brach ein Höllenfeuer der Vernichtung aus. Immer neue Raumschiffe wurden von den heißen Atomgluten erfasst. Im Sekundenrhythmus explodierten die Schiffe, nach dem Kollabieren ihrer Schutzschirme.

Entsetzt blickte der Kommandeur auf den Bildschirm. In der Mitte seiner Flotte gingen unzählige Schiffe unter.

»Verfluchte Brut«, tobte der Kommandeur. »Sie haben uns eine Falle gestellt. Vermutlich wurden ihre Schiffe mit hochsensibler Energie aufgeladen. «

»Ich registriere Reste von Antimaterie«, meldete der Ortungs-Offizier. »Alle ihre Schiffe waren fliegende Bomben. «

Nur langsam ebbte das Höllenfeuer ab. Eine große Lücke klaffte in der Mitte des großen Verbandes.

»Wie viele Einheiten wurden vernichtet? «, erkundigte sich Kommandeur Tuula.

»Unsere Hypertronic-KI wertet noch aus«, antwortete Wytsch. »Warten sie einen Augenblick. «

Ungeduldig blickte der Kommandeur auf den Bildschirm. Auf einem Teil der verbliebenen Schiffe war Feuer ausgebrochen. Er wusste, dass die Löschvorrichtungen und zahlreiche Teams jetzt versuchten, die unzähligen Brände einzudämmen.

»Wir haben 2.543 Schiffe verloren«, teilte der Ortungs-Offizier mit. »So viele Einheiten mussten wir noch auf keiner Mission aufgeben. «

Verärgert blickte ihn Kommandeur Tuula an.

»Sparen sie sich ihren Kommentar«, knurrte er den Ortungs-Offizier an. »Wenn sie ihre Aufgabe richtig gemacht hätten, wären wir früher von dem Angriff der fremden Species informiert worden. Vielleicht hätten wir unsere Schiffe warnen können. «

»Ich bezweifele es wirklich, ob die Zeit ausgereicht hätte«, meldete sich Teeka zu Wort. »Die mutierte Species hat eine Kurztransition durchgeführt. Das geht innerhalb von wenigen Sekunden. Unsere Schiffe hätten nicht mehr reagieren können. «

»Die große Vielfältigkeit wird das prüfen«, antwortete der Kommandeur. »Das sollte uns allen klar sein. «

»Wir haben uns nichts vorzuwerfen«, antwortete der 1 Offizier. »Dieser Angriff war nicht vorherzusehen. «

»Ich registriere die Öffnung von zwei Wurmlochfenstern, meldete der Ortungs-Offizier. «

»Erfassen wir Schiffs-IDs? «, erkundigte sich der Kommandeur.

»Es ist unsere Verstärkung«, schmunzelte Nurrka. »Weitere 24.000 Schiffe sind eingetroffen. «

»Das ist gut«, antwortete Tuula. »Dann sollten wir sehen, dass wir hier schnell fertig werden. «

Kommandeur Tuula hatte die Kommandeure der zwei neuen Großverbände über die Situation vor Ort informiert. Er erklärte ihnen, dass die mutierte Species technisch schon weit fortgeschritten war und erbittert Widerstand leistete. Die Kommandeure der zwei neuen Kampf-Verbände nahmen die Informationen zur Kenntnis. Sie konnten aber nicht richtig glauben, dass diese spinnenartige Lebensform hierzu in der Lage war. Die Schiffe formierten sich zu Kampf-Geschwadern und machten Jagd auf die letzten Schiffe der Heimat-Verteidigung.

Es dauerte nicht mehr lange, bis diese von der großen Armada ausgelöscht war. Die Übermacht war zu groß. Dann wurde der Planet bombardiert. Alle Städte, alle Anlagen und alle Gebäude wurden gründlich eliminiert und gingen Feuer und großen Rauchsäulen auf. Bunkerbrechende Bomben drangen in die Schutzräume der Bevölkerung vor und zerstörten diese vollständig. Die Ceshalter arbeiteten gründlich. Lediglich Schutt und Asche blieben zurück. Die Atmosphäre des Planeten verdunkelte sich. Alle Brutstationen wurden dem Erdboden gleichgemacht. Nichts deutete mehr auf einen Planeten mit einer lebenden Zivilisation hin.

Kommandeur Tuula gab den Befehl per Hyperkomm-Funknachricht durch, den Angriff einzustellen.

»Schickt Bergungs- und Kampftruppen zu den abgestürzten Raumschiffen unseres Flottenverbandes«, befahl er. »Vielleicht gibt es noch Überlebende? Die Soldaten sollen unsere Bergungsteams sichern. «

Dreißig Transportgleiter und 10 medizinische Bergungsschiffe lösten sich von der Flotte und flogen den Planeten an. Sie teilten sich in Gruppen auf. Ein Bergungstransporter, begleitet von zwei Truppentransportern, schlug den Kurs auf das große Raumschiff ein, welches über der Raumüberwachung abgestürzt war.

Kommandeur Tuula blickte auf den Bildschirm seines Schiffes. Der Widerstand des Planeten existierte nicht mehr. Alle Schiffe der mutierten Lebensform waren vernichtet worden. Der Boden des Planeten war verbrannt und schwarz. Kein Leben war mehr von den Schiffssensoren zu registrieren.

Zufrieden lehnte er sich in seinem Kommandostuhl zurück.

»Trotz der schweren Verluste unserer Flotte wird die große Vielfältigkeit mit uns zufrieden sein«, dachte er.

Raumüberwachung von Planet Goratin

Norusch schlug die Augen auf. Seine Arme und Beine schmerzten. Er lag in einer Nische, unter einer Steinplatte, die von dem Gebäude auf ihn gestürzt war. Vorsichtig bewegte er sich. Seitlich von ihm war ein Loch zu sehen. Vorsichtig grub er mit seinen Händen das Geröll beiseite. Dann war die Öffnung ausreichend groß genug. Langsam zog er sich aus dem Loch und stand auf. Er blickte sich um. Überall waren schwere Steinplatten zu sehen, die von dem Gebäude der Raumaufklärung stammten. Über ihm lagen Teile des abgestürzten Raumschiffes.

»Lebt noch jemand? «, fragte er laut. » Ist noch irgendjemand da? «

»Hier«, tönte es leise. »Ich bin eingeklemmt. Kannst du mir helfen? «

»Wer ist da? «, fragte Norusch.

»Ich bin Öyrusch«, antwortete die Stimme leise. »Helfe mit, das Geröll erdrückt mich.«

Norusch war der Stimme gefolgt. Er bückte sich und rückte eine schwere Steinplatte beiseite. Dann sah er eine Hand. Schnell griff er nach weiteren Bruchstücken und schmiss die beiseite. Der 1. Offizier hustete. Staub hatte seine Uniform grau gefärbt.

Norusch gab ihm seine Hand und half ihm unter den Steinen hervorzukriechen.

Der 1. Offizier nickte ihm zu.
»Danke«, flüsterte er. »Das war knapp. Gibt es noch mehr Überlebende?«

Norusch schüttelte seinen Kopf.
»Es hat niemand mehr geantwortet«, sagte er. »Wir haben Glück gehabt. Das ganze Gebäude ist eingestürzt. Die restlichen Offiziere, der Imperator und unsere Königin sind tot. Zumindest glaube ich das. Wir brauchen ein Rettungsteam. Allein können wir nicht nach ihnen suchen.«

»Wir müssen hier heraus und schauen, wie es draußen aussieht«, bemerkte der 1. Offizier.

Der Leiter der zerstörten Raumüberwachung nickte. Er drehte seinen Kopf und blickte sich um.

Ein Licht leuchtete hinter herunterhängenden Metallteilen hervor.

Er zeigte mit seinem Arm auf die Stelle.
»Dort entlang«, sagte er. »Wir folgen dem Lichtschein. «

Er stieß mit seinem Fuß gegen ein durchsichtiges flaches Behältnis, in dem zwei kleine spinnenartige Geschöpfe aufgeregt hin und her liefen.

»Die Nachkommen der Göttlichen Macht«, flüsterte er. Er sah sich um und erkannte, dass der Schrank, indem die Wesen aufbewahrt wurden, von einer großen Deckenplatte restlos zerdrückt worden war. Er hob das Behältnis auf und stecke sie in seine Uniformtasche.

Vorsichtig tasteten sich die zwei Offiziere weiter vor. In dem Halbdunkel war es schwierig, einen festen Halt zu finden. Überall lagen Steine und Metallstücke herum. Herunterhängende Leitungen versprühten Energieblitze. Scheinbar hatte noch niemand die autarke Energieversorgung des zerstörten Gebäudes abgeschaltet.

Norusch blieb stehen. Vor ihm lag der Durchgang in das Waffenlager. Er war unversehrt. Lediglich einige umgestürzte Waffenschränke waren zu erkennen. Ihre Türen waren aufgesprungen.

»Hier hinein«, flüsterte er. »Wir müssen uns ausrüsten. Vorsichtig traten die beiden Offiziere über die Trümmer in die unversehrte Waffenkammer ein. Norusch bückte sich nach einem Waffengurt und einem Lasergewehr aus einem umgekippten Schrank. Diese warf er Öyrusch zu. Der 1. Offizier fing beide Teile geschickt auf.

»Lege den Waffengurt um«, flüsterte er. »Wir werden ihn sicherlich noch brauchen. «

Er bückte sich und hob einen zweiten Waffengürtel auf. Eine schwere Laserpistole steckte in dem Holster. Er legte den Gürtel um und griff nach einem Gewehr. Norusch überprüfte es auf seine Funktion hin. Dann nickte er.

Vorsichtig ging er aus dem Raum heraus, dem Lichtschein entgegen. Langsam wurde es heller. Durch einen kleinen Spalt drang Sonnenlicht in die Ruine. Vorsichtig blickte er nach draußen und erschrak. Öyrusch drückt von hinten gegen seinen Rücken.

»Warte«, flüsterte Norusch. »Wir müssen erst die Lage sondieren. «

Beide Personen blickten nach draußen und sahen den verbrannten Boden. Überall waren zerstörte Gebäude, brennende Reste von Hallen und qualmende Ruinen zu erkennen.

»Es steht nichts mehr«, fluchte Öyrusch. »Die Fremden haben unseren ganzen Planeten zerstört. «

»Sie wollten unsere Zivilisation komplett ausrotten«, bestätigte Norusch.

Geräusche ließen die beiden Offiziere nach links blicken. 36 Soldaten in staubigen Uniformen kamen gebückt an den Trümmern vorbeigelaufen. Sie hatten ihre Pistolen gezogen und suchten nach einem Eingang in das Raumschiff.

Norusch ging einen Schritt nach außen und pfiff kurz. Die Soldaten blieben stehen und erkannten ihn. Norusch winkte ihnen zu. Gebückt kamen die Soldaten auf ihn zugelaufen.

»Hier geht es hinein«, sagte Norusch.

Vorsichtig schlichen die Soldaten auf den engen Spalt zu und quetschten sich hindurch.

»Was ist mit dem Imperator und der Königin? «, fragte der vermeidliche Anführer, der sich Myrasch nannte.

»Wir wissen es nicht«, antwortete Norusch. »Das Gebäude unserer Leitstelle ist komplett eingestürzt. Wir haben keine Lebenszeichen von ihnen vernommen. Sie müssen tot sein. «

»Leider haben wir das befürchtet«, antwortete der Truppführer. »Wir sind die letzten unserer Einheit. Unsere Stellungen wurden massiv bombardiert und zerstört. Zufällig waren wir gerade nicht in der Nähe der Abwehrtürme, als die Treffer einschlugen. «

»Haben wir eine Verbindung zu anderen Städten auf unserem Planeten erhalten? «, erkundigte sich Öyrusch. Die Soldaten sahen ihn betreten an.

»Die letzten Informationen, die wir erhielten, berichteten überall von den gleichen Szenarien«, erwiderte ein Soldat, der eine mobile Sendeanlage auf seinem Rücken trug. »Nachdem unsere Heimatflotte aufgerieben wurde, erfolgte ein globaler Schlag gegen alle unsere Städte, Anlagen und Brutzentren. Nichts steht mehr. Die humanoiden Teufel haben danach jedoch nicht aufgehört. Sie schickten Glutbomben und Hitze-Raketen. Der ganze Boden unseres Planeten besteht nur noch aus verbrannter Erde.

Die Fremden wollten uns komplett auslöschen. Kurze Zeit später erfolgte ein Angriff auf die Schutzbunker der Zivilbevölkerung und auf die unterirdischen Anlagen der Königin. Wir müssen mit einem globalen Kollaps rechnen. Wenige Minuten später erhielten wir keine Nachrichten mehr. Die letzten Sendeanlagen wurden scheinbar geortet und ausgeschaltet. «

»Verflucht«, antwortete Norusch. »Dass es so schlimm gekommen ist, konnten wir nicht ahnen. Der Absturz des großen Raumschiffes auf unsere Leitstelle hat unsere Kommunikation ausgeschaltet. «

Der 1. Offizier der ehemaligen Raumüberwachung zeigte auf die Laserpistolen der Soldaten.

»Ist das ihre ganze Ausrüstung? «, erkundigte er sich.

Der Anführer der Soldaten nickte.
»Mehr war nicht zu finden«, konterte er. »Wir waren froh, dass wir unsere Haut retten konnten. Viele unserer Freunde sind in den Glutbomben der Fremden

umgekommen. Wir mussten mit ansehen, wie sie lichterloh verbrannten. Nur Asche ist von ihnen übrig gewesen. «

»Wir alle haben unsere Freunde verloren«, versuchte Norusch die Soldaten zu beruhigen. Doch wir haben eine intakte Waffenkammer entdeckt. Rüsten sie sich aus. Ich vermute, dass die Fremden noch nicht abgerückt sind. Sie werden sicherlich Truppen schicken, um nach Verletzen in ihren abgestürzten Raumschiffen zu suchen. «

Er blickte seinen 1. Offizier an.
»Bringe die Soldaten zu der Waffenstube«, sagte er. »Sie sollen alles mitnehmen, dass sie brauchen können. Auch die Scanner und die Bewegungsmelder sind wichtig für uns. «

»Folgen sie mir«, flüsterte Öyrusch. »Es ist nicht weit von hier. «

Der Anführer der Soldaten blieb bei Norusch zurück. Gemeinsam blickten sie durch den Spalt nach draußen.

»Glauben sie wirklich, dass die fremden Angreifer noch Bodentruppen landen werden? «

Norusch sah ihn irritiert an.

»Sie haben doch ebenfalls eine militärische Ausbildung erhalten«, antwortete er. »Überlassen wir mögliche Überlebende eines Absturzes sich selbst? «

»Nein«, antwortete der Anführer der Soldaten. »Auch wir würden versuchen unsere Leute zu bergen. «

»Die Frage ist nur, wann sie kommen werden«, ergänzte Norusch seine Überlegungen. »Es wäre gut, wenn wir einen, oder mehrere Überlebende gefangen nehmen könnten. Die Humanoiden müssen von uns verhört werden, um uns wichtige Informationen preiszugeben. Denn eines ist gewiss, die Imperatorin wird diesen Angriff nicht einfach so hinnehmen. «

»Wir haben alles gefunden«, sagte eine Stimme im Hintergrund der beiden Arthropoden. Der Trupp ist nun komplett ausgestattet. «

Öyrusch war mit den Soldaten zurückgekehrt.
»Wie sieht unser Plan aus? «, fragte er.

»Wir dringen in das fremde Raumschiff ein und versuchen einen, oder mehrere Überlebende der Fremden zu ergreifen«, sagte der Anführer der Soldaten. »Diese werden wir später verhören, oder an die Imperatorin weitergeben. «

»Ist es sicher, dass es noch Überlebende gibt? «, fragte der 1. Offizier.

Der Anführer der Soldaten zuckte mit seinen Schultern. »Wir wissen es nicht«, hielt er dagegen. »Seit unsere Kommunikation ausgefallen ist, können wir nichts mehr empfangen und keine Nachricht mehr senden. «

Öyrusch drückte Norusch einen arthropodischen Tiefenscanner in die Hand.

»Das Ding ist unversehrt«, lächelte er. »Es wird uns bei der Suche nach den überlebenden Humanoiden hilfreich sein. Brechen wir auf. Viel Zeit haben wir nicht. Sicherlich werden bald Truppengleiter eintreffen. «

Norusch nahm das Gerät an sich und aktivierte es. Bereits nach wenigen Sekunden hatte es einen Eingang in das fremde Schiff ermittelt.

»Es geht los«, flüsterte Norusch. »Es geht nach links. «
Die Soldaten und die Offiziere der Leitstelle zwängten sich aus dem Spalt ins Freie. Sie liefen um das große Raumschiff herum. Dann erkannten sie die zerfetzte Stelle in der Bordwand, die ihnen einen Eingang in das unbekannte Schiff ermöglichte.

Vorsichtig betraten die Personen das fremde Schiff.

»Ich schalte auf unbekannte Lebensformen um«, flüsterte Norusch. »Wenn hier auf dem Schiff noch jemand lebt, dann wird es der Scanner erkennen. «

Die Soldaten flüsterten leise vor sich hin. Der Scanner in Norusch Hand summte. Er blickte auf das Display in seiner Hand. Die Anzeige im Suchmodus rotierte kreisrund. Stockwerk für Stockwerk wurde angezeigt. Der ehemalige Leiter der Raumstation wollte den Scanner bereits ablegen, als die Kreiselbewegungen des Suchmodus stoppten. Vier rote Zeichen wurden auf dem obersten Deck erkennbar.

»Da haben wir etwas«, flüsterte Norusch. »Vier fremde Lebensformen befinden sich auf dem obersten Deck. Es scheint nicht schwer beschädigt zu sein. «

»Vielleicht sollten wir auch von außen versuchen das oberste Deck zu erreichen? «, fragte der Anführer der Soldaten. » Die Überlebenden wissen vermutlich nicht, dass wir es sind. Sie erwarten ihr Rettungsteam. Wir geben uns durch Klopfzeichen zu erkennen. Diese werden die Überlebenden bestimmt beantworten. «

»Eine gute Idee«, lobte Norusch den Soldaten. »Wählen sie die Hälfte ihre Teams aus. Der Rest begleitet uns in das Innere des Wracks. «

»In Ordnung«, antwortete der Soldat.

»Noch etwas«, bemerkte Norusch ernst. »Halten sie Ausschau nach landenden Gleitern. Sobald sie welche erkennen, ziehen sie sich sofort mit ihren Kräften zurück. Wir haben für heute genug Verluste zu beklagen. Denken sie bitte daran, wir müssen unsere Zivilisation neu aufbauen. «

»Ich verstehe«, erwiderte der Soldat. »Wir werden uns an ihre Anweisungen halten. «

Er drehte sich ab und lief mit seiner Gruppe aus dem unbekannten Raumschiff.

Norusch drehte sich zu seinen Soldaten um.
»Wir nehmen die Versorgungsgänge«, erklärte er. »In der Regel sind diese stabil gebaut. Vielleicht können wir auf diesem Wege in die oberen Abteilungen vordringen. «

Die Gruppe setzte sich in Bewegung. Schon nach 28 Metern hatten sie einen Zugang zu einem Versorgungstunnel erreicht.

Norusch winkte einem Soldaten.

»Öffnen sie bitte den Zugang«, bat er ihn.

Der Soldat schaute sich die quadratische 80 Zentimeter große Luke an. Er riss kurz hieran. Doch sie bewegte sich keinen Millimeter.

»Sie ist verschlossen«, flüsterte er. »Treten sie bitte etwas zurück. Ich werde eine Sprengung durchführen. «

Er heftete eine Sprengmine an die Scharniere der Luke und stellte die Zeitschaltuhr ein. Dann zog er sich zu seinen wartenden Kollegen zurück.

Es vergingen fünf Sekunden, dann riss ein dumpfer Knall die Luke aus den Angeln. Sie wurde 4 Meter durch den Gang geschleudert.

»Der Zugang wurde geöffnet«, bestätigte der Soldat. »Wir können weiter. «

Norusch nickte und lief auf das offene Loch zu. Er blickte in die Höhe. Eine Art Leiter war an der Wand befestigt. Sie führte in eine schwindelnde Höhe.

»Das Ist verdammt hoch«, flüsterte er. »Wir müssen vorsichtig sein. Doch der Weg scheint nicht versperrt zu sein. «

Er blickte die Soldaten an. »Ich gehe als Erster«, entschied er. »Öyrusch bildet die Nachhut. Haltet euch alle gut fest. Ich hoffe, wir treffen auf keine Energiefalle. «

Dann bückte er sich und zog sich an der ersten Sprosse in den Versorgungsgang. Die Soldaten folgten ihm dicht an dicht.

Überlebende des abgestürzten Ceshalter-Schiffes

Die Einrichtung des Panoramadecks hatte den Aufprall des schweren Schiffes gut überstanden. Lediglich einige Tische, Schränke und diverse Stühle waren aus den Verankerungen gerissen und gegen die äußeren Wände geprallt. In einem Teil von ihnen lagen die festgeschnallten Offiziere der Brücke, deren Köpfe jedoch leblos zur Seite hingen. Blut tropfte von ihrer Stirn. Lediglich vier Stühle standen noch an ihren Plätzen, festgeschraubt in dem Boden des Panoramadecks. Sie hatten den Aufschlag des Schiffes überstanden.

Vorsichtig öffnete Kommandeur Laalka seine Augen. Die Schwärze seines Blickes klärte sich. Nur langsam kamen die Erinnerungen zurück.

»Wir sind abgestürzt«, erinnerte er sich. »Das Schiff ist auf den Planeten der mutierten Species aufgeschlagen. Hoffentlich war die Säuberung erfolgreich. Ich möchte nicht in die Klauen primitiver Lebensformen gelangen. «

Er blickte sich um und erkannte das Dilemma. Nicht alle Offiziere der Brücke hatten überlebt. Die Verankerungen ihrer Sicherheitsstühle waren aus dem Boden gerissen worden. Der Aufschlag musste gewaltige Kräfte freigesetzt haben.

Vorsichtig öffnete er den Sicherheitsverschluss seines Schalensitzes und stand auf. Er ging auf den wissenschaftlichen Offizier zu, der noch benommen in dem Stuhl saß. Vorsichtig schüttelte er ihn.

»Reuuka«, flüsterte er. »Kommen sie zu sich. Wir haben den Absturz überlebt. «

Langsam schlug der wissenschaftliche Offizier seine Augen auf.

»Gibt es noch mehr Überlebende? «, erkundigte er sich.

»Das überprüfe ich gerade«, antwortete der Kommandeur des Schiffes. »Es wäre gut, wenn sie mir helfen würden. Wir müssen uns auf die neue Situation einstellen. «

Der wissenschaftliche Offizier schüttelte sich kurz. Dann löste der seinen Sicherheitsverschluss und stand vorsichtig auf. Langsam schritt er mit einem bedenklichen Gesicht auf den Stuhl des 1. Offiziers zu. Er legte ihm seine Hand an den Hals und suchte nach dem Puls.

Erleichtert lächelte er.
»Euurka lebt noch«, sagte er zu dem Kommandeur.

Er hob seine Hand und schlug dem benommenen Offizier diese links und rechts ins Gesicht.

Der Kommandeur verzog sein Gesicht.
»Geht das auch etwas sanfter«, murrte er den wissenschaftlichen Offizier an.

Er blickte auf und lächelte.
»Soll ich ihnen jetzt einen Vortrag halten, wie man unsere Leute am besten aus einer Ohnmacht zurückholt? «, fragte er.

Erleichtert bemerkte Laalka, wie sich der 1. Offizier regte. Schlagartig schlug er die Augen auf.

»Was ist passiert? «, fragte er.

»Wir sind abgestürzt«, teilte der wissenschaftliche Offizier ihm mit. »Nicht alle unserer Offiziere haben das überlebt. «

Euurka blickte sich um.

»Wir brauchen Waffen«, flüsterte er. »Vermutlich werden auch einige der mutierten Wesen überlebt haben. Sie werden uns jetzt versuchen zu ergreifen. «

Kommandeur Laalka schritt auf den vierten noch intakten Stuhl zu. In diesem lag der Oyuka, der Sicherheits-Offizier des Schiffes. Der Kommandeur schüttelte ihn vorsichtig. Der Offizier regte sich und schlug entsetzt die Augen auf.

»Wo sind wir? «, fragte er.

»Wir sind auf dem Planeten der mutierten Species aufgeschlagen«, antwortete Laalka. »Sicherlich werden bald unsere Rettungsgleiter eintreffen. Bis dahin sind wir auf uns gestellt. Euurka vermutet, dass wir Besuch von den Mutierten erhalten werden. «

»Sie werden nicht glücklich über unseren Angriff gewesen sein«, gab Oyuka zu bedenken. »Wir sollten uns ein sicheres Versteck suchen. «

»Wir brauchen Waffen und eine Ausrüstung«, erklärte der Kommandeur. »Wo können wir diese finden? «

Der Sicherheits-Offizier überlegte kurz.
»Auf jedem Deck wurden Waffenkammern für den Sicherheitsdienst integriert«, erwiderte er. »Nur hier auf dem Panoramadeck nicht. Wir müssen in den Verbindungskorridor. Falls er nicht restlich unzugänglich ist, werden wir dort alles finden, was wir brauchen. «

»Die anderen Offiziere haben es leider nicht geschafft«, sagte Reuuka. »Sie sind bei dem Aufprall gestorben. «

»Ich habe es bereits registriert«, antwortete der Kommandeur. »Die große Vielfältigkeit wird sich ihrer Seelen annehmen. Ihr Tod wird nicht ungestraft bleiben.«

»Hier entlang«, sagte der Sicherheits-Offizier.

Er war an dem Schott beschäftigt, dass sich nur schwer öffnen ließ. Endlich konnte er es einen halben Meter zur Seite schieben. Er steckte seinen Kopf hindurch und blickte nach rechts und nach links. Die Notbeleuchtung funktionierte noch. Der Korridor war in einem diffusen Rotlicht beleuchtet. Überall waren Metallstreben geborsten, die teilweise gefährlich in den Gang gedrückt waren. Zahlreiche Kabel der Energieversorgung waren durchtrennt. An ihren Enden sprühten Funken.

»Die Energieversorgung hat sich nicht abgeschaltet«, teilte der Sicherheits-Offizier mit. »Wir müssen aufpassen, nicht von einem gerissenen Energiekabel erwischt zu werden. «

»Geh voraus«, befahl der Kommandeur. »Du bist der Sicherheits-Offizier.

Oyuka trat durch den Spalt des defekten Schotts.
»Wir müssen nach links«, erklärte er. »Die Kammer sollte 900 Meter von hier entfernt liegen. Es sieht alles so anders aus, als ich es in Erinnerung habe. «

»Bewege dich«, mahnte ihn der Kommandeur. »Ich weiß nicht, wie lange es dauern wird, bis wir mit Verfolgern rechnen müssen. Die Zeit läuft gegen uns. «

Der Sicherheits-Offizier beschleunigte seinen Schritt. Seine Augen waren auf den Boden gerichtet, in dem zwischendurch immer wieder Risse und Löcher zu finden waren.

»Tretet nicht in die Löcher und Spalten«, warnte er seine Kollegen. »Der Boden ist arg in Mitleidenschaft gezogen. «

Die Gruppe kam trotz der herabhängenden Bruchstücke und den Energieleitungen gut voran. Plötzlich blieb der Sicherheitsoffizier stehen. Vor ihm klaffte ein breiter Riss von 1,60 Metern in den Bodenplatten.

»Hier ist die Boden weggebrochen«, flüsterte er. »Wir müssen über die Seitenverstrebungen klettern. «

Laalka trat neben ihm. Er blickte in das tiefe Loch. »Das ist eine gute Falle für mögliche Verfolger«, flüsterte er. »Wer hier hineinstürzt, der wird das nicht überleben.«

Er winkte dem Sicherheits-Offizier zu. »Über die Seitenstützen klettern«, befahl er. »Auf der anderen Seite legen wir ein passendes Stück des Bodenbelages über das Loch. Es wird nur bei einer intensiven Untersuchung auffallen und besitzt die gleiche Farbe, wie die Metallplatten des Bodens.

Oyuka hangelte sich über die Seitenverstrebungen über das 1.60 Meter große Loch im Boden. Erleichtert sprang er am Ende auf den festen Untergrund.

»Ihr seid dran«, sprach er die wartenden Offizieren an. »Es ist noch ein gutes Stück bis zu der Waffenkammer. «

Kommandeur Laalka und seine Offiziere folgten den Anweisungen. An den Gesichtern konnte man ablesen, dass sie sich nicht wohl in ihrer Haut fühlten. Endlich hatten alle Offiziere das Loch in dem Boden wohlbehalten überquert.

Der Kommandeur sah sich um. Drei Meter entfernt, hatte sich der Bodenbelag gewellt. Er lief zu der Stelle und riss ein 2 Meter großes Stück ab. Hiermit kam er zu dem tiefen Loch in den Boden gelaufen.

Er blickte seinen 1. Offizier an.
»Fass bitte mit an«, befahl er. »Wir müssen den Bodenbelag über das Loch werfen und gerade ziehen. Nur so schöpfen mögliche Verfolger keinen Verdacht. «

Euurka nickte und fasste das Ende des Belages an. Langsam gingen beide Offiziere auf das Loch zu. Kommandeur Laalka warf das Ende des Belages über das Loch. Es klatschte am anderen Ende des Ganges zu Boden. Der 1. Offizier zog es gerade und nickte.

»Das Loch ist optisch verschlossen«, lächelte er. »Das war eine gute Idee. «

»Wir müssen weiter«, mahnte der Sicherheits-Offizier seine Kollegen. »Es ist nicht mehr weit. «

Die kleine Gruppe drehte sich um und hastete durch den breiten Gang. Überall lagen Verkleidungen, Metallteile und Einrichtungsgegenstände herum. Vorsichtig umrunden die Offiziere, die teilweise sehr scharfen Trümmerstücke. Entsetzt erkannten sie, wie vor ihnen der ganze Gang eingedrückt war. Nur ein kleines Loch über den Boden eines Trümmerhaufens schien als Durchgang geeignet zu sein.

»Der Gang ist eingebrochen«, bemerkte Oyuka. »An der nächsten Abzweigung ist die Waffenkammer. Es gibt keinen anderen Weg. Wir müssen hier durch. «

Der Sicherheits-Offizier ließ sich zu Boden fallen und legte sich auf seinen Rücken. Mit seinen Füßen schiebend, stieß er sich in das kleine Loch am Boden des Trümmerhaufens hinein. Seine Hände stützten seinen Körper und drückten ihn vorwärts. Langsam verschwand sein Körper in dem Berg von Metallschrott.

»Klappt es? «, fragte der Kommandeur. » Kommst du weiter? «

»Ich bin durch«, schallte es aus der Barriere. » In der Mitte ist mehr Platz. Ihr könnt nachkommen. Macht euch schlank, dann werdet ihr die Rückseite erreichen. «

Laalka ließ sich auf seine Knie fallen und legte sich rückwärts auf dem Boden. Dann drückte er sich mit seinen Füßen ab und folgte dem Sicherheits-Offizier. Die wartenden Offiziere hörten ihn fluchen. Doch alles lief problemlos ab. Der Kommandeur war auf der anderen Seite angekommen.

»Der nächste bitte«, sagte er. »Beeilt euch«.

Es dauerte einige Minuten, dann waren auch die zwei letzten Offiziere durch das Hindernis gekrochen. Erleichtert richteten sie sich auf.

»Wo ist die Waffenkammer? «, fragte Euurka.
Der Sicherheits-Offizier blickte sich um. Er hob seine Hand und zeigte auf ein scheinbar noch intaktes Schott.

»Dort«, erklärte er. »Mit dem Hinweis auf dem Hinweisschild auf dem Eingang.

»Nur für Sicherheits-Offiziere«, stand in großen Worten auf der Türe.

Die Gruppe eilte auf das Schott zu. Oyuka steckte seine ID-Card in den Schlitz, doch das Schott bewegte sich nicht.

»Keine Energie«, erklärte er. »Das war zu vermuten. « Er trat kräftig mit seinem Fuß gegen die Konsole an der Wand. Diese splitterte auseinander. Der Sicherheits-Offizier riss die restliche Verkleidung ab. Eine metallische Kurbel kam zum Vorschein. Oyuka nahm sie an sich und steckte den Kopf in die passende Vorrichtung. Dann drehte er sie. Der Schott bewegte sich und verschwand quietschend in der Verkleidung. Ein Notlicht erhellte sich in dem gesicherten Raum.

Oyuka lief auf einen Schrank zu und öffnete ihn. Er war vollgestopft mit Lasergewehren und Pistolen. Er riss vier Gewehre aus den Halterungen und warf drei hiervon seinen Kollegen zu. Diese fingen sie geschickt auf und halfterten sie auf ihren Rücken. Dann verteilte der Sicherheits-Offizier Pistolen, Sprengbomben und einige Energiekristalle an seine Begleiter.

»Das sollte ausreichen«, bemerkte er. »Jetzt ist mir sichtbar wohler. «

»Werden auch Scanner hier aufbewahrt, die uns fremde Lebensformen anzeigen? «, erkundigte sich Kommandeur Laalka.

Oyuka blickte ihn an und nickte.

Er lief auf den zweiten Schrank zu und riss ihn auf. Seine Augen suchten den Schrank ab. Dann hatte er zwei Scanner gefunden.

»Zwei Stück liegen hier«, erkannte er freudig.

Er griff hinein und gab jeweils einen Kommandeur Laalka und einen dem 1. Offizier des Schiffes.

»Wir sollten noch die Individual-Schirmgürtel umlegen«, bemerkte der Sicherheits-Offizier. »Vielleicht haben wir Glück und die Waffen der mutierten Species können den Schutzschirm nicht durchdringen. «

Er zog vier der Gürtel aus dem Schrank und gab sie an seine Begleiter aus. Einen legte er sich selbst um und aktivierte ihn.

Kommandeur Laalka hatte den Scanner aktiviert. Die Anzeige rotierte und suchte nach fremden Lebensformen. Plötzlich dröhnte der Scanner dumpf. Zahlreiche rote Punkte waren in dem Schiff und auf seiner äußeren Bordwand registriert worden.

»Sie sind schon im Schiff«, fluchte der Kommandeur.

»Ich habe es kommen sehen. «

»Wie viele sind es? «, erkundigte sich der erste Offizier.

»Eine ganze Menge«, antwortete Laalka. »Der Scanner hat 20 Lebensformen in einem Versorgungsschacht registriert, der bis an unser Panoramadeck recht. Weitere 18 Lebensformen klettern über die äußere Bordwand an unserem Schiff hoch. Sicherlich wollen sie auch zu dem obersten Deck. «

»Sie werden uns über ihre Scanner erfasst haben«, erklärte der wissenschaftliche Offizier. »Die Geräte lassen sich nicht zu einfach irritieren. «

»Das sind zu viele für uns«, bemerkte der Sicherheits-Offizier. »Wir können sie unmöglich alle erledigen. «

»Wo und wie können wir uns so lange verteidigen, bis unsere Rettungsteams eingetroffen sind? «, erkundigte sich Euurka. » Gibt es noch einen sicheren Ort in dem Schiff? «

»Wenn die Gleiter-Buchten noch intakt wären«, überlegte der wissenschaftliche Offizier. »Dann könnten wir uns in einem Kampfgleiter verschanzen und die starken Geschütze auf alle Eindringlinge richten. Doch ich glaube eher, dass alle Gleiter bei dem starken Aufprall beschädigt wurden. «

»Glauben ist nicht Wissen«, antwortete der Kommandeur. »Hat jemand einen besseren Vorschlag? « Die Offiziere schüttelten ihren Kopf.

»Wir versuchen den Gleiter-Hangar zu erreichen«, befahl der Kommandeur. »Wenn wir Glück haben, funktioniert noch ein Hyperkomm-Funkgerät in den Schiffen. Wir können dann unseren Rettungsteams gezielte Informationen übermitteln, in welcher Situation wir uns befinden. Sie werden uns entsprechende Kampftruppen senden. «

»Brechen wir auf«, sagte der 1. Offizier. »Unsere Verfolger sind uns auf den Fersen. «

Die Gruppe drehte sich um und schritt in den Gang zurück.

Niemand war zu sehen, alles war ruhig. Der wissenschaftliche Offizier übernahm die Führung. Das Hangardeck lag in einem seitlichen Bereich des abgestürzten Raumschiffes.

Die Überlebenden Arthropoden

Die Arthropoden kletterten die Sprossen der Leiter des langen Versorgungsschachtes hoch. Scheinbar war dieser Bereich nicht schwerwiegend beschädigt worden.

»Wie weit ist es noch? «, fragte Öyrusch.
Er kletterte als Letzter die metallischen Sprossen hoch.

»Ruhe«, zischte Norusch. »Willst du alle auf uns aufmerksam machen? Wir sind gleich angekommen. «

Der 1. Offizier der zerstörten Raumüberwachung fluchte leise vor sich hin. Er blickte an den vor ihm kletternden 18 Soldaten vorbei und sah, dass Norusch innehielt. Der Leiter der Raumüberwachung schwang dreimal hin und her. Dann ließ er sich mit seinen Füßen und dem ganzen Gewicht seines Körpers gegen eine Luke schwingen. Unter lautem Getöse sprang der Verschluss in das Innere des Raumschiffes auf.

»Wir sind da«, flüsterte er den anderen zu. »Ab jetzt müssen wir sehr vorsichtig sein. «

Langsam kletterte er aus dem Loch der Luke und zog sich in den nur mit Notlicht beleuchteten Korridor. Vorsichtig richtete er sich auf. Ein erster Blick genügte ihm, um zu erkennen, dass der Korridor verlassen war.

Der erste Soldat kroch aus dem Eingang des Versorgungsschachtes zu. Norusch ergriff ihn und half ihm auf die Beine. Gemeinsam fassten sie den nächsten Soldaten an seiner Kleidung und zogen ihn aus der Luke.

Norusch trat einen Schritt zurück. Beide Soldaten hatten jetzt die Hilfestellung übernommen.

Als weitere vier Soldaten ausgestiegen waren, erteilte Norusch ihnen Befehle.

»Sichert den Korridor«, sagte er. »Zwei von euch auf die linke Seite, zwei von euch auf die rechte Seite. Niemand darf uns in den Rücken fallen. «

Endlich waren alle Personen der Luke entstiegen.
»Was zeigt der Scanner an? «, fragte Norusch. » In welche Richtung müssen wir? «

Öyrusch schaltete ihn ein. Es dauerte einen Augenblick, bis das Display zum Leben erwachte und sich auf alle neuen Gegebenheiten eingependelt hatte. Dünne Linien gaben die Etagen und die Räumlichkeiten des Schiffes wieder. Der Scanner raste förmlich durch die zerstörten Decks des Schiffes. Plötzlich leuchteten vier rote Hinweise auf.

Der Puls des 1. Offiziers fing an zu rasen.

»Die von uns ausgemachten vier humanoiden Wesen befinden nicht mehr an der Stelle, an der sie sich bei unserem letzten Scann aufgehalten haben«, teilte er mit. »Sie bewegen sich schnell von uns fort. «

»Wo wollen sie hin? «, fragte Norusch. » Können sie wissen, dass wir hinter ihnen her sind? «

»Falls sie Zugang zu den gleichen Geräten haben wie wir, dann ist das nicht ausgeschlossen«, erwiderte Öyrusch. » Sie werden erkannt haben, dass wir mit 20 Personen auf ihrer Verfolgung sind. Sie flüchten, da sie nur vier Personen sind. Was würdest du in einer solchen Situation machen? «

»Ich würde ebenfalls abhauen«, konterte Norusch. »Das ändert aber nichts an der Situation, dass wir sie ergreifen müssen. Die Imperatorin erwartet Antworten und will Vergeltung. Wir müssen in Erfahrung bringen, wer diese Wesen sind und wo sich ihr Heimatplanet befindet. «

»Noch weiß die göttliche Macht nichts über den Angriff dieser Wesen«, erklärte Öyrusch. »Wir konnten sie nicht warnen. Leider sind alle Kommunikations-Anlagen auf Goratin vernichtet worden. «

Norusch blickte seinen 1. Offizier an.

»Genug mit dem Gerede«, knurrte er ihn an. »Wir werden eine Möglichkeit finden. In welche Richtung müssen wir?«

»Nach rechts«, antwortete Öyrusch. »Die Wesen haben jedoch einen großen Vorsprung. «

Norusch blickte den Anführer der Soldaten an.

»Ayrusch«, sagte er. »Lassen sie ihre Soldaten in Zweiergruppen vorrücken. Sie sollen ihre Augen nach Fallen aufhalten. Ich bin mir fast sicher, dass sich die humanoiden Wesen nicht so einfach fangen lassen wollen. «

Der Anführer der Soldaten nickte und wies seine Untergebenen ein. Langsam rückte die Truppe vorwärts.

Der 1. Offizier blickte auf seinen Scanner.

»Den Verbindungsgang entlang«, sagte er. »Die Lebenszeichen sind etwa 2.500 Meter vor uns. Wir sollten unsere Schritte etwas beschleunigen. «

»Wir kennen uns in dem Schiff nicht aus«, mahnte Norusch seinen 1. Offizier zur Ruhe. » Ich möchte nicht, dass unseren Leuten etwas zustößt. «

Der Anführer der Soldaten trieb seine Untergebenen zur Eile an. Er hatte mitbekommen, dass die Überlebenden fremden Aggressoren noch ein gutes Stück vor ihnen waren. «

Die Vorhut der Gruppe sprang über herumliegende Trümmerstücke und eilte an herabhängenden Kabeln vorbei. Die restlichen Soldaten folgten dicht. Norusch und sein 1. Offizier liefen am Ende der Gruppe.

Plötzlich ertönten zwei schrille Schreie. Norusch bahnte sich einen Weg durch die wartenden Soldaten. Ihr Anführer stand an dem Rand eines tiefen Loches. Der Boden war aufgerissen.

Er blickte Norusch an.
»Zwei unserer Leute sind in den Riss gefallen«, erklärte er. »Wir haben ihn nicht erkannt. »Er war mit einem Bodenbelag abgedeckt. «

»Das wollte ich vermeiden«, schelte ihn Norusch. » Jetzt haben wir erneut zwei Leute verloren. Ist ihnen endlich klar geworden, dass unsere Gegner ihre Haut retten wollen? «

Der Anführer der Soldaten blickte verlegen auf den Boden.

»Wir hätten auf sie hören sollen«, flüsterte er. »Ich entschuldige mich für die Fehleinschätzung der Situation.«

»Das bringt ihnen ihre zwei Soldaten nicht mehr zurück«, antwortete Norusch. »Lassen sie ihre Leute besser aufpassen. Wir müssen uns über die Seitenverstrebungen über das tiefe Loch hangeln. Anders erreichen wir die andere Seite nicht. «

Ayrusch instruierte seine Männer. Flink kletterten sie über die seitlichen Verstrebungen des Korridors. Auf der gegenüberliegenden Seite des tiefen Loches stehend, halfen sie nachrückenden Kollegen einen festen Halt zu finden.

Plötzlich wurde das Wrack durch mehrere Einschläge erschüttert. Es hörte sich an, als ob jemand mit einem großen Hammer auf die Außenwand des Schiffes einschlug. Die Wände vibrierten. Die letzten, durch die Verstrebungen kletternden Soldaten, wurden von ihren Füßen gerissen.

»Festhalten«, sagte Norusch. »Das sind Einschläge von Laserstrahlen. Vermutlich liegt unser Außenteam unter einem Beschuss fremder Truppen. «

»Die Fremden bekommen Verstärkung«, flüsterte Öyrusch. »Macht schneller, wenn wir sie noch erwischen wollen. «

Erneut vibrierten die Metallwände unter zahlreichen Einschlägen. Ayrusch trieb die Soldaten zur Eile an.

Der 1. Offizier hielt seinen Kommunikator in der Hand. »Ich bekomme keine Verbindung zu unserem Außenteam«, sagte er.

»Das bedeutet nichts Gutes«, erwiderte Ayrusch. »Hoffentlich haben sie es bis zu dem obersten Deck des Schiffes geschafft. «

»Ich versuche es weiter«, beruhigte ihn Öyrusch. »Sie wissen sich zu helfen. «

Die arthropodischen Soldaten, die außerhalb des Schiffes versuchten, das oberste Stockwerk zu erreichen, hatten bereits eine große Wegstrecke zurückgelegt. Sie setzten Seilschuss-Pistolen ein und verankerten diese an hervorstehenden Überbauten des Schiffes. Der anführende Soldat zog an dem Seil.

»Es sitzt fest«, sagte er. »Nehmen wir die nächste Etage in Angriff. Es ist nicht mehr weit. «

Die Soldaten hangelten sich wendig das Seil herauf. Es dauerte nicht lange, bis alle Einsatzkräfte den Vorbau einer Etage erreicht hatten.

Der Anführer blickte zu Boden und schüttelte seinen Kopf. »Alles ist zerstört«, flüsterte er. »Kein Gebäude hat den Angriff dieser Bestien überstanden. «

Ein Soldat zeigte in den Himmel.
»Wir werden angegriffen«, warnte er. »Ich erkenne drei Gleiter auf uns zu fliegen. «

Myrasch, der Anführer wurde sichtbar unruhig.
»Deckung suchen«, befahl er. »Die Fremden kommen zurück. Sprengt sofort eine Öffnung in die Wand. «

Hektik war unter den Soldaten ausgebrochen. Die drei anfliegenden Gleiter feuerten mit Laserstrahlen auf sie. Diese schlugen jedoch unterhalb der Plattform ein, auf dem die Soldaten standen.

»In Deckung gehen«, warnte einer der drei Soldaten.
Sie hatten die Sprengladungen an einem Bullauge gelegt. Die Soldaten duckten sich. Eine laute Explosion zerfetzte

das glasähnliche Material und riss Stücke der Bordwand heraus.

»Alle in das Schiff«, befahl Myrasch den Soldaten zu. Seine Untergebenen hetzten los und sprangen kopfüber in die Öffnung.

»Verflucht«, sagte der Anführer.
Zwei seiner Soldaten waren von den Laserstrahlen eines Gleiters getroffen worden und fielen kopfüber von dem Vorsprung des Schiffes in die Tiefe.

Mit einem grimmigen Gesicht blickte er die feuernden Gleiter an.

»Weiter in die Öffnung bleiben«, befahl er den restlichen Soldaten. »Die Gleiter schießen sich auf uns ein. «

Endlich waren die Soldaten im Inneren des Schiffes. Der Anführer sprang auf und lief auf die Öffnung zu. Hinter ihm schlug ein heißer Strahl auf die Position ein, auf der er gerade noch gestanden hatte. Im Hechtsprung flog er in die schützende Öffnung. Das Prasseln der einschlagenden Strahlen interessierte ihn nicht mehr.

»Weiter«, befahl er. »Die Wand wird gleich nachgeben.

Das Vibrieren der Einschläge setzte sich über den Boden des Schiffes fort. Die Soldaten rannten aus dem großen Raum, in den Verbindungs-Korridor des Schiffes. Es war dunkel, nur eine dämmrige Notbeleuchtung verbreitete ein diffuses Licht. Wasser tropfte aus Leitungen, Metallverstrebungen waren gebrochen und hingen teilweise gefährlich scharf in den Gang. An einigen Kabelenden sprühten grelle Funken heraus.

Der Anführer der Soldaten hatte die Umgebung bereits ausgespäht. Er hob seine rechte Hand in die Höhe.

»Ruhe«, flüsterte er. »Ich höre Geräusche. Sofort Deckung suchen. «

Die Soldaten suchten sich Nischen in den offenen Wänden und den geborstenen Seiten des Korridors, von denen die Wandverkleidung restlos zerstört und in kleinen Stücken auf dem Boden lag.

Der Anführer blickte vorsichtig um einen stabilen Metallträger herum, der ihm als Versteck diente. Arthropoden besaßen sehr gute Augen. Trotz des schummrigen Lichtes konnte der Soldat auch im Dunkeln alles gut erkennen. Vier fremde Wesen eilten durch den Gang. Langsam schlichen sie näher. Es waren aufrechtgehende Gestalten von einem starken

Körperbau. Dem Anführer der Soldaten waren bisher noch keine humanoiden Lebensformen begegnet. Interessiert musterte er sie. In ihren Händen hielten sie fremdartige Lasergewehre.

Unsicher rückten die vier Wesen weiter vor. Sie blickten sich in alle Richtungen um, als ob sie etwas suchten.

»Wir kesseln sie ein«, flüsterte Myrasch seinen Untergebenen zu. »Gegen eine Anzahl von 16 Soldaten werden sie sicherlich nicht kämpfen wollen. Wartet ab, bis sie in der Mitte unserer Gruppe sind. Dann stellen wir sie. «

Die Atmung der Arthropoden verlangsamte sich. Ihre Augen nahmen eine schwarze Farbe an. Die Evolution hatte ihren Körper mit diesen Fähigkeiten ausgestattet. Nichts wies mehr auf lebendige Wesen hin. Die Wartenden wirkten wie leblose Statuen. Zusätzlich zu ihren Beinen, stützten sich die Soldaten mit ihren langen Händen auf dem Boden ab. In dieser gebückten Haltung war bei Bedarf ein Fluchtsprung möglich. Ihr Gehör registrierte jedes Geräusch.

Fremde geflüsterte Laute drangen an die Ohren der Soldaten. Sie konnten nichts mit den Worten anfangen. Diese Sprache war ihnen fremd. Doch sie wussten, dass vor ihnen die Zerstörer ihrer Welt standen. Das allein war Grund genug für den Tod dieser Wesen.

Noch warteten die arthropodischen Kämpfer ab, bis die Wesen den Mittelpunkt ihrer Soldaten erreicht hatten. Ein schrilles langanhaltendes Zirpen entwich den Lippen des Anführers. Von allen Seiten sprangen die spinnenartigen Soldaten aus ihren Verstecken.

Gruppe der Ceshalter

Die vier Überlebenden des abgestürzten Schiffes reagierten blitzschnell. Nur den Schatten einer Bewegung in ihren Augenwinkeln erkennbar, rissen sie ihre Lasergewehre hoch und feuerten auf die mutierten Wesen der gehassten Species. Ihnen hatten sie es zu verdanken, dass ihr Raumschiff abgestützt war. Viele ihrer Freunde waren gestorben. Jetzt gab es noch mehr Gründe, die letzten Überlebenden einer verbotenen Rasse zu eliminieren.

»Hinterhalt«, fluchte Kommandeur Laalka.
Noch während er das Wort herausschrie, feuerte er auf zwei auf ihn zuspringende Wesen. Der dröhnende Fächerstrahl erfasste die Wesen mit voller Stärke und schleuderte sie in die aufgerissenen Seitenwände zurück. Dort blieben sie blutend und schwer verletzt liegen. Er

schwenkte blitzschnell sein Gewehr herum und nahm weitere Wesen ins Visier. Erneut dröhnte das schwere Lasergewehr auf und schleuderte zwei der Wesen gegen spitze Metallpfeiler.

Links neben ihm registrierte er, wie ein Wesen einen spitzen Gegenstand in den Köper Reuuka stieß. Sein Schutzschirm hielt handgeführte Hieb-und Stichwaffen nicht ab. Er war lediglich auf Laserstrahlen und schnelle Geschosse kalibriert.

Der wissenschaftliche Offizier war von der Aktion völlig überrascht worden. Sein Gesicht zeigte maßloses Erstaunen. Er schien unfähig zu sein, sich gegen die Attacke des mutierten Wesens zu wehren. Er zitterte am ganzen Körper.

Laalka riss sein Vibrator-Messer aus dem Schaft seines Stiefels und schlug dem mutierten Wesen hiermit den halben Arm ab.

Mit schrillen undefinierbaren Schreien zog der Angreifer den Stummelarm zurück, drehte sich um und lief davon. Doch es war keine Zeit zum Sinnieren.

Mit seinen Ohren registrierte der Kommandeur, dass seine anderen zwei Begleiter in arger Bedrängnis steckten. Nur dank ihrer gefächerten Schüsse aus den Gewehren konnten sie die Angreifer auf Abstand halten.

Aus der Hüfte schwang der Kommandeur sein Lasergewehr herum und feuerte auf jede verdächtige Bewegung.

»Helft Reuuka«, befahl er. »Er hat etwas abbekommen.

Ununterbrochen feuernd, schritten sie langsam rückwärts den Korridor entlang. Unsere Verstärkung wird nicht mehr lange brauchen. Dann räuchern wir die spinnenartige Geschwulst aus. Sie sind kaum zu erkennen. «

Euurka, der 1. Offizier war an die Seite seines Kommandeurs getreten. Vereint fauchten ihre beiden Lasergewehre auf, in den nur mit Notlicht erhellten Korridor. Die beiden Ceshalter sahen nichts, doch sie vermuteten sehr stark, dass die Wesen nicht von einer Verfolgung ablassen würden.

Erneut fauchten ihre beiden Gewehre auf. Das helle Licht der Laserwaffen erhellte zumindest für einen Augenblick den Korridor.

Kommandeur Laalka glaubte einen Augenblick, zwei Gestalten an der rechten Seite des Ganges gesehen zu haben. Doch bei einem erneuten Hinschauen, war nichts mehr zu erkennen.

Er drehte seinen Kopf zu seinem ersten Offizier. Der blickte mit entsetzten Augen auf den Boden. Laalka senkte seinen Blick. Jetzt erkannte auch er, dass zwei Sprengminen vor ihren Füßen rotierten.

In einer blitzschnellen Aktion stieß der 1. Offizier seinen Kommandeur zur Seite. Dieser stolperte mit einigen Schritten nach vorne und fiel hinter einen Stapel Metallträger. Diese stammten von der Decke des Korridors und waren bei dem Aufprall des Schiffes gerissen und auf den Boden des Verbindungsganges gefallen. Todesmutig warf sich der 1. Offizier auf die immer schneller rotblinkenden Minen. Noch im Aufstehen hörte Kommandeur Laalka die ohrenbetäubende Explosion. Die Druckwelle riss ihn erneut von seinen Füßen. Mühsam richtete er sich auf und drehte seinen Kopf zu der Stelle, wo soeben noch sein 1. Offizier gestanden hatte. Verbissen kniff er seine Augen zu. Die wenigen übriggebliebenen Fragmente des Körpers seines Offiziers sprachen eine deutliche Sprache.

»Euurka hat sich für mich geopfert«, sagte er und riss sein Lasergewehr hoch. Mit seinem Daumen stellte er den Hebel auf die stärkste Leistungsstufe um. Dann drückte er den Abzug seines Gewehres. Mit einem lauten Zischen erhellte ein massiver Laserstrahl das Halbdunkel des Korridors. Immer wieder drückte der Kommandeur ab.

Schließlich beruhigte er sich und stellte den Beschuss ein. »Auf Impulsbeschuss stellen«, befahl er seinen Offizieren.

Erneut feuerte Laalka Lasersalven in den Korridor. Seine Offiziere unterstützten den Kommandeur mit einem breiten Flächenfeuer. Die Einschläge trafen auf geborstene Metallteile und rissen sie aus den Verankerungen, Funken sprühten von den Trägern in den Gang. Auf jeden Schatten feuernd, entluden die drei Ceshalter ihre hochentwickelten Waffen. Mehrere unbekannte Schreie deuteten auf Zufallstreffer hin. Langsam zogen sich die Humanoiden rückwärts weiter in den Korridor zurück. Erst als sie an eine Abzweigung kamen, unterbrachen sie ihr Abwehrfeuer
.

Reuuka, der wissenschaftliche Offizier blickte auf den Scanner. Er lehnte an einer Wand und rutschte langsam an ihr herunter. Sein Gesicht war schmerzverzerrt. Seine rechte Körperseite blutete stark.

»Es ist nicht mehr weit zu dem Hangar mit unseren Kampfgleitern«, flüsterte er mit letzter Kraft. »Ich kann nicht mehr. Mir fehlt die Kraft. «

»Wir lassen niemanden zurück«, erwiderte Kommandeur Laalka. »Du kommst mit uns. «

»Ich schaffe es nicht mehr«, stöhnte Reuuka. »Es geht zu Ende. Lasst mir drei Sprenggranaten hier. Ich halte euch den Rücken frei. Ich nehme so viele von den Mutierten mit, wie ich erwischen kann. «

Der Kommandeur blickte ihn mit einem traurigen Gesicht an.

»Bist du dir wirklich sicher, dass du das für uns machen willst? «, erkundigte er sich erneut.

Der wissenschaftliche Offizier nickte.
»Geht jetzt«, sagte er mit einem schmerzerfüllten Gesicht. Die Zeit drängt. «

Die letzten zwei Ceshalter richteten sich auf, grüßten ein letztes Mal ihren Kollegen und liefen davon. Sie hofften noch einen intakten Kampfgleiter, in dem Hangar des abgestürzten Schiffes zu finden.

Soldaten der Arthropoden

Myrasch, der Anführer der Soldaten, die von außen in das unbekannte Schiff eingedrungen waren, fluchte leise vor sich hin.

Er blickte seine 7 verbliebenen Soldaten an, die von seiner stolzen Einheit aus 18 Soldaten übriggeblieben war.

»Es sind Bestien«, flüsterte er. »Ihre Waffen sind weiterentwickelt als unsere. Sie haben konnten trotz des dunklen Lichts in diesem Korridor viele unserer Freunde töten. «

»Ihr Befehl? «, fragte einer der Soldaten. » Sollen die Fremden ungeschoren davonkommen? «

»Wir warten auf die Verstärkung, die von Norusch angeführt wird«, erwiderte Myrasch. »Sehe dich um, wir sind nur noch 8 Soldaten.

»Das ist mit bewusst«, entgegnete der Soldat. »Ich habe mir den Scanner nochmals angesehen. Dieser Korridor führt in einen Hangar mit Kampfjets. Ich vermute sehr stark, dass die Fremden hoffen, eine intakte Flugmaschine zu finden. Falls ihnen das gelingt, dann werden wir sie nicht mehr ergreifen können. Die göttliche Macht wird unzufrieden sein. «

Myrasch überlegte einen Augenblick. Er wusste, dass der Hinweis seines Untergebenen stimmte.

»Ist auf dem Scanner irgendein Hinweis auf Norusch und unsere Verstärkung ersichtlich? «, erkundigte er sich.

Der Soldat schüttelte seinen Kopf.
»Nein«, antwortete er. »Sie müssen sich von unten aus dem Wrack einen Weg zu uns suchen. Sie scheinen noch zu weit entfernt zu sein. «

Der Soldat hielt dem Anführer den Scanner hin. Nichts war hierauf zu sehen.

»Das Glas der Anzeige ist gesplittert«, bemerkte Myrasch.

»Ich habe es gesehen«, erwiderte der Soldat. »Er fiel uns leider aus den Händen auf den Metallboden. Doch das sollte aber keine Einschränkungen der Funktion bewirken. «
»Dann haben wir keine andere Wahl«, entschied der Anführer. »Wir folgen den Humanoiden. Vielleicht können wir einen von ihnen gefangen nehmen. «

Der Anführer gab ein Zeichen. Geduckt rückt die Gruppe weiter vor. Vor ihnen wurde eine Abzweigung sichtbar.

In welche Richtung? «, fragte Myrasch.

»Nach rechts«, antwortete der Soldat, der den Scanner in seinen Händen hielt. »Dort ist der Hangar mit den Jets. «

Soldaten der Ceshalter

Der Bergungs-Transporter, begleitet von zwei Gleitern gefüllt mit Kampftruppen, war am Fuße des abgestürzten Schiffes gelandet.

Der einsatzleitende Offizier sah sich die Unglücksstelle an. »Es leben noch einige dieser mutierten Wesen«, sagte er zu seinen Soldaten. »Sie sind oberhalb des Wracks durch die Außenwand eingedrungen. Falls es noch Überlebende der Crew in dem Schiff gibt, werden sie sich sicherlich einen Weg in die weniger eingedrückten Etagen des Schiffes suchen. Das ist eindeutig das oberste Deck des Schiffes. Wir schneiden ein Loch in die Hülle und säubern das Schiff. «

Ein Soldat zeigte mit seiner Hand auf das in die Luft ragende Teil des Hecks.

»Das Hangardeck scheint nicht arg in Mitleidenschaft gezogen zu sein«, erklärte er. »Dort sollten wir den Zugang legen. «

Der Befehlshaber der Kampftruppe drehte seinen Kopf und blickte das Heck an.

»Ich bin einverstanden«, antwortete er. »Unsere Gleiter bringen uns hoch. Sie suchen sich einen Landeplatz und warten dort auf uns, falls wir Verletzte bergen müssen. «

Er blickte seine Untergebenen an.
»Vorwärts, es geht los«, flüsterte er den Soldaten zu.

Diese drehten sich um und spurteten in die Gleiter. Mit offenem Schott hoben die Transportgleiter ab und flogen in Kampfformation an dem Wrack hoch. Oberhalb fand sich schnell eine Landefläche, auf dem eingedrückten 5.000 Meter messenden Raumschiff. Sanft setzten die zwei Schweber auf.

»Warten sie hier auf uns«, befahl der Anführer dem Piloten.

Er hatte die Gruppe über dem vermeintlichen Hangardeck abgesetzt. Die Soldaten sprangen heraus und schleppten

Schneidwerkzeuge mit sich. Ein massiver Laserschneider wurde zusammengebaut.

»Geht das nicht schneller? «, fragte der anführende Soldat, der Byurka genannt wurde. » Wir haben Leute in dem Schiff. Schneidet einen entsprechenden Zugang in die Wand. «

Der Laser wurde aktiviert und schnitt die Bordwand Stück für Stück auf, als wäre sie aus Butter.

»Achtung«, warnte ein Soldat. »Der Zugang ist gelegt. «

Mit seinen letzten Worten fiel die große ausgeschnittene Metallplatte in das Schiff. Der Befehlshaber der Gruppe blickte in den dunklen Hangar.

»Leuchtmittel hineinwerfen«, befahl er.

Zwei Soldaten rückten vor und warfen 10 Leuchtgranaten in den dunklen Schlund. Erneut blickte der Anführer hinein.

»Es ist nichts zu sehen«, sagte er. »Alles scheint ruhig zu sein. Trotzdem will ich zuerst 10 Kampf-Roboter dort unten haben. Sie sollen den Hangar sichern. «

Die angeforderten Kampf-Roboter sprangen aus den Truppen-Transportern und eilten auf den Befehlshaber zu.

Er wies sie entsprechend an.
»Der Befehl lautet, alle mutierten Wesen zu eliminieren und eigene Angehörige unserer Flotte zu retten«, sagte er. »Habt ihr das verstanden? «

»Befehl verstanden«, erwiderten die Roboter monoton. Dann zündeten sie die Antigravitationsdüsen in ihren Füßen und sprangen mit schussbereiten Lasergewehren durch das aufgeschnittene Loch der Bordwand in den Hangar.

Es dauerte nur wenige Minuten, bis sich die Kampfroboter über ihren Funkgeber meldeten.

»Der Hangar ist gesichert«, meldete ein Roboter. »Es wurden keine Eindringlinge und Angehörige unserer Flotte gefunden. «

»Vorwärts«, befahl der Truppenführer seinen Soldaten.
Im Eiltempo sprangen die 50 Soldaten in den gesicherten Hangar des Schiffes. Wie es die Vorschrift vorsah, waren die Individualschirme ihrer Kampfkleidung aktiviert. Die

Antigravitationsdüsen in ihren Stiefeln ließen sie sicher auf dem Boden des havarierten Schiffes landen. «

»Haben wir Lebenszeichen? «, erkundigte sich Byurka.

Zwei Soldaten blickten auf ihre Scanner.
»Wir haben Lebenszeichen«, antwortete einer von ihnen.
»Ich erfasse drei Lebenszeichen von Überlebenden der Crew. Sie werden durch zwei Gruppen mutierter Wesen verfolgt. «

»Sofort die Anti-Ortungs-Individualschirmerweiterung zuschalten«, befahl Byurka. »Die mutierten Wesen brauchen nicht zu wissen, dass unser Rettungsteam auf sie wartet. «

Blitzschnell aktivierten die Soldaten das Ergänzungsfeld. Nun waren sie von feindlichen Scannern nicht mehr zu erfassen.

Der zweite Soldat ergriff das Wort.
»Eine Person der Schiffs-Crew bewegt sich nicht mehr«, teilte er mit. »Sie scheint an einer Position zu stehen, oder zu liegen. Seine Lebenszeichen werden schwächer. Vermutlich ist sie verwundet. «

»Die beiden anderen sind nicht bei ihm geblieben? «, erkundigte sich der Truppenführer mit einem grimmigen Gesicht.

»Nein«, antwortete der Soldat. »Sie bewegen sich auf den Hangar zu. «

»Sofort das Schott öffnen und eine Abwehrstellung einnehmen«, befahl Byurka.

Zwei Soldaten liefen vor und wollten den Schott entriegeln.

»Die Stromversorgung ist ausgefallen«, meldete einer von ihnen nach wenigen Sekunden. »Wir können es nicht öffnen. «

»Das Schott aufsprengen«, befahl der Truppenführer. »Jede Minute zählt. «

»Sprengladungen wurden angebracht«, bestätigte ein Soldat. » Die Explosionen erfolgen in fünf Sekunden.«

Schnell liefen die Soldaten in Sicherheit und verbargen sich hinter den Trümmern von zerstörten Kampfgleitern.

Zwei ohrenbetäubende Detonationen sprengten den Schott aus der Verankerung, Es zersplitterte in viele kleine Metallstücke, die gefährlich durch die Luft des Hangars schleuderten.

»Ist jemand verletzt? «, fragte der Truppenführer.

»Alles in Ordnung«, erwiderten die Soldaten. »Es gibt keine Verletzungen. «

»Roboter vorrücken«, befahl der Anführer. »Soldaten in Zweiergruppen formieren, rechts und links an den Wänden Deckung suchen. Den Robotern folgen. «

In zügigem Tempo schritt der Rettungstrupp in den dunklen Korridor des Verbindungsganges. Das dämmrige Rotlicht der Notbeleuchtung erleichterte die Sicht nicht. Doch den Sensoraugen der Kampfroboter entging nichts.

Truppenführer Byurka schritt neben dem Soldaten, der einen Scanner in seinen Händen hielt. Die grünen pulsierenden Lichtzeichen wiesen auf humanoide Personen des abgestürzten Raumschiffes hin. Alle weiteren roten Impulse waren als fremde Lebensformen anzusehen. Bestürzt sah er, wie sich eine Gruppe von 7 roten Lichtzeichen, dem sich nicht bewegenden grünen Lichtimpuls näherten.

»Schneller«, sagte Byurka. »Einer unserer Leute gerät gleich in arge Bedrängnis. «

Er hatte die Worte noch nicht ausgesprochen, als drei starke Explosionen das Schiff erschütterten. Der Boden unter den Füßen der Soldaten vibrierte sekundenlang. Er trug die starken Detonationen weiter fort.

Byurka hielt sich mit einer Hand an einer Seitenwandverstrebung fest.

»Das waren gewaltige Explosionen«, flüsterte er. »Was kann das gewesen sein? «

»Spreng-Granaten«, antwortete ein Soldat. »Sie müssen auf maximale Zerstörung eingestellt worden sein. «
Er blickte den Soldaten mit dem Scanner an.

»Zeigen sie mir das Gerät«, fuhr er seinen Untergebenen an.

»Ich habe es vermutet«, fluchte er.
Auf dem Display waren die Lebenszeichen des Wesens erloschen, dass sich eine längere Zeit nicht mehr bewegte. Aber auch die Gruppe der sieben fremden Wesen war ausgelöscht worden. «

»Ein Offizier der Crew hat seinen fliehenden Kollegen etwas Zeit verschafft«, erklärte er. » Das war ein Akt der Freundschaft. Er wollte, dass sich seine Kollegen in Sicherheit bringen konnten. «

Er blickte die Soldaten an.
»Weiter vorrücken«, befahl er. »Das Opfer unseres Kollegen darf nicht sinnlos gewesen sein. «

Mit einem entschlossenen Blick sah Reuuka seinen entschwindenden Freunden nach.

»Meine Entscheidung ist richtig«, dachte er. »Die große Vielfältigkeit wird mich zu sich in das gelobte Land holen.«

Geräusche ließen ihn seinen Kopf wenden. Vorsichtig blickte er aus seinem Nischenversteck in den Gang. Exakt 7 fremde Wesen näherten sich seiner Position. Der Sicherheits-Offizier hatte keine Angst. Er freute sich darauf, die mutierten Wesen auszulöschen. Mit einer Handbewegung entsicherte er sein Lasergewehr. Er hielt seinen Atem an und zählte fünf Sekunden herunter. Dann schob er sich aus der Nische seines Versteckes und feuerte auf die nur noch fünf Meter entfernten anschleichenden Wesen. Die Laserstrahlen aus seiner ausgereiften Waffe erhellten den Korridor. Die Gesichter der fremden Wesen blickten sie entsetzt an. Sekundenlang waren sie zu keiner Gegenwehr fähig. Die Laserstrahlen von Reuukas Waffe durchschlugen drei Körper der mutierten Wesen. Mehrfach getroffen wurden sie von ihren Beinen gerissen. Die anderen vier hatten ihre Waffen entsichert und feuerten auf sein Versteck. Der Dauerbeschuss ließ den wissenschaftlichen Offizier in Deckung gehen. Er versuchte nochmals ein Ziel zu finden, wurde jedoch von einem gegnerischen Strahl in die Schulter getroffen. Die fremden Wesen waren näher an sein Versteck gerückt. Er biss die Zähne zusammen. Der erneute Einschuss schmerzte mehr als die schweren Verletzungen, die er sich vorher zugezogen hatte. Er schmiss das Lasergewehr in den Gang.

Es sollte den anschleichenden Wesen offenbaren, dass er nicht mehr bewaffnet war. Er zog die drei Sprenggranaten aus seiner Tasche und aktivierte sie. Den Zeitzünder hatte er auf 10 Sekunden gestellt. Reuuka verbarg die Sprenggranaten in seiner Hand und stand unter Schmerzen auf. Langsam trat er aus seinem Versteck. Die Hände und die Sprengsätze hatte er hinter seinem Rücken verborgen. Die Soldaten waren nur noch einem Meter vor ihm. Er konnte ihren fremden eigenartigen Geruch wahrnehmen. Sie hatten ihre Lasergewehre gehoben und zielten auf ihn. Einer von ihnen sprach in der fremden

Sprache zu den anderen. Plötzlich senkten sie ihre Waffen. Einer der Verfolger hielt ihm seine Klaue hin.

Reuuka verstand die Geste nicht. Doch er wusste, dass die Zeitsteuerung der Sprengsätze gleich abgelaufen war. Er zog seine Hände nach vorne und ließ die Granaten fallen. Die fremden Soldaten blickten sie irritiert an. Dann explodierten die drei Sprenggranaten in einer hellen Explosion. Die vier Arthropoden und der Ceshalter wurden von der Gewalt der Detonation förmlich zerrissen und bis zur Unendlichkeit entstellt. Ihr Leben war schlagartig erloschen. Herumliegende Teile der Seitenwandverkleidung fingen Feuer und brannten lichterloh.

Truppe der Arthropoden

Norusch war mit seinen Soldaten den flüchtenden Humanoiden auf der Spur.

Plötzlich wurden drei laute Explosionen hörbar. Ein Grollen zog sich durch das zerstörte Schiff. Der Boden vibrierte stark.

Öyrusch war an seine Seite getreten.
»Hoffen wir einmal, dass der Außentrupp die Fremden ausschalten konnte«, flüsterte er.

»Wir brauchen zumindest einen Gefangenen, der uns Fragen beantworten kann«, konterte Norusch. »Es muss geklärt werden, wer diese Fremden sind und was sie von uns wollen. «

Öyrusch blickte auf seinen Scanner.
»Ein Lebenszeichen der Fremden ist erloschen«, bemerkte er. »Jetzt sind nur noch zwei von ihnen auf der Flucht. «

Er stutzte plötzlich.
Norusch sah ihn fragend an.
»Ich dachte gerade, unser Scanner wäre doch defekt? «, teilte er mit. »Es wurden plötzlich 51 fremde Lebenszeichen angezeigt. Doch jetzt sind sie wieder verschwunden. Es muss sich um eine falsche Angabe gehandelt haben. «

Er blickte Norusch mit einem eisernen Gesichtsausdruck an.

»Alle Lebenszeichen von unserem Außenteam sind ebenfalls verschwunden«, flüsterte Öyrusch leise, ohne dass es die Soldaten hören konnten.

»Arbeitet das Gerät wirklich einwandfrei? «, erkundigte sich Norusch.

Der 1. Offizier nickte verhalten.

»Es scheint so«, antwortete er. »Du weißt, was das bedeutet? «

»Unsere Soldaten wurden getötet«, entgegnete Norusch. »Sie wurden von den Fremden ausgelöscht. «

Er blickte seinen 1. Offizier an.

»Wir müssen noch vorsichtiger sein«, flüsterte er. »Die Fremden sind schlau. Sie lassen sich nicht so einfach einfangen. «

»Vorwärts«, befahl Norusch den Soldaten. »Nutzen sie jede Deckung und jede Nische aus. Die Fremden sind nicht mehr weit vor uns. «

Die Gruppe schritt vorwärts. Die Augen der Soldaten blickten in das Dunkel des Korridors. Noch konnten sie keine fremden Wesen erkennen.

Der kleine Trupp war weiter vorgedrungen. Nicht mehr weit vor ihnen, musste sich der Hangar des havarierten Schiffes befinden.

Norusch hob seine Hand in die Luft.

»Ich habe Geräusche gehört«, flüsterte er. »Kann das noch jemand bestätigen? «

Die Soldaten schüttelten ihren Kopf.
»Was zeigt der Scanner? «, fragte er Öyrusch.

»Nichts«, antwortete der 1. Offizier. »Der Weg ist frei. Es werden keine fremden Lebenszeichen mehr angezeigt. «

»Wo sind die Fremden hin? «, fluchte Norusch. »Sie können sich doch nicht einfach in Luft auflösen. «

»Sie müssen sich in einem Raum aufhalten, der besonders abgeschirmt ist«, erwiderte Öyrusch. »Sicherlich vermuten sie, dass wir sie scannen können. «

»Das gefällt mir in keiner Weise«, entgegnete Norusch. » Wir könnten in einen Hinterhalt geraten. «

»Es nützt nichts«, sagte der 1. Offizier. »Wir werden uns auf unsere Sinne verlassen müssen. «

Langsam, nach allen Seiten Ausschau haltend, schritt die Gruppe weiter. Vor ihnen lag eine Abzweigung.

»In welche Richtung müssen wir? «, fragte Norusch.
»Rechts liegt der Hangar des Schiffes«, erklärte Öyrusch.

»Dann gehen wir nach rechts«, befahl der ehemalige Leiter der Raumüberwachung.

Die Gruppe schritt um die Abzweigung und blieb erschreckt stehen. Vor ihnen lagen tote Soldaten des Außenteams. Ein Teil ihrer Körper waren durch Sprenggranaten zerfetzt.

»Diese Bestien«, fluchte Öyrusch. »Sie haben unser Außenteam getötet. «

»Ruhe«, sprach ihn Norusch an. »Willst du ihnen mitteilen, dass wir kommen? «

Mit einem ernsten Gesicht blickte er den 1. Offizier an. Der senkte seinen Kopf.

»Wir bestatten unsere Kollegen später«, entschied Norusch. »Die Fremden dürfen nicht mit einem intakten Jet entkommen. «

Vorsichtig schritt die Gruppe weiter. Erneut hob Norusch seine Hand.

»Ich habe erneut Geräusche gehört«, bemerkte er. »Mein Gehör ist sehr sensibel. «

Die Soldaten blickten sich in alle Richtungen um, doch sie konnten nichts erkennen.

Öyrusch wollte etwas sagen, doch er kam nicht mehr dazu. Norusch sah, wie sich sein Gesicht verzerrte. Ein heller Laserstrahl fraß sich brennend mittig in seine Brust. Er beendete sein Leben in der gleichen Sekunde.

Dann brach das Laserfeuer von 50 Soldaten der Ceshalter über den Trupp arthropodischer Soldaten ein. Norusch und seinen Begleitern gelang es nicht mehr, ihre Lasergewehre hochzureißen. Zahlreiche Laserschüsse durchbohrten die Körper der Arthropoden und ließen sie schmerzvoll aufzucken. Norusch fiel mehrfach getroffen auf seine Knie. Er wusste, dass dies das Ende der Suche war. Mit letzter Kraft griff er nach der transparenten Dose mit dem mutierten Nachwuchs seiner Rasse.

Sie stammten aus den Laboren der Königin. Die Nachkommen waren perfekt programmiert und würden ihre Befehle konsequent umsetzen. Hierüber war er sich sicher. Er öffnete die Dose und ließ sie fallen. Zwei schwarze, spinnenartige Wesen sprangen heraus und liefen in das Dunkel des Korridors. Den fremden Wesen entgegen. Norusch blickte ihnen nach, dann verließen ihn die Kräfte. Langsam kippte er zur Seite und blieb regungslos liegen. Ein letzter Atemzug entströmte seinem

Mund. Alle Arthropoden seines Trupps überlebten den Hinterhalt der Ceshalter nicht.

Soldaten der Ceshalter

Der Anführer der Ceshalter-Soldaten hob seine Hand. Vor ihm waren Geräusche zu hören.

»Lasergewehre in Anschlag«, befahl seinen Soldaten. Auch die Kampf-Roboter gingen in ihre Abwehrstellung. Schattenhafte Bewegungen wurden sichtbar. Zwei humanoide Personen kamen auf die Gruppe zugelaufen. An den Uniformen erkannte Byurka, dass es Überlebende der Raumschiffs-Crew waren.

»Langsam«, rief er ihnen zu. »Sie sind in Sicherheit. Wir sind der Rettungstrupp. «

Die Gesichter der beiden Offiziere entspannten sich. Mit schwerem Atem hielten sie vor dem Anführer des Trupps an.

»Sie sind unsere Rettung«, sagte Laalka. »Ich bin der Kommandeur des abgestürzten Schiffes. Unsere Crew konnte sich mit Rettungskapseln in Sicherheit bringen. Wir sind die letzten Personen auf diesem Schiff. «

»Sie werden verfolgt? «, sagte der Anführer des Rettungstrupps. Unsere Scanner geben eindeutige Informationen aus. «

Laalka nickte.

»Wir wurden bereits in diverse Gefechte mit den mutierten Wesen verwickelt«, antwortete er. »Es gelang uns sie zurückzuschlagen. Doch sie sind nicht so primitiv, wie man uns glauben machen wollte. «

»Haben sie das wirklich geglaubt? «, fragte ihn Anführer Byurka. » Wer die Raumfahrt beherrscht und wie ich mitbekommen habe, ganze 323 Planeten besiedeln konnte, ohne dass wir etwas hiervon mitbekommen haben, diese Rasse kann nach meiner Ansicht nicht als primitiv bewertet werden. Wir haben äußerstes Glück, dass diese Wesen noch nicht unser technisches Entwicklungsstadium erreicht haben. Dann wäre unsere Aufgabe schier zu einem Desaster ausgeartet. «

Er winkte einen Versorgungs-Soldaten zu sich.

»Legen sie den Überlebenden sofort einen Anti-Ortungsdeflektor an«, befahl er. »Dann werden die Verfolger sie auf ihren Scannern verlieren. «

Der Soldat stellte seinen Tornister ab und kramte zwei Geräte heraus. Jedem Offizier hakte er eines in seinen Kampfgürtel. Dann aktivierte der Soldat die Geräte.

Byurka nickte.

»Danke«, sprach er den Versorgungs-Soldaten an. »Bringen sie jetzt die Offiziere aus dem Wrack und übergeben sie beide den wartenden Medizinern. Sie können sich dann zu unserer Flotte zurückziehen. Wir werden uns um ihre Verfolger kümmern. Danach sprengen wir das Schiff. Nichts hiervon darf in falsche Hände geraten. «

Ein Kampf-Roboter begleitete den Versorgungs-Offizier, der sich mit Kommandant Laalka und dem Sicherheits-Offizier in Richtung des Hangars entfernte.

Truppenführer Byurka sah auf den Scanner, den ihm ein Soldat hinhielt.

»Die Verfolger rücken immer näher«, sagte er. »Wir haben es mit 18 Personen zu tun. Unser Team ist in der Überzahl und der Überraschungsmoment ist auf unserer Seite. Wir bilden möglichst Gruppen mit drei Soldaten, der Rest bildet Zweiergruppen. Sobald die generischen Soldaten die Mitte dieses Korridors erreicht haben, eröffnen wir das Feuer. Jede Gruppe kümmert sich nur um einen Gegner, nämlich um das Wesen, der ihnen am nächsten steht. Durchlöchert sie mit euren Laserstrahlen.

Gebt ihnen keine Chance zur Gegenwehr. Habt ihr mich verstanden? «

»Verstanden«, antworteten die Soldaten fast gleichzeitig aus einem Munde.

»Verstecken wir uns in den aufgerissenen dunkeln Seiten des Verbindungsganges«, ergänzte Byurka. » Sucht Schutz hinter den massiven Trägerstützen des Schiffes. Ihr habt genügend Zeit, um euer Ziel auszusuchen. Enttäuscht mich nicht. «

Der Truppenführer blickte seine Soldaten an.
»Beeilt euch, sucht euch ein sicheres Versteck«, befahl er erneut. »Die fremden Soldaten sind gleich hier. «

Mit leisen Geräuschen suchten sich die Soldaten ein Versteck. Die Körper wurden eine Einheit mit der Dunkelheit des Schiffsrumpfes. Geduldig wartete die große Kampfgruppe auf ihre Gegner.

Einige Minuten waren vergangen, als leise Geräusche von Schritten hörbar wurden. Die Soldaten des Ceshalter-Rettungstrupps atmeten bewusst flach. Kein Geräusch drang aus ihren Verstecken. Sie waren nicht zum ersten Mal in einer solchen Situation. Aus dem Dunkel heraus sahen sie, wie Wesen der mutierten Species an ihren Verstecken vorbeischlichen. Die fremden Soldaten blickten in alle Richtungen um, doch sie konnten die Ceshalter in den aufgerissenen Seitenwänden hinter den zahlreichen Metallträgern des Schiffes nicht erkennen.

Truppenführer Byurka registrierte, wie die fremde Kampftruppe die Mitte seiner Truppe erreichte. Ohne weiter nachzudenken, gab er das Zeichen für den Angriff. Laserstrahlen fauchten aus den Verstecken der Ceshalter auf die Soldaten der Arthropoden zu.

Byurka erkannte, wie sich das Gesicht des vordersten Soldaten verzerrte. Doch dieser konnte nicht mehr reagieren. Ein heller Laserstrahl fraß sich mittig in seine Brust, der sein Leben schlagartig beendete. Wie von einem Blitz getroffen, fiel der Soldat nach hinten auf seinen Rücken und bewegte sich nicht mehr. Aus dem Loch in seiner Brust züngelten kleine Flammen, die langsam erloschen.

Das Laserfeuer von 50 Soldaten der Ceshalter überzog den Trupp arthropodischer Soldaten mit einem Blitzfeuer. Es gelang ihnen nicht mehr, ihre Lasergewehre zu heben. Die zahlreichen Laserschüsse durchbohrten die Körper der Arthropoden und ließen sie schmerzvoll aufzucken. Byurka erkannte, wie ein Soldat mehrfach getroffen auf seine Knie sank. Er sah, wie er in seine Tasche griff und etwas herauszog. Der Truppenführer erkannte nicht genau, was es war. Es schien ein Behältnis, oder eine Dose zu sein. Es gelang dem Soldaten noch sie zu öffnen, dann fiel sie ihm aus der Hand. Langsam kippte er zur Seite und blieb regungslos liegen.

Die Laserstrahlen ebbten ab. Alle feindlichen Soldaten waren mehrfach getroffen worden und lagen blutend und verkrümmt am Boden. Vorsichtig traten die Ceshalter aus ihren Verstecken. Eine von ihnen stieß eine am Boden liegende Gestalt mit dem Fuß in die Seite. Sie bewegte sich nicht mehr.

»Sie sind alle tot«, sagte der Soldat mit dem Scanner. »Ich erfasse keine Lebenszeichen mehr. «

Truppenführer Byurka nickte zufrieden.
»Das war es«, sagte er. »Das Schiff ist gesäubert. Unsere Aufgabe ist erfüllt. «

Byurka halfterte sein Gewehr auf seinen Rücken und schaltete seinen Individualschirm ab. Tief atmete er durch. Aus den Augenwinkeln sah er, wie etwas Spinnenartiges von seiner Uniform auf sein Ohr zusprang und blitzschnell in ihm verschwand. Er wollte aufschreien, doch seine Stimme versagte. Sein Körper schüttelte sich kurz. Dann färbten sich seine Augen tiefschwarz. Seine Gedanken veränderten sich. Eine neue hoheitliche

Aufgabe machte sich in seinem Kopf breit. Er musste der göttlichen Bestimmung einen Weg zu seinem Heimatplaneten zeigen. Jedoch auf einem Wege, dass es anderen Offizieren des Führungsstabes nicht auffiel.

»Ich habe verstanden«, dachte Byurka. »Es wird einen Weg geben. Der Wunsch der göttlichen Bestimmung muss erfüllt werden. «

Die Farben seiner Augen nahmen wieder ihre reguläre Färbung an. Die Soldaten des Rettungstrupps hatten es nicht mitbekommen. Das Wesen in ihm hatte sich zurückgezogen. Längst hatte es mit der Beeinflussung des Truppenführers begonnen.

Verächtlich blickte er die mutierten Wesen an.
»Die große Vielfältigkeit wird mit uns zufrieden sein«, sagte er. »Vermint das Schiff und bringt überall Sprengsätze an. Nichts darf mehr von dem Schiff übrigbleiben. Wir ziehen uns zurück. «

Die Soldaten strömten aus und setzten an allen sensiblen Punkten Sprengsätze. Truppenführer Byurka schritt mit einem Teil seiner Soldaten und den Kampfrobotern in den Hangar des Schiffes zurück. Von dort gelangten sie über die aufgeschnittene Bordwand ins Freie. Auf dem Kopf des Schiffes stehend sah er, wie sich medizinisches

Personal um Kommandant Laalka und seinen Sicherheits-Offizier kümmerten. Er schritt auf den Rettungstransporter zu.

»Bringt die beiden Überlebenden zu dem Flaggschiff von Flotten-Kommandeur Tuula«, befahl er. »Sie werden noch einige Fragen beantworten müssen. «

Die Soldaten strömten aus dem Wrack.
»In die Gleiter«, befahl Byurka. »Ich bin froh, wenn wir diesen Planeten verlassen können. Beeilt euch. «

Zackig rannten die Soldaten an ihm vorbei und sprangen in die zwei Truppentransporter. Der Rettungsgleiter war bereits gestartet und flog dem Himmel des Planeten entgegen. Als alle Soldaten ihren Platz in den Transportern eingenommen hatten, schlossen die Piloten die Schotts. Langsam hoben die Schiffe ab und strebten dem Himmel entgegen. Dort warteten ihre Mutterschiffe. Aus dem Fenster des Transporters heraus sah der Truppführer, wie das havarierte Wrack am Boden in einer gigantischen Explosion verging. Die hervorbrechenden Feuerzungen versuchten, gierig nach den abfliegenden Truppen-Transportern zu greifen. Doch ihre grässlichen Glutfinger erreichten die Schiffe nicht mehr.

Auf dem Flaggschiff von Flotten-Kommandant Tuula hatten sich die beiden Überlebenden erklärt und ihren Vorgesetzten über alle Einzelheiten informiert. Tuula gehörte zum Galting-Stand, einem gemäßigten Clan ihres Heimatplaneten.

Er nickte.

»Das war bestimmt nicht angenehm für sie«, sagte er. »Es hätte jedes Schiff treffen können. Doch letztendlich konnten wir siegen. Der erste Planet der mutierten Species wurde gereinigt. «

Bestimmend blickte er die beiden Überlebenden an. Dann schlug er mit einer Faust auf den Tisch, der vor ihm stand.

»Was immer die nächsten Tage bringen werden«, ergänzte er. »Wir werden der großen Vielfältigkeit zu ihrem Willen verhelfen. Die Säuberung der grauen Staubwolke hat äußerste Priorität. Wir werden nicht eher abziehen, bis wir alle Planeten gereinigt und ihre Brutnester zerstört haben. Es muss für immer ausgeschlossen werden, dass sich diese Wesen noch einmal vermehren können. «

»Wir wissen das«, antwortete Kommandant Laalka. »Aus diesem Grunde sind wir hier. «

»Begebt euch zu dem medizinischen Dienst«, sagte der Flottenführer. « Sobald sie wieder einsatzbereit sind, melden sie sich bei mir. Ich werde ihnen dann ein neues Kommando übergeben. Gute Kommandeure sind rar gesät in der Flotte. «

»Danke«, antwortete Laalka. »Ihr Vertrauen beschämt mich. «

Dann verbeugte er sich kurz, drehte sich ab und ging mit seinem Sicherheits-Offizier aus dem persönlichen Quartier des Flotten-Kommandeurs.

In den nachfolgenden Wochen und Monaten teilten sie die großen Flotten der Ceshalter auf und griffen jeden bewohnten Planeten des grauen Universums an. Die 5.000 Meter messenden Schiffe brachten Feuer, Tod und Verderben, über die bis dahin friedfertige Zivilisationen der Arthropoden. Die Nachrichten über den Vernichtungsfeldzug der Ceshalter verbreiteten sich in Windeseile über das geschundene Imperium der Arthropoden. Nur mit viel Glück konnte sich Imperatorin Arachnida mit ihrem Hofstaat auf einen unbewohnten Asteroiden in Sicherheit bringen. Alle wichtigen Informationen des Reiches wurden gesichert und an geheime Datenbanken überspielt, die in dem ganzen

Imperium verstreut lagen. Die technische Entwicklung ihrer Rasse durfte nicht verloren gehen.

Die Imperatorin war gedemütigt worden. Sie hatte den Verlust ihres geliebten Gatten und Imperator nur schwer verkraftet. Auch die Vernichtung fast aller Brutnester ließen ihre Emotionen explodieren. Sie wusste, dass ihre Species zum Aussterben verdammt war, wenn sie nicht schnell handeln würde. Nur langsam schöpfte sie wieder Mut. Sie befahl ihren Soldaten, alle Waffen niederzulegen und für den Nachwuchs des Imperiums zu sorgen. Das war jetzt die dringlichste Aufgabe ihres Volkes. Nur so konnte ihre Zivilisation wieder auferstehen.

Ein tiefgründiger Hass machte sich in ihr breit. In Abstimmung mit der göttlichen Bestimmung erklärte sie alle humanoide Wesen in der Galaxis zu einer Fehlentwicklung der Evolution. Sie verfluchte sie und versprach ihrem ausgedünnten Volk Rache zu nehmen und diese Wesen, wo immer sie anzutreffen waren, auszurotten und das Universum von ihnen zu säubern. Ab diesem Zeitpunkt wurde aus der spinnenartigen Lebensform eine aggressive Species, die sich zum Lebensziel machte, für die Ausrottung sämtlicher humanoider Rassen zu sorgen.

Drei Jahre vergingen, bis die Ceshalter mit der Säuberung des grauen Imperiums zufrieden waren. Viele Schlachten hatten sie geschlagen. Unzählige Kampf-Flotten der mutierten Species vernichtend besiegt. Ihre übergroßen Schiffe, auf jeder Schiffsseite mit 45 Laser-Gefechtstürme bestückt, hatten keinen Zweifel an der Überlegenheit ihrer Rasse aufkommen lassen. Unzählige Trümmerwolken von zerstörten Raumschiffen der Arthropoden kreuzten ihre Flüge. Die spinnenartige Species hatte es in der Zeit nicht geschafft, sich zu einer überlegenen Flotte zu formieren. Es war ein langer Flug für die Flottenverbände der Ceshalter geworden.

Immer wieder mussten sie die starken Abwehr-Bollwerke ihrer Feinde aus dem Weg räumen. Die Laserlanzen ihrer Schiffe hatten die entlegensten Regionen der Staubwolke zeitweise erhellt. Gnadenlos feuerten die großen Schiffe ihre Geschütze auf die kleineren, unterlegenen Schiffe der Arthropoden ab. Diese konnten die großen Schiffe der Aggressoren nicht lange aufhalten. Wie Heuschrecken fielen die Ceshalter über alle bewohnten Planeten des Imperiums der Arthropoden her. Denn eines war den Humanoiden klar. Sie handelten im Auftrag ihrer großen Vielfältigkeit. Diese Macht hatte das Universum erschaffen und sie als ihre treuen Diener auserkoren. Nur die große Vielfältigkeit bestimmte, wer in diesem Universum leben durfte und wer nicht.

Die Flotten der Ceshalter hatten alle bewohnten Planeten der grauen Staubwolke katalogisiert und gereinigt. Alle Errungenschaften der mutierten Species wurden zerstört und dem Erdboden gleichgemacht. Nur noch vereinzelte Ruinen zeugten von ehemals bewohnten Welten und deren Kultur. Der Wunsch der großen Vielfältigkeit wurde Rechnung getragen. Die Flottenverbände der Ceshalter formierten sich ein letztes Mal. Flotten-Kommandeur Tuula hatte alle Schiffs-Kommandeure zu einem Festakt auf sein Schiff eingeladen. Auf dem großen Panoramadeck waren Speisen und Getränke für über 100.000 Führungs-Offiziere vorbereitet worden.

Flotten-Kommandeur Laalka stand mit seinen Kollegen, dem Flotten-Kommandeur Suulka und dem Flotten-Kommandeur Turrkla, zusammen in einer Runde.

»Heute wird unser Endsieg gefeiert«, sprach er freudig in ein Mikrofon. »Es hat lange gedauert, bis wir diese graue Staubwolke säubern konnten. Es ist allen anwesenden Offizieren zu verdanken, dass der Wille der großen Vielfältigkeit mit einem Sieg belohnt werden konnte. Sie wird uns nach unserer Rückkehr ehren und uns belohnen. So wie sie es immer gemacht hat.«

Die Zuhörer applaudierten.

Laalka hob seine Hände.

»Ich danke euch für euren Mut und eure Unterstützung«, ergänzte er. »Gemeinsam haben wir die ausufernde mutierte Species in diesem Teilbereich der Galaxie ausgelöscht. Das Universum ist wieder alleine humanoiden Species vorbehalten. So wie die große Vielfältigkeit es vorhergesehen hat.«

Wieder schrien die Zuhörer und applaudierten.

»Ich will nicht viele Worte verlieren«, teilte der Flotten-Kommandeur mit. »Es ist ein Erfolg für uns alle. Heute feiern wir auf diesem Schiff. Morgen fliegen wir in unser Heimatsystem zurück. Eine lange Zeit der Zurückgezogenheit wartet auf uns. Wir alle werden dann Zeit haben, uns wieder um unsere Familien und alle liegengebliebenen Aufgaben zu kümmern. «

Er zeigte auf die beiden anderen Flotten-Kommandeure.

»Ich spreche auch im Namen von Kommandeur Suulka und Kommandeur Turrkla unseren Dank an alle Personen aus, die an dieser schwierigen Mission teilgenommen haben. Unsere Gedanken sind bei unseren Brüdern und Schwestern, die in einem Hinterhalt der spinnenartigen Wesen umgekommen sind. Doch unsere Erinnerungen an sie bleiben für immer erhalten. Wir werden diese mutigen und tapferen Ceshalter nie vergessen. «

Er hob beide Hände in die Luft.

»Danke, euch allen«, sprach er in das Mikrofon. »Nur als Gemeinschaft sind wir stark. «

Lauter Beifall schallte über das Deck.

»Geniest nun die Speisen und die Getränke«, sagte der Kommandeur. »Aus diesem Grunde sind wir hier.

Er winkte der Kapelle. Dezente Musik setzte ein. Sein Kopf drehte sich den beiden Flotten-Kommandeuren zu.

» Darf ich sie zu einem Getränk einladen? «, erkundigte er sich. » Wir sollten das Fest nicht trocken genießen. «

Die beiden Personen lachten und schritten an den Ausschank.

Kommandeur Tuula wandte sich seinen neuen Gästen zu. »Es freut mich sehr, dass sie uns bei der Vernichtung der spinnenartigen Wesen geholfen haben«, sagte er lächelnd. »Ich kenne ihre humanoide Species nicht.

Systemrat Camaal, wo kommen sie her? «

»Wir nennen uns Raguner«, antwortete der Angesprochene.

Er zeigte auf seine Mannschaft, die hinter ihm stand.
»Das sind Offiziere von der Brücke meines Flaggschiffes«,
lächelte er.

Kommandeur Tuula begrüßte sie freundlich.
»Von einer entfernten Sterneninsel in ihrer Zukunft,
haben wir den beschwerlichen Weg auf uns genommen,
um die aggressive Rasse der Arthropoden hier in der
Vergangenheit zu eliminieren«, erklärte Camaal. »Es war
unser Glück, dass wir ihre starke Flotte getroffen haben.
In unserer Zeit ist diese Rasse derart erstarkt, dass
niemand mehr ihre Raumflotten aufhalten kann. Sie
greifen die Welten unseres Imperiums an und verwüsten
sie, schlachten unsere Bevölkerungen ab. «

Kommandeur Tuula schüttelte seinen Kopf.
»Eigentlich haben wir das graue Universum von diesen
Kreaturen gesäubert«, sagte er. »Aus welcher Zeitepoche
stammen sie, Camaal? «

Der blickte Kommandeur Tuula an.
»Wir sind von unserer Zeit aus gerechnet, 800.000 Jahre
in die Vergangenheit gereist«, antwortete er. »Dank eines
zeitgesteuerten Wurmloch-Fensters war uns das
möglich.«

»Ich verstehe«, lächelte der Kommandeur des Ceshalter Flaggschiffes. »Diese Technik stammt von den Kon-Ra-Tak. Nur an wenige Rassen geben sie ihre Erkenntnisse weiter. «

Er blickte den Raguner an.
»Ihre Aussage zeigt mir, dass wir erfolgreich gearbeitet haben», entgegnete er. »Falls einige wenige Wesen dieser Rasse, die zufällig nicht in ihrem grauen Universum anzutreffen waren, ganze 800.000 Jahre benötigen, um ihr Imperium wieder aufzubauen, dann brauchen wir keine Angst zu haben. Die Gefahr ist für die nächsten Jahrtausende gebannt. «

»Ich hoffe, dass es auch in unserer Zeitepoche so ist«, antwortete Systemrat Camaal. »Ansonsten war unsere Reise in die Vergangenheit ein Fehlschlag. «

»Ein Fehlschlag ist es nie, mutierte Lebewesen der Evolution einzudämmen«, lächelte Tuula. »Wir waren leider auch zu nachlässig. Viel früher hätten wir die graue Staubwolke von ihnen säubern müssen. Diese Wesen scheinen sich rasend schnell zu vermehren. Dem Wunsch der großen Vielfältigkeit wurde Rechnung getragen. «

Camaal wusste zwar nicht, was der Flotten-Kommandeur hiermit sagen wollte, doch er nickte zustimmend.

Kommandeur Tuula registrierte das nachdenkliche Gesicht des Raguners.

»Machen sie sich nicht zu viele Gedanken«, sagte er. »Wir haben gemeinsam die Arthropoden vernichtet. Ihre Zukunft hat sich mit einem Schlag verändert. Schon jetzt sollte sich in ihrer Zeit die Flotte der Arthropoden in Luft aufgelöst haben. Wir haben auch bereits Zeitmissionen durchgeführt. Das Ergebnis war immer das gleiche. Säubert man einen Planeten von einer mutierten Species in der Vergangenheit, ist diese auch in der Zukunft nicht mehr existent. Verstehen sie es so, dass die Wurzel dieser Mutation entfernt wurde. Sie existiert nicht mehr. Wenn das nicht so sein sollte, dann wurde etwas von uns übersehen. Meine Kommandeure sind sich aber sicher, dass sie alle Planeten dieser Species gefunden hat. Unsere große Vielfältigkeit wird ihre humanoide Unterstützung zu schätzen wissen. Ich kann mir vorstellen, dass sie auch im Gegenzug bereit wäre, ihr Imperium im Kampf gegen diese spinnenartige Species zu unterstützen, falls das überhaupt noch notwendig wäre. «

Er blickte den Systemrat an.
»Falls sie Hilfe brauchen sollten, bitte konstatieren sie uns«, ergänzte er.

Systemrat Camaal bedankte sich und verbeugte sich höflich.

»Wann fliegen sie zurück in ihr Imperium? «, formulierte Tuula eine weitere Frage.

Camaal senkte seinen Kopf.
»Der Rückweg ist uns verschlossen«, erwiderte er resigniert. »Unser zeitgesteuertes Wurmloch kann nur von unserer Seite der Zeitepoche initiiert werden. Es sollte während der ganzen Zeit unserer Operation geöffnet bleiben. Doch aus unerklärlichen Gründen hat es sich bereits nach wenigen Tagen unserer Ankunft wieder geschlossen. Wir haben keine Möglichkeit es aus dieser Zeitepoche zu öffnen. «

»Diese zeitgesteuerte Wurmlochtechnik scheint für ihre Zivilisation neu zu sein? «, erkundigte sich Tuula. »Wer schon länger hiermit arbeitet, der versteht irgendwann, dass zeitgesteuerte Wurmlochfenster eine gigantische Menge an Energie verschlingen. Das können herkömmliche Generatoren und Energiemeiler über einen längeren Zeitraum nicht gewährleisten. Hierzu ist eine Verbindung zu den Energieadern des Zwischenraumes nötig. Ich sage das nur zu ihrem besseren Verständnis. «

»Kennt sich ihr Volk mit der Technik aus? «, fragte Camaal.

Kommandeur Tuula lachte.
»Wir benutzen sie bereits seit vielen Jahrhunderten«, antwortete er. »Die Kon-Ra-Tak haben uns hierin eingewiesen, wie auch in anderen speziellen technischen Errungenschaften ihrer Entwicklung. Im Gegenzug erledigen wir Aufträge für sie. Wie zum Beispiel die Säuberung dieser grauen Staubanomalie. «

Systemrat Camaal schöpfte wieder Hoffnung.
»Würden sie uns möglicherweise ein zeitgesteuertes Wurmloch in unsere Zeitepoche öffnen«, erkundigte er sich.

Kommandeur Tuula blickte den Systemrat abschätzend an.

»Diese Anlagen stehen auf wichtigen Planeten unseres Hoheitsgebietes«, antwortete er. »Sie werden als wichtige Abflugs-und Ankunfts-Tore für unterschiedliche humanoide Rassen verwendet, die nicht alle in unserer Zeitepoche leben. Fangen sie an das Universum nicht nur von ihrer Zeitepoche aus zu interpretieren. Es gibt viele unterschiedliche Dimensionen und Zeitepochen. «

Erst jetzt verstand Systemrat Camaal die eigentliche Funktion der zeitgesteuerten Wurmloch-Stationen. Sie waren etwas viel Größeres als er und der Zentralrat von Ragun bisher dachten.

Tuula lachte, als er das nachdenkliche Gesicht des Systemrates registrierte.

»Diese zeitgesteuerten Wurmloch-Anlagen eröffnen ihnen Handelsverbindungen in alle Richtungen der Zukunft und der Vergangenheit«, erklärte er. »Ganz zu schweigen von den unterschiedlichen Dimensionen des Weltalls. Für die Anwahl ist jedoch eine sogenannte Amulett-Steuerung der Aller-Ersten notwendig. «

»Sie kennen die Rasse der Aller-Ersten? «, fragte Camaal erstaunt?

Kommandeur Tuula blickte ihn an.
»Aber natürlich«, antwortete er. »Sie sind unsere Schöpfer. Die Aller-Ersten haben am Anfang des Universums ihren Samen ausgesät und vielen unterschiedlichen Rassen ihre Lebensgrundlage gegeben. Wir sind ihnen hierfür sehr dankbar. «

»Wir sind auch eine Schöpfung dieser Rasse«, teilte Camaal mit. »Das behaupten sie jedenfalls. Leider haben wir nicht immer ihren Rat angenommen. «

Das Gesicht des Flotten-Kommandeur verdunkelte sich. »Sie zeigen es nicht, doch die Aller-Ersten sind sehr mächtig und technisch weit fortgeschritten«, antwortete er. »Ich kenne keine Rasse im Universum, die länger Zeit hatte sich zu entwickeln als die Aller-Ersten. Sie haben sich im Laufe der Zeit zu Energiewesen weiterentwickelt. Nur wenn sie Kontakt zu uns, oder zu anderen humanoiden Rassen aufnehmen, kehren sie in ihre ursprüngliche Körperform zurück. «

»Das ist sehr beeindruckend«, antwortete Camaal. »Ich sehe die Schöpfer jetzt mit anderen Augen. Darf ich noch einmal auf meine Frage zurückkommen? Würden sie uns ein zeitgesteuertes Wurmlochfenster in unsere eigene Zeitepoche öffnen? Erst dann kann unsere Mission einen Sinn haben «

»Das machen wir«, lächelte ihn Tuula an. »Sie werden uns ein gutes Stück begleiten müssen. Die nächste zeitgesteuerte Wurmlochanlage steht 130 Millionen Lichtjahre von hier entfernt. «

»Das ist weit? «, staunte Camaal.

Tuula nickte.

»Doch diese Entfernung werden wir durch mehre Wurmloch-Verbindungen schnell absolviert haben«, antwortete er. »Das Problem ist, dass die Wurmloch-Generatoren auf unseren Schiffen nicht unendliche Durchgänge öffnen können. Dafür reicht die Energie nicht. Wir müssen die Generatoren zwischendurch immer wieder aufladen. «

»Ich verstehe«, lächelte Camaal. »Wir sind ihnen zu Dank verpflichtet. Damit ist der Rückweg in unsere Zeit wieder offen. «

»Wir haben für ihre Unterstützung zu danken«, schmunzelte Kommandeur Tuula. »Sie haben tapfer mitgeholfen, die mutierte Species der spinnenartigen Species auszurotten. Dank ihrer Hilfe ist alles schneller erledigt worden als von uns angenommen. «

Er zeigte auf die vielen Personen des Festes.
»Heute feiern wir«, lächelte er. »Sie sind herzlich hierzu eingeladen. Essen sie etwas und trinken sie ein wenig. Probieren sie die Köstlichkeiten von vielen Planeten unseres Hoheitsgebietes. Morgen beginnen wir mit dem Rückflug. «

»Das machen wir«, dankte Camaal dem Kommandeur der Ceshalter-Flotte.

Er verbeugte sich tief und würdigte seinen Gönner. Sein Respekt galt den 32.000 Schiffen einer unbekannten 5.000 Meter-Klasse, die sich vor der verwüsteten Welt Aramis, der spinnenartigen Species, formiert hatten.

Etwas hinter den Flotten-Kommandeuren und den Gästen aus Ragun stand Truppenführer Byurka. Seine Augen waren zu kleinen Schlitzen geworden. Etwas Schwarzes schimmerte aus ihnen heraus. Niemand der Gäste nahm es wahr.

»Der Kampf ist noch nicht zu Ende«, dachte er. »Vielmehr fängt er jetzt gerade erst an. Wartet ihr Mörder, bis wir unsere wahre Stärke zeigen können. Dann werden wir euch finden und Vergeltung für eure Taten fordern. Wir werden keinen Stein mehr auf dem anderen lassen und nicht eher ruhen, bis kein Leben mehr in eurem Volk ist. Das wird nicht Morgen und auch nicht Übermorgen sein. Doch seid gewiss, irgendwann werden wir zu euch kommen und Vergeltung für den heutigen Tag fordern. Ihr werdet die Ersten sein, welche die tiefschwarze Finsternis in unseren Augen sehen könnt. Aber seid beruhigt. Es wird das Letzte sein, dass ihr vor eurem Ableben sehen werdet. «

Verächtlich lachte der Truppenführer auf, ehe sich seine Augen veränderten und ihre regulären Farben wieder annahmen.

Byurka schüttelte sich kurz. An seine Gedanken hatte er keine Erinnerung mehr. Das spinnenartige Wesen in ihm hatte sich bereits wieder in sein Innerstes zurückgezogen.

Eine Allianz gegen Ragun

Die Aller-Ersten hatten den Zentralrat des ersten von Humanoiden gegründeten Imperiums in der Milchstraße immer gewarnt, ihre aggressive Ausdehnungspolitik weiter fortzuführen. Sie verhandelten mit ihnen und baten sie eindringlich, mit dem Erreichten zufrieden zu sein. Schon jetzt war das ragunische Imperium der größte Verbund bewohnter Planeten in der bekannten Milchstraße. Sie erklärten den Ragunern, dass in dem Buch ihres großen Propheten Aahnn darauf hingewiesen wurde, dass durch eine zu große Expansionspolitik ihr Reich in seiner Existenz erschüttert werden würde. Doch die Raguner lachten über die Vorhersage eines längst verstorbenen Hellsehers der Aller-Ersten. Sie dachten es besser zu wissen und nahmen die Hinweise der alten Species nicht ernst. Die Aller-Ersten zogen sich aufgrund der Ablehnung zurück. Sie erkannten, dass ihre Aussaat nicht mehr auf sie hören wollte. In aller Stille beobachteten sie den Ablauf der Geschehnisse eine sehr lange Zeit.

Die aggressive und expandierende Ausdehnung des ragunischen Imperiums ging weiter. Neue Sterneninseln und weit entfernte Gebiete wurden entdeckt. Das Imperium wuchs, aufgrund der immensen Flottenstärke der Raguner. Eigenständige Planeten, die nicht dem Imperium beitreten wollten, wurden mit Gewalt vereinnahmt. Doch irgendwann stießen die zahlreichen

Kolonisierungsflotten des Reiches auf unbekannte Gebiete, die von einer unbekannten Species, die sich Arthropoden nannten, beansprucht wurden. Diese Lebensform war ganz anders als das, was die Raguner bisher kennengelernt hatten. Es waren Wesen, die mit einer spinnenartigen Lebensform vergleichbar waren. Sie beobachteten die Aktivitäten der Raguner bereits lange mit Argwohn.

Als sie erkannten, dass es sich bei den Ragunern um eine humanoide Species handelte, beschlossen sie dem weiteren Vordringen der fremden Flotte aus einer weit entfernten Sterneninsel ein Ende zu bereiten. Aus den überlieferten Geschehnissen der Vergangenheit war ein elementarer Hass in der Species entstanden, der sich gegen alle humanoiden Lebensformen richtete und deren Abkömmlingen. Ihre göttliche Macht bildete das religiöse Zentrum der Zivilisation und stand befehlsmäßig über der Regierung und ihrer Verwaltung.

Die Imperatorin war die Bewahrerin der Traditionen und des Hasses, die als Quelle für die Vergeltung an humanoiden Species diente. Die Imperatorin war die Sprecherin der Göttlichen Macht. Sie verkündete, dass nie mehr humanoide Wesen derart erstarken dürften, dass sie der Zivilisation der Arthropoden gefährlich werden könnten. Nach ihrer Ansicht waren nur ihre beschützten

Wesen von der göttlichen Bestimmung für eine Evolution im Universum und für die Besiedlung von bewohnbaren Welten vorgesehen.

Die Raguner kannten diese Species nicht. Verhandlungen durch mehrere Videokonferenzen, mit dem Angebot zu einem Beitritt in ihr immer größer wachsendes Imperium, scheiterten kläglich. Die humanoide Rasse durften zu keiner Zeit ihre Raumschiffe auf der zentralen Welt des arthropodischen Reiches landen. Entsprechend konnten sie nie einem dieser Wesen persönlich gegenübertreten. Aus Sicht der Raguner erdreisteten sich die Arthropoden sogar, ihnen ein Ultimatum zum Abzug auch ihrem grauen Universum zu stellen.

Die militärischen Strategen der Raguner rieten ihrem Zentralrat, zum Schein auf die Forderungen der unbekannten Species einzugehen. Sie zogen ihre Kolonisierungsflotten aus dem Gebiet des grauen Imperiums zurück. Agenten des Zentralrates wurden ausgesandt, um an weitere Informationen zu gelangen. Währenddessen ging die Suche nach neuen Welten, außerhalb des Hoheitsgebietes der Arthropoden weiter. Die Agenten der Raguner waren nicht untätig. Sie übermittelten dem Zentralrat des Imperiums eine Fülle von wichtigen Informationen. Viele unterschiedliche, fremde Lebensformen hatten bereits in einem Kontakt mit den spinnenartigen Wesen gestanden. Sie informierten die erstaunten Agenten der Raguner darüber, dass ein Erstkontakt mit ihnen nur zustande kommen konnte, wenn man nachweisen konnte, nicht einer humanoiden Species anzugehören. Einige Rassen teilten mit, dass Gerüchten zur Folge, diese Rasse aus dem Feuer des Universums entstanden war.

Den Ragunern wurde langsam klar geworden, dass die spinnenartige Rasse seit Anbeginn der Zeit lebte, als die Galaxien und die Planeten noch auseinanderdrifteten. Die Arthropoden bevorzugten trockene und staubige Welten für ihre Zivilisationen, die ihnen besonders am Herzen lagen. Auf diesen konnten sie sich vermehren und ihre Intelligenz entwickeln. Angeblich war die Geburt dieser Species bereits Milliarden von Jahren her.

Die Raguner konnten viele der übermittelten Daten nicht glauben. Doch nach ersten Auswertungen der Aussagen unterschiedlicher Lebensformen, deckten sich plötzlich die Informationen von unterschiedlichen Planeten. Die Raguner vertieften ihre Recherche.

Einige der Lebensformen, die öfter von arthropodischen Schiffen angeflogen wurden, teilten den Ragunern mit, dass die spinnenartige Species sich nach eigenen Vorstellungen an der Spitze der Evolution sah. Ihr Körper glich einer spinnenartigen Lebensform. Neben einem überdimensionierten Körper hatte die Evolution sie mit vier Armen und vier Beinen ausgestattet. Diese zeigten sich sehr nützlich für die Fortbewegung und für alle anfallenden Arbeiten. Ihre Fortpflanzung vollzog sich rasend schnell. Sie warnten die Raguner davor, die Arthropoden falsch einzuschätzen. Obwohl sie noch nicht viel Flottenpräsenz gezeigt hatten, mussten sie über eine große, fast schon unüberschaubare Armada von Kriegsschiffen verfügen.

Die Raguner stutzten, als ihnen bekannt wurde, dass sich diese Rasse seit vielen Jahrtausenden immer wieder aufmachte, das Universum von humanoiden Lebensformen zu säubern. Erst jetzt erkannte der Zentralrat des Imperiums, dass ein Konsens mit dieser unbekannten Species nicht möglich war. Er schlug vor, die Arthropoden zu tolerieren und nicht weiter in ihr Universum vorzudringen. Doch dieser Vorschlag wurde jedoch von den Systemräten abgelehnt.

Neue Systeme bedeuten für sie zusätzliche Rohstoffe und Gewinne. Ihnen war diese spinnenartige Lebensform ein Dorn im Auge. Der Zentralrat wurde von der Versammlung der Systemräte überstimmt. Die überwältigende Mehrheit des Gremiums entschied einstimmig, diese Lebensform anzugreifen und sie für alle

Zeit aus dem Universum zu eliminieren. Der Weg für ein neues, unbekanntes Terrain sollte freigemacht werden.

Die Vorbereitungen des Zentralrates liefen an. Aus allen Teilen des ragunischen Imperiums wurden starke Flotten-Verbände an den Rand des grauen Universums verlegt. Zahlreiche Schiffsträger materialisierten aus dem Hyperraum und verstärkten die Flottenpräsenz der Raguner. Selbst eine große Flotten-Kampfstation wurde von dem Zentralrat dorthin befohlen, um als operative Einsatzzentrale zu fungieren. Sie alleine konnte 6.000 Kampfschiffe der Raguner aufnehmen, oder ihnen eine Andockbucht anbieten. Es war die Ruhe vor dem Sturm.

Die Arthropoden registrierten, dass wieder eine fremde humanoide Lebensform ihren Einzugsbereich bedrohte. Die Säuberung ihrer eigenen Sterneninsel war erfolgreich verlaufen. Jetzt registrierte die göttliche Macht mit Abscheu, dass in den anderen Galaxien des Universums scheinbar noch viele weitere humanoide Lebensformen existierten. Diese Ausuferung konnte leider mit ihren bisherigen Maßnahmen nicht eingedämmt werden. Sie ordnete eine sofortige Mobilmachung an und zog ihre starken Flottenverbände zusammen. Als sich dann knapp 500.000 Schiffe der spinnenartigen Species an der Frontlinie versammelten, erkannten die Raguner mit Schrecken, mit wem sie sich eingelassen hatten.

Die teilweise 5.000 Meter messenden arthropodischen Kampf-Zerstörer standen den gleich großen Kriegs-Schiffen der Raguner in keiner Weise nach. Diese registrierten, dass immer mehr gegnerische Flotten-Geschwader aufzogen. Der Flotten-Oberbefehlshaber wusste, dass die Grenze seiner verfügbaren Kampfkraft erreicht war. Mit Unbehagen gab er den Befehl zum Angriff auf die unbekannte Lebensform.

Die Schlacht vor dem grauen Universum erhellte das All mit Laserblitzen und sich ausweitenden Atomsonnen. Schiffstrümmer, abgesprengte Aufbauten, Reste von explodierenden Schiffen, drifteten unkontrolliert durch die Bahnen der Schiffs-Verbände. Nach Wochen erstreckte sich das Trümmerfeld über 4.000 Kilometer. Das Aufeinandertreffen der gegnerischen Flotten war von der Vernichtung und dem Untergang vieler Schiffe auf beiden Seiten gezeichnet. Erst jetzt erkannten auch die Arthropoden, dass sie es mit einem technisch weit entwickelten Gegner zu tun hatten.

Die Verluste von Material und Personal stiegen auf beiden Seiten ins Unermessliche. Niemand der gehassten Gegner dachte an die Aufnahme von Verhandlungen. Die kampferfahrenen Kriegsschiffe der Raguner erfochten sich leichte Vorteile. Die Arthropoden existierten schon lange und sie waren nicht dumm. Als die spinnenartige Species ihre eigenen Flottenverbände immer mehr schrumpfen sah, entwickelten sie einen Plan. Gefangene humanoide Parlamentarier, die bereits für eine Exekution vorgesehen waren, wurden von ihnen mit einem Parasiten infiziert. Diese, in ihren Laboren modifizierten Kinder ihrer Species, drangen in fremde Körper ein. Durch diese Infizierung standen die ausgewählten Humanoiden unter dem vollständigen Einfluss der Arthropoden.

Die göttliche Macht wollte diese Vertreter der gehassten Lebensformen für ihre Zwecke nutzen. Ihnen wurde der Befehl implantiert, als Abgesandte der spinnenartigen Lebensform in geheimen Missionen zu vielen Planeten aufzubrechen, die von den Ragunern unterdrückt wurden. Die harmlos und freundlich wirkenden Humanoiden baten diese Regierungen um eine materielle Unterstützung im Kampf gegen die vielseitig gehassten Raguner.

Sie erklärten ihnen, dass es Zeit sei sich zu erheben. Die Knechtschaft des großen Imperiums der Raguner sollte ein Ende haben. Die Abgesandten teilten den Regierungen mit, dass sie beabsichtigten eine unüberwindliche große Gemeinschaftsflotte aufzustellen. Diese werde stark genug sein, um die Vormachtstellung der Raguner brechen zu können. Gegen diese große

Flotten-Allianz, würden die kampferprobten die Schiffs-Verbände der Raguner nichts mehr ausrichten.

Die meisten, der durch kriegerische Überfälle angeschlossenen Kolonien des ragunischen Imperiums sahen in diesem Plan eine Möglichkeit, sich von den gehassten Unterdrückern zu befreien. Zumal ihnen die infizierten Abgesandten der Arthropoden nach einem Sieg über die Raguner ein Leben in Freiheit und Selbständigkeit versicherten.

Die Regierungen der humanoiden Zivilisationen ließen sich täuschen. Immer mehr Planeten des ragunischen Imperiums schlossen sich mit Schiffen und Besatzungen der großen Gemeinschaftsflotte der Arthropoden an. Diese lachten verwegen, als sie erkannten, wie leicht ihr Plan aufzugehen schien. Die immer größer werdende Gemeinschaftsflotte stellte sich den ragunischen Kampfverbänden in den Weg und stoppte ihren Vormarsch.

Die bisher erfolgsverwöhnten Verbände des Imperiums kämpften an ihrer Leistungsgrenze. Erstmals in ihrer Geschichte waren sie auf einen erbitterten Gegner gestoßen. Alle Kampf-Zerstörer feuerten ihre Breitseiten auf die anfliegenden Geschwader der Arthropoden ab. Doch wenige Tage später, resignierte die ragunische

Truppenführung. Trotz den intensiven Verlusten an Kriegsschiffen, schien der spinnenartigen Species der Nachschub an Material und Personal nicht auszugehen.

Täglich schlossen sich weitere Schiffs-Geschwader der arthropodischen Allianz-Flotte an. Die ragunischen Kriegsschiffs-Verbände wurden aufgerieben, oder zu einem Rückzug gezwungen. Ganze Zerstörer-Geschwader wurden in unterschiedlichen Schlachtgebieten gebunden. Als dann außerhalb des grauen Universums unverhofft 16.500 große Zerstörer der Arthropoden vor der entleerten Flotten-Kampfstation materialisierten, erkannten die Raguner den Ernst der Lage.

Die Flottenführung, die ihren operativen Kommandobereich in diese Station verlegt hatte, sah den Schachzug ihrer Feinde nicht kommen. Sie war sich des Erfolges ihrer Flotten-Armada sicher. Die von ihnen unterschätzte Flotte der spinnenartigen Lebensform, fiel unvorbereitet über die leere Flotten-Station her. Obwohl die installierten Abwehrtürme wahre Wunder leisteten, gelang es den Arthropoden im Dauerbeschuss die starken Geschütztürme auszuschalten. Die Flottenführung der Raguner verharrte in einem Zustand der Lähmung. Ihre eigenen Zerstörer waren zu weit in das graue Universum vorgedrungen, um rechtzeitig Hilfe leisten zu können.

Die erfolgsverwöhnte ragunische Flottenführung wurde samt ihrer stolzen Flotten-Kampfstation in den Untergang geboomt. Heraneilende Schiffe konnten nur noch eine gigantische helle Explosion, auf der Position der Flotten-Station registrieren. Die Flottenführung existierte nicht mehr. Die Geschwader-Kommandanten übernahmen den Oberbefehl über die Kriegsflotte. Ab diesem Zeitpunkt wendete sich das Blatt. Die demotivierten Schiffsflotten der Raguner wurden immer weiter zurückgeschlagen. Fliehende Verbände wurden von arthropodischen Geschwadern verfolgt und aufgerieben. Die Front verschob sich immer weiter in die Richtung der Milchstraße.

Der Zentralrat auf Ragun war sehr unzufrieden. Schiffskommandeure wurden ausgetauscht. Doch auch das zeigte keinen Erfolg. Die ehemals humanoide vorherrschende Macht in der Milchstraße wurde von ihren äußeren Welten, den Kolonien in fremden Sterneninseln und ihren vorgelagerten Planeten zurückgedrängt. Wie von den Aller-Ersten vorhergesagt, nahmen der kriegerischen Auseinandersetzungen für das ragunische Imperium einen negativen Verlauf.

Die große Gemeinschaftsflotte der Arthropoden verwüstete immer mehr Planeten und Stützpunkte des gehassten Imperiums und zwang die Kriegs-Flotte der

Raguner weiter zum Rückzug. Ein nicht endender Strom von fliehenden Kolonialisten brach über die Heimatwelt der Raguner ein. Diese mussten unverzüglich fortgeschafft werden. Alle Flüchtlinge erwarteten von dem Zentralrat den versprochenen Schutz und die Sicherheit. Ragun platzte aus allen Nähten.

Durch die pausenlose Ankunft neuer fliehender Kolonisten wurde die strategische Planung der Raguner sehr eingeschränkt. In ihrer Not erinnerten sie sich wieder an ihre Schöpfer. Sie waren für die Aussaat ihrer Species verantwortlich. Der Hilferuf der Raguner verhalte nicht ungehört. Eine Abordnung der alten Rasse hörte sich die Probleme des Zentralrates an und verwies auf ihre frühzeitigen Warnungen. Sie teilte dem Rat mit, dass sie nichts mehr an dem Ausgang des Krieges ändern konnten. Hierfür wäre alleine die Regierung der Raguner verantwortlich.

Aufgrund einer weiteren Bitte des Zentralrates der Raguner, zeigte sich die alte gutmütige Rasse jedoch bereit, alle Flüchtlinge von angegriffenen Welten durch die Arthropoden auf sichere, weit voneinander entfernt liegende Planeten zu evakuieren. Nicht ohne den Hintergedanken, dass niemals mehr ein ragunisches Imperium auferstehen werde. Die Aller-Ersten waren seit langer Zeit nicht mehr mit der Unterdrückung vieler Welten durch die Raguner einverstanden.

Versetzt in einer anderen Zeitepoche bauten sie eine geheime Flüchtlings-Station. Dank ihres hohen technischen Wissens, installierten sie alle notwendigen Generatoren, um eine zeitgesteuerte Wurmlochanlage in der Station betreiben zu können. Diese Anlage sollte jedoch für das ragunische Imperium nicht erreichbar sein. Daher wurden auf dem Zentralplaneten Ragun nur einfache Abstrahlfenster installiert, die voreingestellt der Steuerung der geheimen Flüchtlings-Station unterstanden. Diese Wurmloch-Tore wurden bewusst für den Personentransport konzipiert.

In den nachfolgenden Wochen, Monaten und Jahren, wurden unzählige Flüchtlingsströme durch die Station der Aller-Ersten geleitet und nach einer medizinischen Prüfung auf weit entfernte Planeten evakuiert. Doch die Forderungen der Raguner rissen nicht ab. Auf Drängen der ragunischen Regierung hin, übergaben die Aller-Ersten ihren Kindern die Produktions-Unterlagen für ein großes zeitgesteuertes Wurmlochtor. Dieses konnte später als Transfer für Raumschiffe eingesetzt werden. Auf diesem Wege sollten noch größere Mengen von Flüchtlingen evakuiert werden. Die Aller-Ersten erkannten, dass der Zusammenbruch ihres Imperiums kurz bevorstand.

Die Situation falsch einschätzend, willigten sie dem Wunsch der Raguner zu. Doch diese hatten anderes im Sinne. Ihre eigentlichen Pläne wurden erst später bekannt. In Absprache mit ihren Schöpfern, errichteten sie auf einem unbewohnten fernen Asteroiden, ein Forschungszentrum für die Wurmloch-Technologie.

Die Anlage sollte nach ihrer Fertigstellung und dem Willen der Aller-Ersten, zu einer eigenständigen Evakuierung von weiteren Flüchtlinge per Raumschiffstransfer eingesetzt werden. Dieser Weg sollte die Zeit langer Flüge von angegriffenen Kolonien zu der Zentralwelt des Imperiums verkürzen. Erst später erkannten die Aller-Ersten die Folgen ihrer leichtfertigen Zusage.

Doch zunächst begannen die Raguner zeitnah mit dem Bau ihrer eigenen zeitgesteuerten Wurmloch-Anlage. Ihr geheimer Plan war es, mit der Anlage der Aller-Ersten einen Zugriff auf die Vergangenheit des Universums zu erhalten. Sie hofften sich mit dieser Anlage die Geschehnisse in der Vergangenheit in ihrem Interesse manipulieren zu können.

Geoffwan, der Sprecher der Aller-Ersten, durchschaute die Pläne der Raguner erst sehr spät. Die von ihm einberufene Dringlichkeitssitzung des Ältestenrates seines Volkes beschloss, die Anlage auf dem fernen Asteroiden in ein zeiteindämmendes Feld legen.

Durch die geheime Installation eines Zeit-Reduktors konnte Zugriff auf die KI der Forschungsstation genommen werden. Nachdem der Reduktor sich in die Verflechtungen der Hypertronic-KI der Forschungsstation eingeloggt hatte, sorgte er für eine ausreichende Energieversorgung der Anlage. War dieses gewährleistet, konnte er das zeiteindämmende Feld aktivieren.

Es schloss die ganze Wurmloch-Forschungseinrichtung ein. Dieses energetische Eindämmungsfeld wurde bewusst transparent ausgelegt. Für Außenstehende war das Feld mit bloßem Auge nicht sichtbar. Arbeitete es erst einmal stabil, dann konnte der KI-Manipulator den eigentlichen Zeit-Reduktor starten. Das aufgebaute Feld verlangsamte der Prozess des Zeitablaufes extrem.

Das Steuergerät wurde gemäß der Vorgabe von Geoffwan auf exakt 500.000 Jahre eingestellt. Als die Raguner erkannten, dass sie von ihren Schöpfern hintergangen worden waren, konnten sie den programmierten Prozess nicht mehr aufhalten. Die Fertigstellung ihrer Forschungs-

Anlage überdauerte den Untergang des ragunischen Imperiums.

Halswan, ein Mitglied des Ältestenrates, war an der Schöpfung der ragunischen Rasse maßgeblich beteiligt. Als sich der Rat der Aller-Ersten dazu entschloss die ragunische Zivilisation nicht mehr zu unterstützen, schmiedete er eigene Pläne. Er entschied die erste humanoide Rasse in der Milchstraße, seine geliebten Kinder, im Kampf gegen die Arthropoden zu unterstützen. Er wusste, dass die Rasse der Arthropoden lediglich auf die Vernichtung humanoider Species und Zivilisationen aus war.

Doch auch er kannte den Grund hierfür nicht. Dieser lag scheinbar viele Jahrtausende in der Vergangenheit. Halswan wurde zu einem Abtrünnigen seines Volkes und beabsichtigte direkt in den Kampf gegen die Arthropoden einzugreifen. Das konnte am besten mit einer Vernichtungsaktion des arthropodischen Volkes in der Vergangenheit geschafft werden. Er informierte den Zentralrat der Raguner über die Maßnahme seines Volkes, die Inbetriebnahme des zeitgesteuerten Wurmlochgenerators auf dem Forschungsasteroiden über viele Jahrtausende zu verzögern.

Der Zentralrat zeigte sich empört und fragte sich ernsthaft, ob er Halswan das uneingeschränkte Vertrauen aussprechen konnte.

Nach langen Diskussionen konnte Halswan den Zentralrat des ragunischen Imperiums überzeugen, dass eine Abwehr des arthropodischen Angriffes bereits in der Vergangenheit realisiert werden musste. Er informierte die Regierung der Raguner auch darüber, dass Geoffwan und sein Volk, durch die in ihren Wolkenstädten und der geheimen Flüchtlingsstation installieren Anlagen, jederzeit die Möglichkeit hätten den Eingriff von ragunischen Truppen zu korrigieren oder ihn rückgängig zu machen. Er wies darauf hin, dass die Anlagen seines Volkes zuerst unbrauchbar gemacht werden müssten, bevor ein erfolgreicher Angriff auf die arthropodische Vergangenheit starten konnte.

Zwei eilig gestartete Missionen wurden für Halswan und seine ragunische Kampftruppe zum Dilemma. Durch die Intervention von Geoffwan und mit der Unterstützung des Neuen-Imperiums, konnte eine starke Eingreifflotte die Abschaltung der Wurmloch-Anlagen auf den fliegenden Städten und der geheimen Flüchtlingsbasis verhindern. Die eingedrungenen Raguner, unter Führung von Halswan, wurden durch das zeitgesteuerte Wurmlochfenster in ihre Zeitepoche zurückgedrängt.

Erneut konnte das Neuen-Imperium, unter der Führung von Major Travis, einen größeren Zwischenfall auf das Sol-System verhindern.

Einsatzplanung

Der helle weiße Raum, in dem neugestalteten Hochsicherheitstrakt von Tattarr, wurde hermetisch abgesichert. Der ehemalige natradische Kaiser war inhaftiert worden. Untersuchungen ergaben, dass er durch ein spinnenartiges Geschöpf befallen war, einem sogenannten arthropodischen Parasiten, der seit langer Zeit seine Gedanken kontrollierte und ihn zu Entscheidungen und Handlungen zwang, die sich gegen sein eigenes Imperium richteten. Die Programmierung des Parasiten veranlasste den Kaiser, sich als Teil der arthropodischen Species zu sehen und alle Informationen über alle humanoide Zivilisationen an die göttliche Macht zu übermitteln. Auf diesen erlangten Daten basierend, planten die Arthropoden ihre weiteren Vernichtungsfeldzüge.

Der Kaiser wusste, dass ein Angriff von ragunischen Soldaten durch ein geöffnetes Wurmloch auf die Fluchtstation der Aller-Ersten erfolgen würde. Diese alte Rasse des Universums trat als Unterstützung für die Raguner auf. Der Kaiser war sich sicher, dass sein Volk irgendwann auch diese Species aus dem Weg räumen würde. Doch zunächst war das sich immer weiter ausdehnende Imperium der Raguner Ziel eines konzentrierten Angriffes. Den Angreifern gelang es, einen Teil der ragunischen Offiziere durch ihre gentechnisch veränderten Kinder zu infizieren. Der Parasit in dem

Kaiser war sich sicher, dass die Zeit des ragunischen Imperiums dem Ende entgegenging.

Doch er besaß noch nicht alle neuen Informationen seiner Species. Lange Zeit hatte der Parasit in ihm keinen Kontakt mehr zu seinen Artgenossen aufnehmen können. Er wusste lediglich, dass die Raguner beabsichtigten, einen Angriff in der frühen Vergangenheit seiner neuen Rasse durchzuführen. Das musste verhindert werden. Der Kaiser suchte nach einer Möglichkeit, die Arthropoden zu warnen. Sie sollten sicherstellen, dass die zeitgesteuerte Wurmloch-Anlagen der Raguner und der Aller-Ersten zerstört würden. Ihm war klar, dass sie diese Technik als letzte Maßnahme gegen sein Volk einsetzen würden.

Auf der großen Atlantis-Basis hatte General Poison einige seiner Führungskräfte versammelt, um über das weitere Vorgehen zu diskutieren. Ein erneutes Eindringen ragunischer Kampftruppen musste mit allen Kräften verhindert werden. Als Abgesandte befreundeter Nationen waren die Lantraner Thoran und Heran anwesend, ebenso wie Geoffwan, der Sprecher des Ältestenrates der Aller-Ersten. Er wurde von Nadewan, dem Befehlshaber der Wolkenstädte und Talswan, dem Oberkommandeur der Raumflotte begleitet. Midir, der Wächter der geheimen Flüchtlingsbasis der Aller-Ersten war in der geheimen Station geblieben, um Spezialisten der EWK in die technischen Gerätschaften einzuweisen. Ihnen standen Marin und Gareck vor, die von einem Heer von neugierigen Wissenschaftlern begleitet wurden.

Vor wenigen Stunden war Dalswan eingetroffen. Er war ein junger aufwärtsstrebender Wissenschaftler der Wolkenstadt Zandrockia. Durch die starke Unterstützungsflotte des Neuen-Imperiums konnte die Stadt und mit ihren Bewohnern vor der Vernichtung gerettet werden. Zirnswan, oberstes Mitglied des Ältestenrates und Führer der Aller-Ersten, hatte ihn aus Dankbarkeit in die Flüchtlings-Station geschickt. Er sollte Midir dabei unterstützen, den Terranern die Station zu erklären, um sie ihnen langfristig zu übergeben. Die hohe Empore der Lantraner hatte den Beschluss gefasst, ihre lange Zeit der Zurückgezogenheit aufzugeben.

Aufgrund der Exekutive, vertreten durch Aritron, dem obersten Weiser auf Centros, unterstützten jetzt wieder Angehörige des lantranischen Volkes jüngere Zivilisationen in ihrer Entwicklung. Nie mehr sollten fremde Mächte in die Milchstraße einfallen können, um Planeten und junge Zivilisationen zu vernichten. Derzeit konnte nur vermutet werden, ob sie eine Schuldfrage zu diesem Schritt trieb. Die Lantraner wussten nur allzu gut, dass sie durch ihre selbstbestimmte Zurückgezogenheit vor 100.000 Jahren, einer fremden Macht die Möglichkeit gegeben hatten, in die ansonsten so behütete Sterneninsel einzufallen. Gezüchtete kriegerische Rigo-Sauroiden wüteten in der Milchstraße und ließen keinen Stein mehr auf dem anderen. Sie sorgten durch ihren immensen Nachschub an Material und Personal für den Untergang des mächtigen Kaiser-Imperiums von Natrid.

Captain Hunter und sein Team hatte sich in der Leitstelle der Flüchtlings-Station eingerichtet. Midir hatte ihn und sein Team in der Bedienung der Gerätschaften geschult. Barenseigs mit seinem Team kümmerten sich um die Auslesung der Datenarchive. Ihnen stand der Protokoll-Roboter Jahol-Sin zur Seite, der von Midir einen Download der technischen Stationsdaten erhalten hatte. Akribisch beobachtete der Roboter die ersten Aktivierungen von Geräte durch Captain Hunter und seinem Team.

Captain Hunter winkte den Roboter zu sich. Er saß vor einem Kontrollpanel, an dem 100 unterschiedliche farbige Tasten zu sehen waren.

»Wenn ich mich richtig entsinne, dann ist das hier die überlagernde Hauptsteuerung der Station«, erkundigte er sich unsicher. »Die Benutzung ist nur dem Kommandeur gestattet. Durch diese Konsole ist es möglich, bereits eingeleitete Prozesse durch unser Personal abzubrechen?«

»Richtig erkannt«, antwortete Jahol-Sin monoton.
Captain Hunter blickte ihn von der Seite an. Der Roboter ließ sich nichts anmerken.

Captain Hunter zeigte auf eine Reihe von 11 grünen Tasten, oberhalb der Konsole.

»Das sind die Tasten für den äußeren Schutzschirm und die Aktivierung der Abwehrgeschütze«, erklärte er.

»Richtig erkannt«, antwortete der Protokoll-Roboter erneut. »Ihnen scheint nichts zu entgehen. «

Verärgert blickte ihn Captain Hunter an.
»Willst du es dir bei mir verscherzen? «, fragte er in einem eisernen Ton. »Sollst du uns nicht unterstützen? «

»Unterstützen heißt nicht vorsagen«, erwiderte der Protokoll-Roboter schnell. »Ich bin Protokoll-Roboter Jahol-Sin mit einer Sonderprogrammierung des Neuen-Imperiums. Meine Aufgabe ist es Personal bei der EWK zu melden, die mit der Technik und den Gerätschaften der Aller-Ersten überfordert sind. Sie werden dann durch fähigeres Personal ersetzt. «

Nicht weit von Captain Hunter saß sein 1. Offizier Steven Graves. Er hatte das Gespräch mitbekommen und lachte Captain Hunter verwegen an.

»Bist du zu eigenen Analysen überhaupt fähig?«, knurrte der Captain den Roboter an.

»Selbstverständlich«, antwortete Jahol-Sin. »Das gehört zu den besonderen Eigenschaften von Protokoll-Robotern.«

»Dann analysiere einmal folgenden Satz«, sagte der Captain. »Man sieht sich immer zweimal in einem Leben. Falls du nicht augenblicklich deine Einstellung änderst und uns behilflich bist, die Technik der Leitstelle zu verstehen, dann werde ich dich bei meinem nächsten Auftrag persönlich anfordern. Du kannst dir sicherlich ausmalen, für welche schmutzigen Arbeiten ich dich heranziehen werde. Du wirst auf meinem Schiff nicht nur die Hydraulik-Öle wechseln, sondern auch bei laufenden Antrieben viele Reparaturen an den Hyperraum-Triebwerken durchführen. Deine goldene Außenverkleidung wird schwarz und schmutzig werden, vermutlich ist sie nicht mehr zu reinigen. Deine hochlegierten Kabelverbindungen werden zu schmoren beginnen. Wie gefällt dir das?«

Der Protokoll-Roboter trat einen Schritt zurück.

»Die Schulungsroutine wurde aktualisiert«, flüsterte er leise. »Meine Selbsterhaltungsschaltung konnte den Befehl der EWK modifizieren. Wie kann ich ihnen effektiver behilflich sein? «

Captain Hunter grinste Leutnant Graves an.

»Geht doch«, sagte er. »Ich hoffe, du vergisst meine Schulung nie mehr. «

Der Protokoll-Roboter ging auf die Frage nicht ein.

»Welche Taste möchten sie als Nächstes erklärt bekommen? «, fragte Jahol-Sin.

Captain Hunter zeigte auf eine Reihe gelber dreieckiger Knöpfe.

»Wofür sind diese hier«, erkundigte er sich.

»Die gelben Dreieckknöpfe sind bewusst in einem auffälligen Design gewählt«, erklärte der Roboter. »Ihre Farbgebung überlagert alle anderen Knöpfe. Sie schalten zwischen den Überwachungs-Sensoren der einzelnen Abteilungen dieser Station durch. Bitte probieren sie die Tasten aus. Sie sind ungefährlich. Durch ihre Aktivierung kann nichts passieren. «

»Dann bin ich aber beruhigt«, antwortete der Captain. »Probieren wir es aus. «

Der Roboter legte seinen Kopf schräg und trat erneut einen Schritt zurück. Er beobachtete die Schaltungen des Captains.

Lorin und ihre Amazonen hatten von Midir Unterkünfte zugewiesen bekommen. Die Einzelunterkünfte waren kreisrund um eine Trainingsplattform für Schwertkämpfer errichtet worden. Aus dem Boden konnten 8 roboterähnliche Schwerttürme ausgefahren werden. Die beweglichen 1,80 Meter großen Metallsäulen verfügten exakt über 10 kurze Arme. An ihren Enden waren Schwerter befestigt. Die Trainingseinheiten besaßen eine kleine Hypertronicen als System-Steuerungen. Sie waren vorprogrammiert, um sich auf alle neuen Trainingspartner einzustellen. Laut der Aussage von Midir dienten die Schwerttürme nur zu einem Zweck. Sie sollten die Nahkampffähigkeit der ragunischen Schwertkämpfer optimieren. An den runden Wänden der Trainingsplattform standen weitere Gerätschaften, die zum Krafttraining und zur Fitness möglicher Kämpfer ausgelegt waren.

Die Station der Aller-Ersten war riesig. Außerhalb des Kombrogi-Gebirges wies kein Hinweis auf der

Verschachtelung der Station hin. Erst nach dem Vorliegen der Konstruktions-Zeichnungen konnte das Ausmaß der ehemaligen Flüchtlingsunterkunft exakt definiert werden. Unter der oberen Etage, direkt neben den Unterkünften für die Schwertkämpfer gelegen, lagen durch mehrere breite Verbindungsgänge erreichbar, 6.000 weitere Unterkünfte. Ein Teil hiervon wurde von den Soldaten des ISD bezogen. Die unter dem Befehl von Oberst Cameron stehenden Elite-Kämpfer, sollten zukünftig für die Sicherheit der Einrichtung sorgen. Überall liefen Wissenschaftler herum und registrierten Geräte und ragunische Hinterlassenschaften. Nicht alle Hinterlassenschaften stammten aus dem technischen Fundus der Aller-Ersten.

Oberst Cameron hatte die zweite Leitstelle in der unteren Etage gefunden, die im Notfall als Ausweichbrücke die Kommando-Leitstelle der oberen Etage überlagern konnte. Dalswan hatte den Oberst auf diese Möglichkeit hingewiesen. Er teilte ihm mit, dass die kleinere Steuereinheit für den Notfall eingerichtet worden war, falls es fremden Truppen gelingen sollte, in die Station einzudringen und die große Leitstelle unter ihre Kontrolle zu bringen. Er stand mit Captain Stelly an einer Schaltkonsole. Vor ihnen arbeiteten zahlreiche Spezialisten der EWK, um die Anlagen in Gang zu bringen. Endlich leuchtete der große zentrale Bildschirm auf und gab ein Bild außerhalb der Station wieder. Der Oberst und der Captain applaudierten.

»Endlich haben wir ein Bild«, sagte der Oberbefehlshaber der ISD glücklich.

Ein Techniker blickte ihn an.
»Alles braucht seine Zeit«, erwiderte er. »Wir haben keinen Schaltplan von Geoffwan bekommen. Die ganzen Leitungen müssen von uns zurückverfolgt werden, um zu erkennen, zu welchen Geräten sie gehören. Es wird noch Tage dauern, bis wir ihnen die Leitstelle vollständig aktivieren können. «

»Sie haben so viel Zeit, wie sie brauchen«, sagte Captain Stelly. »Ich werde noch ein Team von Offizieren auswählen, welche ihren Dienst in dieser Leitstelle absolvieren möchten. «

Der Bildschirm zeigte die provisorischen Camps außerhalb der Station. Die gut versteckten Sensoren übertrugen das Geschehen außerhalb der Flüchtlingsstation. Unzählige Bauarbeiter waren vor dem großen Hügel des Kombrogi-Gebirges in Wales mit Bodenarbeiten beschäftigt. Andere steuerten große Planiermaschinen und festigten den Untergrund. Die vorrangige Aufgabe war es, eine ausreichende Landeplattform zu erstellen, um

Transportschiffen die Möglichkeit zu geben, ihre bestellten Waren zu löschen. In Windeseile wurde das Territorium für Außenanlagen vorbereitet. General Poison und Major Travis hatten beschlossen, diesen Bereich in Wales als eine wichtige Hochsicherheitszone auszubauen. Transportschiffe landeten und luden weitere Bauarbeiter und Arbeitsroboter aus. Materialschiffe entluden Fertigteile von Alu-Unterkünften, welche den Arbeitskräften als Unterkunft dienen sollten.

Ein Techniker kam zu Oberst Cameron und Captain Stelly geschritten.

»Wir haben jetzt alle Bildschirme aktiviert«, teilte er mit. »Folgen sie mir bitte zu ihrem Kommandosessel. Ihre Offiziere wurden bereits eingewiesen. «

Der Oberst und der Captain folgten dem Techniker zu einem erhobenen Sessel, der etwas versetzt hinter den einzelnen technischen Schaltstellen aufgebaut war.

»Setzen sie sich«, sagte der Techniker. »Der Kommandeur dieser Leitstelle kann von seinem Kontrollpanel in den Ablauf eingreifen. Diese Kommandostelle ist zwar kleiner als die Hauptleitstelle eine Etage über uns, doch sie ist in der gleichen logischen Konsequenz konzipiert. «

Oberst Cameron ließ sich in den bequemen Sessel fallen. Auch nach den vielen Jahrtausenden seines Alters, merkte man dem Sessel noch keine Zerfallserscheinungen an.

Der Oberst nickte.
»Die Aller-Ersten haben wie die Natrader für die Ewigkeit gebaut«, sagte er. »Wir sollten uns irgendwann einmal die Listen ihrer verwendeten Materialien anschauen. «

»Das ist ein anderes Thema«, bemerkte Captain Stelly. »Hierfür sind General Poison und Major Travis zuständig. Was wollten sie uns zeigen? «

Der Techniker schwenkte ein seitliches Schaltterminal vor den Oberst. Auch auf diesem waren 100 unterschiedliche farbige Tasten installiert.

»Das hier ist die überlagernde Kontrollsteuerung des Kommandeurs«, erklärte der Techniker. » Wie sie mit dieser Steuerung jedoch die Funktionen der Hauptstelle übernehmen können, das ist uns schleierhaft. Ich glaube, das wird uns ein Techniker der Aller-Ersten erklären müssen. «

»Es sind zu wenige Techniker der Aller-Ersten hier«, bestätigte Oberst Cameron. »Ich werde Geoffwan fragen, ob er nicht mindestens weitere 10 Spezialisten zur Einweisung senden kann. «

Der EWK-Techniker zeigte auf eine Tastenreihe von gelben Dreiecksknöpfen.

»Merken sie sich bitte die gelben Tasten«, lächelte er. »Hiermit schalten sie die unterschiedlichen Bildschirme ein«, erklärte er. »Drücken sie einmal einige der gelben Druckschalter. «

Oberst Cameron drückte auf den vierten und sechsten Schalter. Vor ihnen sprangen die Wandmonitore vier und Sechs an. Sie zeigten unterschiedliche Abteilungen der Basis.

»Ich habe verstanden «, erwiderte der Oberst. »Wenn ich erneut auf die Taste drücke, schaltet sich der Bildschirm wieder ab? «

Der Techniker nickte.
»Das haben sie richtig erkannt «, lächelte er. »Die Tasten dienen zur Aktivierung und zur Deaktivierung. «

Der Oberst drückte erneut beide Tasten und die Bildschirme erloschen wieder.

»Jetzt werden sie fragen, warum gibt es nur 10 Tasten«, fragte der Techniker. »Die Station hat doch auch nicht nur 10 Räume. Dazu ist folgendes zu sagen. Die Bildschirme wurden mehrfach belegt. «

Schnell drückte der Techniker die 10 gelben Knöpfe. Alle Bildschirme an der Wand leuchteten auf.

Er zeigte auf einen kleinen Stick, der seitlich an dem Kontrollbord angebracht war.

»Drücken sie einmal auf den Stick«, sagte er. »Das ist ein Multifunktionsschalter. «

Der Oberst tat wie ihm empfohlen. Ein blauer Rahmen zeigte sich bei dem ersten Monitor.
»Bewegen sie jetzt langsam den Stick zur Seite«, empfahl der Techniker. »Sie erkennen, dass sich der blaue Rahmen über die Bildschirme bewegt. Möchten sie bei einem Bildschirm eine Ebene tiefer, drücken sie wieder auf den Stick. «

Ganze 50 fremdartige Zeichen wurden auf dem Bildschirm sichtbar.

»Das sind noch Schriftzeichen der Aller-Ersten«, teilte der Techniker mit. »Wir werden diese in den nächsten Tagen gegen verständliche Ziffern austauschen. Trotzdem erkennen sie 50 Zeichen. Bewegen sie jetzt ihren Stick durch die Zeichen. Sie können alle einzelnen Unter-Bildschirme anwählen und sich ein Bild von dem Raum machen, in der die jeweilige Kamera installiert ist. Falls sie einen der nummerierten Räume sehen möchten, drücken sie erneut auf den Stick. Das Bild wird dann vergrößert angezeigt. Sie brauchen dann nur noch ihren Stick kreisrund zu bewegen, um alle Blickpunkte des Raumes zu erfassen. «

Oberst Cameron probierte es direkt aus. Er wählte wahllos teilweise noch leere Räume aus und drückte den Stick.

»Sehr schön«, antwortete er.

Er blickte Captain Stelly an.
»Diese Funktion haben wir verstanden«, antwortete er. »Ich möchte aber trotzdem ein entsprechendes Foto von ihnen erhalten. Auf diesem sollten alle Knöpfe markiert, zugeordnet und deren Funktion beschrieben sein. Es wird auch andere Personen geben, die diesen Leitstand

bedienen werden. Wir können nicht alles mündlich weitergeben. «

»Das wird von uns erledigt«, antwortete der Techniker. »Verstehen sie unser Gespräch als erste Einweisung. «

»Anders habe ich das auch nicht vermutet«, lächelte der Oberst.

Er blickte auf die oberste Tastenreihe, die aus 11 grünen Drucktasten bestand.

»Wofür sind diese? «, erkundigte er sich.
»Das sind die Tasten für die Aktivierung des äußeren Schutzschirms und das Ausfahren der Abwehrgeschütze«, erklärte er.

»Interessant«, antwortete Captain Stelly. »Kann man das auch ausprobieren? «

»Ich bin mir nicht sicher«, antwortete der Techniker. »Die vielen Bauarbeiter außerhalb der Station werden sicherlich etwas beunruhigt sein. «

»Ich probiere es einmal aus«, antwortete der Captain. Bevor Oberst Cameron und der Techniker etwas sagen konnte, hatte er bereits auf den ersten Schalter gedrückt.

Der große Zentralbildschirm schaltete sich selbstständig auf die neue Position um und zeigte an, wie sechs schwere Lasergeschütztürme aus dem großen Hügel des Kombrogi-Gebirges ausfuhren. Sie standen nicht weit entfernt von der Fläche, die von Bauarbeitern als Raumschiffs-Landezone vorbereitet wurde.

Die Bewegungen der Bauarbeiter verharrten plötzlich. Ihre Blicke waren auf die großen Abwehrtürme gerichtet. Die Mienen waren skeptisch auf die Geschützrohre gerichtet, die sich aus einer bewegungslosen Haltung blitzschnell anhoben und sich in Richtung des Himmels ausrichteten.

»Sie erkennen die Funktionsweise«, erklärte der Techniker. »Die Basis verfügt über 60 dieser überdimensionierten Geschütztürme. Jede Taste vor ihnen aktiviert gleichzeitig 6 Abwehrtürme. Scheinbar sollte durch die Kombination der Abwehrtürme eine sichere Trefferquote erreicht werden. «

Captain Stelly nickte. Erneut drückte er auf die grüne Taste.

Auf dem Bildschirm sahen die Personen, wie die Laserrohre in ihre Grundstellung zurückfuhren und sich der Abwehrtürme wieder langsam in ihre Schutzbunker absenkten. Als sie verschwunden waren, schlossen sich die Stahlplatten und sicherten die Gruben der Abwehrstellungen.

Die Bauarbeiter schüttelten ihren Kopf und nahmen ihre Arbeit erneut auf.

Der Techniker zeigte auf den 11. Taster.
»Diese Taste aktiviert den Schutzschirm, der sich außerhalb um das Kombrogi-Gebirge legt«, erklärte der Techniker. »Sie haben seine Funktionsweise bei dem Angriff des ragunischen Schiffes gesehen. Ich denke, er wird später gegen einen Superschutzschirm unserer lantranischen Freunde ausgetauscht werden. «

Oberst Cameron griff nach seinem Kommunikator. Er wählte die Nummer von Major Travis. Es vergingen nur zwei Sekunden, dann meldete sich der Major.

»Hier ist Travis«, sprach er in sein Gerät. »Oberst Cameron, was haben sie auf dem Herzen? «

»Hallo Herr Major«, erwiderte der Oberst. »Sie haben doch einen guten Draht zu Geoffwan und seinen Leuten. Die Fluchtbasis ist sehr komplex. Besteht die Möglichkeit ihn ansprechen, dass er uns weitere technische Spezialisten seines Volkes zuteilen kann. Ich glaube, dass

Midir und Dalswan nicht ausreichen werden, um alle unsere Teams zu schulen und einzuweisen. Wir tasten uns hier mit EWK-Spezialisten durch die zweite Steuer-Anlage, weil Marin und Gareck den Wissenschaftler der Aller-Ersten für sich beanspruchen. «

»Ich bin gerade auf dem Weg zu einem Gespräch mit General Poison und der Führung der EWK«, sagte der Major. »Geoffwan und seine Begleiter sind auch als Informanten eingeladen. Ich werde ihren Wunsch gerne weitergeben. «

»Das wäre mir sehr wichtig«, antwortete der Oberst. »Bei aller Liebe zu Captain Hunter und Marin und Gareck. Die Anlage ist zu komplex. «

»Ich verstehe«, antwortete Major Travis. »Notfalls können uns die Lantraner noch Tipps geben. Ich werde Geoffwan fragen. «

»Danke«, antwortete der Oberst.
Dann brach die Verbindung ab.

Noel, General Poison und die Commodore von Häussen und Commodore McGregor blickten die geladenen Gäste an.

Neben Atlanta und ihrem 1. Offizier Senga-Hol, die als Gastgeber fungierten, waren Major Travis, Sirin, Commander Brenzby, Heinze, Thoran und Heran, Admiral Tarin und sein 1 Offizier Commander Lurtrin geladen worden. Ebenso wie die Abgesandten der Aller-Ersten Geoffwan, Nadewan und Talswan.

Atlanta zwinkerte Thoran an. Sie sorgte dafür, dass alle Service-Einheiten die Gäste mit Getränken versorgten.

General Poison stand mit einer Delegation der UN-Weltraumbehörde vor einem großen Monitor. Er zeigte den großen Hügel des Kombrogi-Gebirges, unter dem die Flüchtlingsstation der Aller-Ersten lag.

Als Major Travis auf die Delegation zuschritt, registrierte er, wie einer von ihnen den General ansprach.

»Die EWK und das Neue-Imperium scheint förmlich immer mehr Feinde anzuziehen«, sagte er. »Wie ich ihren Berichten entnehmen darf, stolpern wir von einem Angriff in den nächsten. Wann hört das endlich einmal auf. Ganz abgesehen von den Kosten, die uns der Erhalt dieser unterirdischen Station wieder kosten wird. Wäre es nicht das einfachste, das Wurmlochfenster zu schließen und die Anlage abzuschalten. Dann wäre ein weiterer

Angriff der Raguner ausgeschlossen. Oder habe ich das falsch verstanden?«

»Das ist möglich bei den stationären Wurmlochfenstern, die für die Flüchtlinge von Ragun konzipiert wurden«, sagte Major Travis. »Diese zeitgesteuerten, aber kleinen Durchgänge werden über einen quadratischen Rahmen justiert. Ein Gegenstück muss jeweils an dem Absenderort und an der Empfängeradresse aktiviert sein, um das Wurmloch aufbauen zu können. «

Die Köpfe der Delegation drehten sich dem Major zu. »Ich darf ihnen Major Travis vorstellen«, lächelte General Poison erleichtert. »Er ist unser Experte der natradischen Hinterlassenschaften. «

»Sehr erfreut«, sagten die Delegierten der UN. »Wie man uns erklärte, hätten wir ohne ihr natradisches Gen die marsianischen Hinterlassenschaften nicht nutzen können? «

»Ein Glücksfall«, erwiderte der Major. »In mir ist das alte Gen der Natrader noch nachweisbar. Entschuldigen sie bitte meine Wortwahl. Wir bevorzugen unseren Nachbarplaneten mit seinem richtigen Namen anzusprechen. Zumal wir einigen überlebenden Natradern ein Stückchen Heimat zurückgeben möchten.

Sie haben sich dazu entschlossen, die EWK und das Neue-Imperium zu unterstützen. Das ist unser Dank. «

»Ich habe hiervon gehört«, lächelte einer der Delegierten. »Sie haben bereits viele Außerirdische in ihrem Team. «

Major Travis verzog sein Gesicht zu einer ernsten Miene. »Ihre Fragestellung zeigt mir, dass sie hiermit nicht einverstanden sind«, antwortete er. »Doch es sollte ihnen bekannt sein, dass die EWK eigenständig agiert und handelt. Sie ist politisch neutral. Die UN ist nicht weisungsbefugt für uns. Trotzdem informieren wir sie über unsere Missionen. Wir sind sehr froh, über unsere außerirdischen Freunde zu verfügen. Sie können sicher sein, dass wir diesen Status nicht ändern werden, auch wenn weitere Außerirdische zu uns kommen und sich in unserer Flottenakademie ausbilden lassen. «

»Wer sagt ihnen denn, dass sich unter den Einreisenden keine Attentäter und Saboteure finden lassen? «, fragte ein Delegierter der UN-Behörde. » Die Zeiten werden schwieriger. Viele fremde Planeten scheinen gegen das Neue-Imperium zu Felde ziehen zu. Täglich erhalten wir Berichte über Rassen, die uns den Untergang ankündigen.«

»Sie sollten sich nicht von der irdischen Presse vereinnahmen lassen«, lachte der Major. »Ihnen ist es ein Dorn im Auge, dass die EWK sie nur spärlich mit Informationen versorgt. Es sollten doch klar sein, wenn wir den Zugriff auf neue Waffen, neue Technologien oder alte Artefakte des Universums erhalten, dann werden wir erst selbst einmal prüfen, um was es sich handelt. Zu frühe Informationen können Begehrlichkeiten wecken, die wir nicht wünschen. «

Heinze war an die Seite des Majors getreten. Die Delegierten sahen ihn an.

»Gibt es Probleme? «, fragte er. » Kann ich helfen? «

Den Delegierten klappten ihre Münder auf.
»Das Tier kann sprechen«, sagte einer von Ihnen.
»Stammt er aus ihren Versuchslaboren? «

»Das ist Heinze«, lächelte Major Travis. »Ein von mir äußerst geschätzter Verbündeter. Er hat uns bereits in vielen kritischen Situationen geholfen. Heinze kann nicht nur sprechen, er ist auch f ein Telepath, ein Teleporter und kann mit Telekinese Dinge räumlich versetzen. Doch ich bin mir sicher, dass noch weitere Fähigkeiten in ihm schlummern, die er uns noch nicht offenbaren will. Er schätzt es nicht, wenn man ihn als Tier bezeichnet. «

»Das wussten wir nicht«, wiegelte einer der Delegierten ab. »Bitte entschuldigen sie, Herr Heinze. «

Das ernste Gesicht von Heinze entspannte sich. Die Delegierten waren vermutlich knapp an einer Demonstration seiner Fähigkeiten vorbeigeschrammt.

»Ich bin kein Herr«, erwiderte der Ro. »Mein Name ist Heinze. Ich bin Captain der EWK und des Neuen-Imperiums. Wenn es ihnen lieber ist, können sie mich auch mit Captain Heinze anreden. «

»Ich wusste gar nicht, dass Außerirdische Dienst in der EWK-Flotte absolvieren dürfen«, sagte der Delegierte. »Auch hierfür gibt es noch keine UN-Resolution. «

»Da können wir ja sichtbar froh sein, dass die UN noch nicht alles bestimmen darf«, mischte sich General Poison ein. »Sie wurden von der UN zu uns gesandt, um sich über unsere Aktivitäten zu informieren. Von einer Einmischung in unsere internen Angelegenheiten war nicht die Rede. «

Die Delegierten blickten den General abwertend an.

»Möchten sie über neue Einreisegesetze für außerirdische Mitglieder des Neuen-Imperiums sprechen, oder was verschafft uns die Ehre ihres Besuches? «, fragte Major Travis.

»Sie schätzen keine langen Sondierungsgespräche? «, antwortete der Sprecher der Delegation. » Das soll uns recht sein. Die UN und ein Teil der wichtigsten Mitgliedsstaaten stehen den Aktivitäten der EWK kritisch gegenüber. Sie verlangen von ihnen mehr involviert zu werden und erwarten, dass kritische Missionen vorher mit ihnen abgesprochen werden. Vor allem diese, welche den Untergang unseres Planeten nach sich ziehen könnten.«

Major Travis lachte den Delegierten an.
»Leider haben wir nicht immer Zeit, die UN rechtzeitig zu informieren«, erklärte er. »Die meisten Angriffe erfordern eine schnelle Antwort. Die EWK fungiert als Kommunikationsstelle des Neuen-Imperiums. Von dort erhalten sie alle wichtigen Informationen, um alle Mitgliedsstaaten ausreichend und schnell informieren zu können. «

»Leider reicht uns das nicht mehr«, antwortete ein Delegierter. »Die von ihnen erbeutete Technologie ist zu wertvoll für die Menschheit, um sie nur in den Händen der EWK zu wissen. «

»Daher weht der Wind«, sagte General Poison. »Solange ich der EWK vorstehe, wird es kein anderes Verfahren geben. Das werde ich auch UN-Präsident Barocolo in einem Gespräch mitteilen. Sie können ihren bevorzugten Staaten mitteilen, ich denke, es handelt sich um den asiatischen Bund, um die USA und um Russland, dass sich nichts hieran ändern wird. Falls eine spezielle Technik für sie von einem besonderen Interesse sein sollte, bitten wir um eine schriftliche Kontaktaufnahme. Erst dann werden wir entscheiden, ob eine Weitergabe dieser Technik möglich ist. «

»Wir verlangen einen Zugriff zu allem technischen Diebesgut der EWK«, tobte der sichtlich gestresste Delegierte.

»Genug der Diskussionen«, brach General Poison das Gespräch ab. »Unsere Richtlinien wurde ihnen mehrfach klar gemacht. «

Er winkte Commodore McGregor.
Dieser kam mit zwei Kampfrobotern zu dem General geschritten.

»Bitte begleiten sie unsere Gäste zu dem Flugdeck«, befahl er. »Sie möchten der UN und ihren bevorzugten Mitgliedstaaten Meldung machen. «

Der General drehte seinen Kopf und blickte die Delegierten an.

»Ich danke für ihren Besuch«, sagte er. »Doch es ist für uns zu erkennen, dass sich die Einstellung der UN und ihrer Mitgliedstaaten nicht ins Positive gedreht hat. Wir werden weiterhin die natradische Technik unter Verschluss halten und im Einzelfall selbst abwägen, was für die Wirtschaft der Erde verantwortlich freigegeben werden kann. Bitte verlassen sie jetzt das Territorium der EWK. «

Die Delegierten wollten aufbegehren, doch die Kampfroboter rückten bedrohlich nahe. In ihren Augen lag ein tiefrotes Leuchten.

Ohne weitere Worte führte Commodore McGregor die Abgesandten der UN aus dem Sitzungszimmer.

»Können wir endlich anfangen«, fragte Admiral Tarin. »Bei uns gab es diese ewigen Diskussionen mit den Nationalstaaten nicht. «

»Es gab auf Natrid auch keine Nationalstaaten mehr«, erwiderte Major Travis. »Ich glaube mich zu erinnern, dass die Najekesio freiwillig Natrid verlassen haben, um nicht den Gesetzen ihres Kaisers zu unterliegen. Sie erkennen also, am Ende haben wir alle mit den gleichen Problemen zu kämpfen. Nur bei uns denkt keiner ans Auswandern. Hier möchte man alles ausdiskutieren. «

»Ich habe ihren Hinweis verstanden«, lächelte Admiral Travis. »Die Zeiten haben sich geändert. Eine Umstellung wird nicht so einfach sein. «

»Sie fungieren als Vorbild für ihre Leute«, antwortete Major Travis. »Zeigen sie ihnen unsere neue Welt. Ich kann ihnen eines versichern. Dieses Imperium wird besser werden, als es das Alte je war. Aber hierfür brauchen wir aber auch ihre Mithilfe. «

Der Admiral nickte.

Er wusste, was Major Travis sagen wollte. Er lehnte sich in seinem Stuhl zurück. Tarid und seine Menschen, die Aktivitäten der irdischen Produktion, der Wissensdrang der Menschen nach allem Neuen faszinierten ihn. Er fühlte sich wohl, wie lange nicht mehr. Auch die Mannschaften seiner großen Flotte machten keine Anstalten, sich auf neue Missionen vorzubereiten.

»Die Suche nach den Urhebern des Rigo-Angriffes auf Natrid kann warten«, dachte der Admiral. »Eines ist jedoch sicher. Irgendwann werden wir die Species ausfindig machen. «

Er ging in sich und dachte an die Arthropoden, die für den Untergang des ragunischen Imperiums verantwortlich waren.

»Vielleicht haben wir sie bereits gefunden«, grübelte er.

Die Abordnung der Aller-Ersten hatte sich sichtlich bemüht, im Hintergrund zu bleiben und die Gespräche von General Poison nicht zu belauschen.

General Poison blickte sie an.
»Darf ich unsere Gäste bitten vorzutreten«, sagte er. Geoffwan würden sie uns nochmals offenlegen, was als nächster Schritt aus ihrer Sicht notwendig wäre, um die Gefahr des unautorisierten Eindringens durch die Raguner zu verhindern. «

Die Abgesandten der Aller-Ersten standen auf und gingen auf General Poison zu. Dann drehten sie sich den Zuhörern zu.

»Zunächst möchten wir ihnen für ihre Einwilligung danken, dass wir uns bei ihnen aufhalten dürfen«, sagte

Geoffwan. »Sie sehen selbst, dass auch alte Rassen, wie wir eine verkörpern, nicht von Fehlern befreit sind. «

Major Travis hatte sich zwischenzeitlich zu Sirin gesetzt, die bei Thoran und Heran saß. Die Lantraner hatten sich bewusst mit Äußerungen zurückgehalten. Der Major wusste, dass sie mit vielen Taten der Aller-Ersten nicht einverstanden waren. Doch durch ihre Mithilfe das Eindringen der Raguner zu verhindern, waren sie jetzt unfreiwillig in der Geschichte der Aller-Ersten involviert.

»Vor vielen Jahrtausenden wollten wir das Universum mit Leben füllen«, erzählte Geoffwan. »Auch die Raguner entstammten unserer Aussaat. Diese Geschichte kennen sie bereits. Es sollte eine besondere Zivilisation werden. Eine Rasse, die später die Milchstraße zusammenhalten und ihre Völker schützen sollte. Das war unser Plan. Doch nach vielen anfänglichen Erfolgen veränderte sich die ragunische Zivilisation. Ihr Zentralrat wollte immer mehr. Die Milchstraße war nicht mehr groß genug.

Sie entschieden ihr Imperium und ihren Einflussbereich immer weiter ausdehnen. Die Vorherrschaft des ragunischen Imperiums wurde in den nachfolgenden Jahrhunderten immer flächendeckender. Zahlreiche Planeten, die sich nicht dem Imperium anschließen wollten, wurden mit massiver Flottengewalt angegriffen und gegen ihren Willen annektiert. So ging es Jahrtausende weiter. Wir erkannten unseren Fehler und versuchten nochmals den mächtigen Zentralrat von Ragun zu einem Umdenken zu bewegen. Doch niemand hörte mehr auf unsere Warnungen. Irgendwann begannen die ersten Kampfhandlungen mit einer Species, die sich Arthropoden nannte. Eine spinnenartige Lebensform, von den Raguner zunächst unterschätzt, stellte sich mit ihren Raumschiffen ihnen entgegen. Wenn es nur das gewesen wäre. Aber diese Rasse erdreistete sich, die Raguner eindringlich zu warnen, weiter in ihr Territorium vorzudringen.

Geoffwan blickte die Anwesenden an, bevor er fortfuhr. »Noch zögerten die Raguner, tiefer in das graue Universum einzudringen«, erklärte er. »Sie zogen weitere Informationen von Rassen zusammen, die bereits Kontakt mit dieser Species hatten. Von ihnen erfuhren sie, dass es sich bei den Arthropoden um eine sehr alte Rasse des Universums handeln würde. Gerüchten zur Folge waren sie aus dem ersten Feuer des Universums entstanden. Seit die Galaxien und die Planeten anfingen auseinanderzudriften, lebten sie auf trockenen und staubigen Welten, die ihnen besonders am Herzen lagen. Auf diesen konnten sie sich vermehren und ihre Intelligenz entwickeln.

Das scheint sich vor Milliarden von Jahren ereignet zu haben. Sie selbst sahen sich als Rasse an der Spitze der Evolution. Ihre Körper gleichen einer spinnenartigen Lebensform. Neben einem überdimensionierten Oberkörper hatte sie die Evolution mit vier Armen und vier Beinen ausgestattet. Diese zeigten sich später als sehr nützlich für die Fortbewegung und für alle anfallenden Arbeiten. Dann versiegten Informationen über sie. Scheinbar hatten sie sich in ihrer grauen Staubwolke zurückgezogen und eingerichtet. Während dieser Zeit muss etwas mit ihnen passiert sein.«

Erneut blickte Geoffwan die Zuhörer an, doch niemand von ihnen hatte eine Zwischenfrage.

»Als wir wieder etwas von ihnen hörten, erstaunte uns ihr großer Hass auf alle humanoiden Lebensformen«, ergänzte er. »Sie teilten uns mit, dass sie alles daransetzen würden, um die ausufernden humanoiden Lebensformen in der Galaxie einzudämmen. Möglicherweise sie auch komplett auszulöschen.«

»Aber sie gehören doch auch einer humanoiden Lebensform an«, bemerkte Commander Senga-Hol. »Wurden sie nicht von ihnen angegriffen?«

»Ich verstehe ihren Einwand«, antwortete Geoffwan. »Doch das Treffen fand in einer weit entfernten Galaxie statt. Wenn solche Entfernungen überbrückt werden, entledigen wir uns unseres Körpers. Wir reisen dann als reine Energiewesen durchs Weltall. Entsprechend dieser Fähigkeit kennen uns die Arthropoden nur als eine helle Lichtgestalt. «

»Vermutlich haben sie durch ihre damalige Erscheinung den Glauben der Arthropoden an ihre göttliche Macht noch vertieft«, sagte Major Travis. » Warum fand ihr Besuch bei dieser Rasse statt? «

Geoffwan blickte ihn an.

»Das kann ich ihnen beantworten«, erklärte der Sprecher der Aller-Ersten. »Wie ich schon erwähnte, registrierten wir schweren Herzens, dass die Raguner keine Ratschläge mehr von uns annahmen. Sie waren besessen von ihrem Gedanken, ihr Imperium immer weiter auszudehnen. Wir brachen den Kontakt zu unserem widerspenstigen Volk ab. Weitere Jahrhunderte vergingen, ohne dass wir den Kontakt zu dem ragunischen Imperiums suchten. Wir waren sehr enttäuscht, dass sich gerade die von uns so stark geförderte und unterstützte Species, eigenwillig von uns abwandte.

Wir beobachteten nur noch und registrierten die weitere Ausdehnung des ragunischen Imperiums. Irgendwann machte uns Zirnswan, der Vorsitzende unseres Ältestenrates, auf einen Hinweis in den Schriften des großen Aahnn aufmerksam. Wie sie wissen, ist das oberste Mitglied unseres höchsten Gremiums auch gleichzeitig der Bewahrer der Schriften unseres Propheten Aahnn. Er hatte einen speziellen Hinweis in den Schriften gefunden, der ausschließlich die ragunische Rasse betraf. Dieser lautete folgendermaßen.

Aus dem verdichteten Sternenstaub und der Asche des 5. Planeten eines kleinen Sternensystems, entsteht der langerwartete Keim der Hoffnung. Nach den Wünschen ihrer Gönner verkörpert er eine humanoide Lebensform. Ihr ist auferlegt, für den Schutz und den Frieden in ihrer Sterneninsel zu sorgen. Doch sie entwachsen der Demut und ihren vorherbestimmten Aufgaben. Sie sehen nur noch sich selbst. Die Augen blind für die Sorgen und Nöte anderer Species, sie bauen ihr eigenes barbarisches Imperium auf. Mit dem Schwert der Gewalt fallen sie über viele Zivilisationen her und zwingen die Lebewesen ihrem Planetenverbund beizutreten. Ihre Schöpfer rufen ihnen zu, haltet ein, haltet ein.

Doch sie ignorieren alle Warnungen und verspotten ihre Protektoren. Sie wissen es nicht mehr, dass sie es waren, die ihnen die Kraft zum Leben einhauchten. Undankbar, nur noch von sich selbst überzeugt, dehnen sie ihr Imperium weit über die Grenzen ihrer Sterneninsel aus. Warnt sie und ruft ihnen zu. Fühlt euch nicht als unschlagbare und hochentwickelte Rasse. Könnt ihr nicht die große Gefahr erkennen? Ein mächtiger Gegner beobachtet euch bereits, um euer imperiales Großdenken zu unterbinden. Haltet ein, haltet ein, ansonsten wird euch eure eigene Expansionspolitik zum Verhängnis. Euer gelobtes Land wird in seiner Existenz massiv erschüttert werden und schließlich vollständig untergehen. «

Aus den Versen der Apokalypse 1028/2.42 des Propheten Aahnn.

Geoffwan blickte die Zuhörer an.
»Doch die Raguner lachten über die Vorhersage eines längst verstorbenen Hellsehers«, ergänzte er.

General Poison stand auf.
»Nicht immer entwickelt sich alles so, wie man es sich wünscht«, antwortete er. »Dann wäre das Leben auch zu eintönig. Wir haben uns mit diesem Sachverhalt schon lange abgefunden. Kommen wir doch jetzt in die Gegenwart. Mich interessiert, wie wir die Raguner daran hindern können, in ihre Station und in diese Zeitebene einzudringen. Hierüber sollten wir diskutieren. «

Geoffwan blickte ihn an.

»Entschuldigen sie, wenn ich sie mit der Vergangenheit langweile«, sagte er. »Ich wollte nur die Entstehung schildern. «

»Das wissen wir zu schätzen«, antwortete Major Travis. »Doch wir haben bereits selbst erkannt, dass Halswan, ihr abtrünniges Mitglied des Ältestenrates, sich auf die Seite der Raguner geschlagen hat. Sicherlich wird er über eine Menge an Informationen verfügen? «

»Davon ist auszugehen«, erwiderte Talswan. »Er war der hochangesehener Flottenbefehlshaber der Aller-Ersten. «

Der Major nicke.

»Sie haben es bereits erkannt«, ergänzte Talswan. »Nur er besaß die Informationen, dass unsere Flottenverbände in weit entfernten Regionen agieren und nicht zum Schutz unserer Städte zurückgerufen werden konnten. Aus diesem Grunde hatte er den Ragunern einen synchronen Angriff auf alle unsere Wolkenstädte empfohlen. «

»Zu welchem Zweck? «, erkundigte sich Thoran. » Was stört ihn an diesen Städten? «

»Können sie sich das nicht selbst beantworten? «, fragte ihn der Sprecher des Rates.

Thoran blickte Geoffwan irritiert an.
»Wollen sie uns sagen, dass sie auf allen ihren fliegenden Städten auch diese zeitgesteuerten Wurmloch-Generatoren installiert haben? «

»Das ist der einzige Grund des Angriffes«, antwortete Geoffwan. »Halswan wollte diese hochentwickelten Anlagen um jeden Preis zerstören. Auch das Eindringen der ragunischen Truppen in unsere Flüchtlings-Station hatte das gleiche Ziel. Auch hier steht einer dieser Anlagen, die zeitgesteuerte Wurmlochfenster generieren können. Solange sich noch eine dieser Anlagen betriebsbereit in unserem Besitz befindet, können wir alle Zeitmanipulationen von Halswan und seinen Ragunern wieder rückgängig machen. Das ist ihm bewusst. «

»Die EWK gibt grünes Licht«, entschied General Poison. »Die Anlagen der Raguner müssen vernichtet werden. Ich möchte Vorschläge für diesen Plan hören? «

»Mit der Vernichtung der Anlage ist es nicht getan«, bemerkte Nadewan. »Der Schwachpunkt ist Halswan. Er ist im Besitz der Konstruktionspläne. Vernichten wir die

Anlagen, dann kann er in Zusammenarbeit mit den ragunischen Wissenschaftlern neue Anlagen bauen. «

»Können sie nicht ihre tollen Anlagen nutzen, um in Vergangenheit zu reisen und Halswan an seiner Flucht nach Ragun hindern? «, fragte Heran trotzig.

Geoffwan nickte.
»Natürlich haben sie Recht«, erwiderte er. »Das würde technisch funktionieren. Leider habe ich ihnen aber auch erklärt, dass Halswan eine lange Zeit ein Mitglied unseres Ältestenrates war. Die Überwachung eines Mitgliedes unseres Hohen Rates ist strikt untersagt. Ihren Gedanken wird Halswan sicherlich berücksichtigt haben. Er ist nicht dumm. Wir vermuten, dass er seine Flucht lange vorbereitet hat. Es ist davon auszugehen, dass er die Konstruktionspläne nicht mit sich herumträgt, sondern in unterschiedlichen Zeitperioden versteckt hat. Ich habe die Anwählroutinen aller unserer betriebsbereiten Wurmlochanlagen auslesen und analysieren lassen. Von diesen hat Halswan seine Reisen nicht unternommen. Das wäre uns aufgefallen. Alle Daten wurden lückenlos dokumentiert. «

»Damit bleiben nur die Anlagen der Raguner übrig«, sagte Nadewan. »Unser vorrangiges Ziel wird es sein, diese Forschungsstation mit der mittlerweile betriebsbereiten, zeitgesteuerten Wurmlochanlage auszuschalten. Danach empfehle ich die voreingestellte Anlage zu zerstören, die auf dem Zentralplaneten Ragun steht. Sie dienen nur dazu, ein Wurmloch zu dem Forschungsasteroiden zu öffnen. «

»Sie sagen voreingestellt«, bemerkte Major Travis. »Ist die Anlage so gesichert, dass es Halswan nicht gelingt, sie für seine Zwecke umzubauen? «

Geoffwan blickte ihn nachdenklich an.
»Ich meine hiermit, dass es Halswan nicht gelingt, die Anlage so umzubauen, dass sie als zweite zeitgesteuerte Anlage eingesetzt werden kann? «, ergänzte Major Travis.

»Was soll ich ihnen sagen«, entgegnete Geoffwan. »Wenn man mit dieser Technik aufwächst und sie versteht, dann lässt sich alles entsprechend umbauen. Wir haben die Anlage so geschützt, dass sie nicht von den Raguner missbraucht werden kann. Zu diesem Zeitpunkt wussten wir noch nichts über die Absichten von Halswan. «
»Ich werte das als ein Ja«, antwortete Thoran. »Reden wir nicht lange um das Thema herum. Wir werden zwei Angriffe durchführen. Beide Anlagen müssen ausgeschaltet werden. «

»Nach dem Misserfolg des ragunischen Stoßkommandos in ihre Flüchtlings-Station ist davon auszugehen, dass die Raguner gewarnt sind«, sagte Major Travis. »Wenn Halswan wirklich so schlau ist, wie sie ihn hinstellen, dann wird er sicherlich starke Flottenverbände angewiesen haben, die zeitgesteuerten Wurmloch-Anlagen zu schützen. Sie sind zu wertvoll für ihn. Ohne diese Anlagen kann er den Untergang des ragunischen Imperiums nicht verhindern. «

Thoran war aufgesprungen und zeigte auf die Aller-Ersten.

»Haben wir sie nicht immer gewarnt, ihre Forschungen bezüglich der Zeitebenen nicht zu überziehen«, sagte er. »Sie bezeichnen sie als die Aller-Ersten, nehmen aber genauso wie die Raguner keine Hilfe an. Es hätte nicht so weit kommen müssen, wenn diese Technik von ihnen nicht weiterentwickelt worden wäre. Muss ich erst noch auf ihre Manipulation mit den Worgass zu sprechen kommen. Ihnen gelang es als erste Rasse, diese Wesen gentechnisch so zu verändern, so dass sie als treues Hilfsvolk eingesetzt werden konnten. Später entglitten diese Wesen ihrem Zugriff. Wie viele von solchen dilettantischen Forschungen warten in der Zukunft noch auf uns? «

Geoffwan wollte auf den Vorwurf antworten.

»Meine Herren«, sagte Major Travis. »Ich bitte alle Parteien zur Mäßigung. Wir alle haben eine Entwicklung hinter uns, auf die wir teilweise nicht stolz sind. Wir haben uns hier versammelt, um die Pläne der Raguner zu durchkreuzen die Vergangenheit zu manipulieren. Alles könnte sich hierdurch ändern. Darauf möchte ich es nicht ankommen lassen. Die Raguner hatten ihre Lebenszeit gehabt. Nach meiner Einschätzung haben sie diese falsch genutzt. Heute leben andere Species und Rassen. Auch diese haben ein Recht sich zu entwickeln. Hierzu gehören auch wir Terraner. Eine Manipulation der Zeitebenen kann von uns nicht geduldet werden. «

»Kommen wir zu unseren Möglichkeiten«, antwortete General Poison. »Wir haben zwei ihrer 500 Meter messenden Klappflügel-Zerstörer im Einsatz erlebt. Mit wie vielen Schiffen werden wir angreifen müssen, um die vermutlich stark geschützten zeitgesteuerten Wurmlochanlagen auszuschalten? «

»Das kommt auf mehrere Umstände an«, antwortete Geoffwan. »Wie erwähnt, haben wir uns nicht mehr um die Raguner gekümmert. Die einzige Person von uns, die verlässliche Daten haben könnte, ist leider unser abtrünniges Mitglied des Ältestenrates. Wenn wir Halswan gefangen nehmen könnten, dann würden wir durch ihn an aktuelle Informationen gelangen. «

»Verursacht ihre Wurmloch-Technologie irgendwelche negativen Eigenschaften auf die Schirmtechnik unserer Raumschiffe? «, erkundigte sich Heran.

Geoffwan blickte ihn nachdenklich an.
»Sie denken an ihre Tarnschilde? «, antwortete er.

Der Lantraner nickte.
»Ich kann sie beruhigen«, antwortete der Sprecher des Ältestenrates der Aller-Ersten. »Die benötigte Energie, für eine reibungslose Öffnung des Wurmloches, kommt aus dem Zwischenraum. Wir haben bisher noch keine Pannen feststellen können. Unsere Flotten passieren geöffnete Wurmlöcher ohne aktivierte Tarnfelder, doch nach den Aussagen unserer Wissenschaftler sollte es auch mit aktivierten Tarnschirmen keine Probleme geben. «

»Dann könnten wir einen Kampfverband entsenden und die Lage sondieren«, beteiligte sich Thoran an dem Gespräch.

»Theoretisch wäre das möglich«, erwiderte Geoffwan. »Bitte bedenken sie jedoch, dass die Öffnung eines zeitgesteuerten Wurmloches auch auf dem Zentralplaneten der Raguner registriert wird. Falls sie größere Flottenverbände um ihre Welt gebunden haben, werden diese bereits auf das geöffnete Wurmloch feuern.«

Er blickte Heran an.
»Funktionieren die Tarnfelder ihrer Schiffe ebenfalls in Verbindung mit den Schutzschirmen? «, erkundigte sich Geoffwan.

Heran blickte das Mitglied des Ältestenrates der Aller-Ersten an.

»Dieses Problem haben wir gelöst«, antwortete er »Unsere Schutzschirme bestehen aus sich mehrfach überlagernden und sich sekundenschnell neu kalibrierenden Kreuzfeldschirmen. Durch diese Technik wird ein Ausfall der Schutzschirme vermieden, wenn eine andere Strahlenform aufgeschaltet wird. «

Heran grinste Geoffwan an.
»Ihrer Frage kann ich entnehmen, dass sie diese Technik noch nicht beherrschen? «, fragte er. «

Geoffwan nickte.
»Sie erkennen, dass ich mit offenen Karten spiele«, antwortete er. »Dieses Problem liegt tatsächlich noch bei uns im Argen. Vielleicht ist es eine Nebenwirkung der importierten Energie aus dem Zwischenraum. Wir wissen

es noch nicht. Unsere Wissenschaftler arbeiten an der Lösung des Problems. Ich danke ihnen für den offenen Hinweis. Unsere Experten werden das aufgreifen. «

»Wie viele Schiffe brauchen wir für eine erste Mission? «, erkundigte sich Major Travis.

»Wenn wir Halswan ergreifen wollen, dann sollten wir mit mindestens 50 Zerstörern die Heimatwelt der Raguner anfliegen«, erwiderte Geoffwan. »Die Schiffe können getarnt in der Umlaufbahn auf uns warten. Sie dienen lediglich als Eingreifflotte, wenn wir von den Ragunern entdeckt werden sollten. «

General Poison stand auf und schritt zu einem großen Fenster der Basis. Er blickte hinaus und beobachtete, wie in unterschiedlichen Abständen Transportschiffe landeten und Waren entluden. Schließlich drehte er sich wieder um und blickte die Teilnehmer der geheimen Einsatzplanung an.

»Diese Mission hat äußerste Priorität«, entschied er. »Die Sicherheitslücke in unserem System muss geschlossen werden. Ich gebe grünes Licht. Major Travis leitet die Mission. Die Termar 1 ist befehlsführend. «
Der General blickte den Major an.

»Sie werden 50 Schiffe unserer Kaiser-Klasse als Begleitschutz erhalten«, ergänzte er.» Hiermit aber noch nicht genug. Wir haben 10 Schiffe unserer neuen Imperator-Klasse in den Werften des Mondes Europa fertiggestellt. Ich denke, ein Einsatz vor der Zentralwelt von Ragun wird ihre Leistungsfähigkeit testen. «

»Ich dachte, die Schiffe wären noch im Bau? «, erwiderte Major Travis erstaunt. » Nach meinen Informationen sollten die ersten frühestens in drei Monaten in Dienst gestellt werden. «

General Poison schmunzelte.
»Entschuldigen sie bitte, wenn wir nicht alles per Hyperkomm-Funkmeldung an ihren jeweiligen Standort weitergeben wollen«, antwortete er. »Sie waren in letzter Zeit kontinuierlich auf unterschiedlichen Missionen unterwegs. «

Der General drehte sich um und winkte Noel zu sich. Dieser erhob sich und kam mit Professor Augenzell zu dem General geschritten.

»Ich muss ihnen den Professor nicht extra vorstellen«, ergänzte er. »Er ist der Leiter dieses Raumschiffs-Projektes. Nach der gelungenen Serienreife unserer neuen Wurmlochantriebe, stand einer schnellen

Fertigung dieser mächtigen Kampf-Zerstörer nichts mehr im Wege. Ich gebe das Wort jetzt an Noel weiter. «

Der Kunstklon der natradischen Hypertronic-KI blickte die Zuhörer an.

»Aus den geheimen Archiven von Kaiser Quoltrin-Saar-Arel, auf die wir seit kurzer Zeit wieder einen Zugriff haben, konnte ich die bereits fertigen Konstruktionspläne entnehmen«, erklärte er. »Doch erwarten sie keine Wunder. Bei den Schiffen handelt es sich lediglich um vergrößerte Kampf-Einheiten, vielleicht sogar um große Kampfbasen. Es wurden mehr Geschütztürme installiert, die Schutzschirme und die Antriebe verstärkt.

Die Aufgabe dieser großen Schiffe ist es, ihre Angriffsflotten von einem stabilen Standort aus zu unterstützen. Sozusagen als mobile Kampf-Stationen. Falls ein angreifender Gegner zu übermächtig sein sollte, können sich diese Giganten dank ihrer ausreichend starken Wurmloch-und Sprungtriebwerke selbst aus der Gefahr katapultieren. Professor Augenzell wird ihnen alle zusätzlichen Fakten nennen können. «

Noel trat einen Schritt zurück und machte dem Professor Platz.

Dieser verbeugte sich kurz.

»Meine Damen und Herren«, begann er seine Rede. »Ich freue mich sehr, wieder einmal vor ihnen zu stehen, um ihnen einige technische Neuerungen unseres Imperiums vorstellen zu dürfen.«

Der Professor zog eine Fernbedienung aus seiner Tasche. Er drückte einen Knopf. Vorhänge zogen sich vor die Fenster des Sitzungsraumes und verdunkelten ihn. Ein weiterer Knopf schaltete gedämpftes Licht ein.

»Augenblick bitte«, sagte er. »Ich suche gerade den Knopf für den großen Bildschirm.«

Sekunden später hatte der Professor diesen scheinbar gefunden. Ein Monitor senkte sich von der Decke herab. Das Bild flammte auf und zeigte den neuen Kampf-Zerstörer.

Ein Raunen ging durch die Menge der Zuhörer.

»Das ist ein Kampfbolide unserer neuen 3.000 Meter-Klasse«, erklärte Professor Augenzell stolz. »Ich gebe ihnen einige Eckdaten. Die Baureihe läuft unter der Bezeichnung schwerer Kampfzerstörer der 3.000 Meter-Klasse. Als Personal sind 500 Personen notwendig. Diese Schiffsbaureihe wurde mit einer aufwendigen Ausstattung versehen, um jedem feindlichen Angriff begegnen zu können. Das wäre unter anderem ein verstärkter lantranischer Superschutzschirm, in Verbindung mit einem modernisierten Tarnschirm. Wie vorher angesprochen, können auch auf diesem Schiff beide Schirmvarianten synchron betrieben werden und beeinträchtigen sich nicht untereinander. Die Bewaffnung ist an unsere Schiffsvariante der Kaiser-Klasse angepasst, jedoch nochmals massiv intensiviert worden.

Ich bezeichne diese Schiffsklasse bereits als Großzerstörer. Die neue Baureihe besitzt insgesamt 60 ausfahrbare Laser-Geschütztürme, auf jeder Schiffsseite entsprechend 30 Stück. Hiermit sollte es einem befehlsführenden Commander möglich sein, ein angreifendes Geschwader in Schach zu halten. Im Frontbereich wurden unsere erfolgreiche Hyper-Space-Kanone und das Kombi-Strahlen-Geschütz integriert. Ihnen sollte bekannt sein, dass es in der Lage ist ganze Planeten zu pulverisieren. Wie ich den Berichten entnommen habe, musste das Geschütz noch nicht eingesetzt werden. Hoffen wir alle, dass es auch in Zukunft nicht zum Einsatz kommt.

Hiermit nicht genug. Marin und Gareck haben das neue, lange angekündigte Sternenfeuer-Geschütz fertiggestellt. Ein Abschuss dieses Geschützes komprimiert einen massiven Laserstrahl, der sich im Anflug auf ein Geschwader feindlicher Schiffe, auf der Hälfte seiner Strecke in 24 kleinere Strahlen aufteilt. Mit dieser Waffe ist es erstmals möglich, weit mehr feindliche Schiffe zu treffen als mit den herkömmlichen Abwehr-Geschützen.«

Der Professor blickte die staunenden Zuhörer an. Dann fuhr er fort.

»Diese Schiffsklasse verfügt über 6 Lineartriebwerke, zwei Hypersprungantriebe und einen neuen Wurmlochgenerator«, erklärte er. »Hiermit werden sie lange Strecken wesentlich schneller überwinden können. Selbstverständlich verfügen sie auch über mehrere Antigravitationsgeneratoren, die als Landeprallfelder ausgelegt wurden. Sie werden verstehen, dass bei einer solchen Schiffsgröße diese Technik notwendig war. «

Lauter Beifall hallte durch den Raum. Die Zuhörer waren begeistert.

Professor Augenzell hob seine Hände.
»Einen Moment noch«, sagte er. »Ich möchte ihnen noch die restlichen Schiffsdaten mitteilen. Auch diese Schiffreihe wurde an die ursprüngliche natradische Dreiecksform der klassischen Modelle angepasst. Der Erkennungswert eines Schiffes des ehemaligen

natradischen Imperiums wird auch zukünftig erhalten bleiben. Dieser Schiffsbolide zeichnet sich durch erstklassige Beschleunigungswerte, Mehrfachantriebe und seine starken Waffen aus. Kommen wir zu den Maßen des Schiffes. Die Länge beträgt 3.000 Meter lang, die Höhe 290 Meter hoch, die Breite 750 Meter breit. Exakt 35 Etagen musste in diesen Schiffskoloss integriert werden.

Sie können sich die entsprechenden Kosten vorstellen. Gehen sie bitte im Einsatz vorsichtig mit ihm um. Ein Schiff der Imperator-Klasse trägt 15 Schiffe der Taluk-Klasse in seinen Landebuchten. Ferner 5 Schiffe der Naada-Klasse und 100 Kampf-Jets der Tarin-Klasse. Ferner 60 Garde-Gleiter. Als weitere Unterstützung werden ihnen 5.000 Kampf-Roboter, 3.000 Arbeitsroboter, 500 Service-und 300 Medi-Roboter an die Seite gestellt. Die Kommandostellen der Brücken, der Hyperkomm-Funkleistelle und der Ortungszentrale wurden modernisiert. «

Wieder wurde lauter Beifall hörbar. Die Angehörigen der Flotte des Neuen-Imperiums unterhielten sich begeistert. Heran und Thoran nickten zurückhaltend. Die Aller-Ersten zeigten keine besondere Mine.

Nochmals hob Professor Augenzell seine Arme.

»Ich bitte um Ruhe«, sagte er. »Ruhe bitte. «

Die Gespräche versiegten.
»Wir werden auch noch eine abgespeckte Baureihe herausbringen«, erklärte er. »Diese orientiert sich an Schiffen der Königs-Klasse. Nach unseren Vorstellungen werden die Baumasse dieser Schiffsreihe exakt 2.500 Meter betragen und die Lücke zwischen den Modellen der Kaiser-Klasse und Imperator-Klasse füllen. «

Der Professor blickte die Zuhörer an.
»Hiermit sind sie über unsere neuen Entwicklungen informiert«, ergänzte er. »Sie werden auf ihrer geplanten Ragun-Mission den ersten Testflug durchführen. Ich hoffe sehr, dass die neuen Schiffe sich im Einsatz bewähren werden. «

Dann drehte sich der Professor um und schritt zu Noel und General Poison zurück.

Dieser lächelte die Zuhörer an.
»Mein Dank gilt Noel und Professor Augenzell«, sagte er.
»Er konnte den Professor mit vielen Daten unterstützen, während sie mit ihren Missionen beschäftigt waren. «

»Sind die Mannschaften bereits geschult und die Schiffe ausgestattet? «, erkundigte sich Major Travis.

»Alles ist bereits von uns organisiert worden«, nickte der General. »Die Schiffe sind startbereit und werden ihrem Kommando untergeordnet. Eine Flotte von 50 Kaiser-Klasse-Schiffen habe ich für morgen 8:00 in der Umlaufbahn von Tarid befohlen. Die Zielsetzung ist es, die Gefahr durch die Raguner zu bannen. «

»Dann werden wir morgen starten«, entschied Major Travis.

Er blickte Geoffwan an.
»Können sie auch in der ragunischen Zeitepoche feststellen, wo sich ihr abtrünniges Mitglied aufhält? «, ergänzte er.

Der Sprecher der Aller-Ersten nickte.
»Wir können seine Gedanken erfassen«, bestätigte er. »Das Problem ist leider, er kann es auch. Trotz unserer Gedankenblockade wird er irgendwann spüren, dass wir uns ihm nähern. «

»Er wird flüchten«, bemerkte Commander Brenzby. »Das wird ein Katz und Maus Spiel. «

Die Aller-Ersten blickten den Commander verständnislos an.

»Er wird sich vor uns nicht verstecken können«, bestätigte Talswan. »Sie brauchen sich keine Sorgen zu machen. Halswan wird nicht entfliehen können.«

Geoffwan stand auf und schritt zu General Poison. Er überreichte ihm einen künstlichen ovalen weißen Stein.

»Das sind unsere Arthropoden-Parasitenscanner«, antwortete er. »Diese künstlichen Steine sind eigentlich kleine, aber sehr wirkungsvolle Hochleistungs-Prozessoren der Nanotechnologie. Sie besitzen wirksame Trilutanium-Verbindungen, die vor einem Kontakt dieser Parasiten-Wesen bereits in einem Abstand von 10 Meter warnen. Wir sollten nicht außer Acht lassen, dass in dieser Zeitepoche, in der wir fliegen werden, bereits Agenten der Arthropoden aktiv sind. Ich warne alle anwesenden Offiziere dringend vor einer Infizierung.«

Er blickte den General an.
»Uns liegen Informationen vor, dass sie einige große Duplikatoren besitzen?«, fragte er.» Obwohl diese Technik nicht von Natrid oder Tarid stammt, könnte sie uns jetzt hilfreich sein. Lassen sie bitte für alle Besatzungsmitglieder eine Kopie duplizieren. Ich empfehle, dass ihre Besatzungen sofort nach dem Erhalt sich diese Geräte anstecken. Sie sind selbsterklärend. Nur

so werden sie rechtzeitig gewarnt, wenn sich ihnen ein arthropodischer Parasit nähert. «

Er reichte dem General einen Stein. Dieser blickte ihn an und gab ihn an Commodore Von Häussen weiter.

»Veranlassen sie das sofort«, befahl der General. »Alle Besatzungsmitglieder müssen mit einem solchen Stein ausgestattet werden. «

Der Commodore ergriff den Stein und lief aus dem Sitzungszimmer.

Der General blickte die Zuhörer an.
Admiral Tarin hatte seine Hand gehoben.

Der Alte, wie General Poison hinter verdeckter Hand genannt wurde, nickte ihm zu.
»Admiral Tarin, bitte«, sagte er. »Sie haben noch eine Frage? «

Der Admiral stand auf. Er hatte bereits einige Gepflogenheiten der Führungsebene von Tarid verstanden.

»Ich bitte um Genehmigung, mit meinem Flaggschiff an der Mission teilnehmen zu dürfen«, sagte er. »Vielleicht kann ich weitere Informationen erlangen, die uns später bei unserer Suche weiterbringen? «

Der General blickte die Aller-Ersten und Major Travis an. »Spricht etwas dagegen? «, erkundigte er sich.

»Wenn Admiral Tarin versichert, nur als Beobachter und als Verstärkung unserer Flotte mitzufliegen, dann habe ich nichts dagegen«, antwortete der Major.

»Ich bin auch dabei«, teilte Heran mit. »Ich möchte mich ebenfalls mit einem Schiff beteiligen. Ich hoffe, sie haben ebenfalls keine Einwände? «

Der General zog seine Schultern hoch.
»Es finden sich ja immer mehr Freiwillige für diese Mission«, antwortete er leicht spöttisch. »So wie ich Major Travis einschätze, freut er sich sogar über ihre Beteiligung. Ich weise nochmals daraufhin, dass wir hier keinen Betriebsausflug machen. Ihre wichtigste Aufgabe ist es, den abtrünnigen Halswan zu ergreifen und die zeitgesteuerte Wurmlochanlage der Raguner unschädlich zu machen. Haben wir uns in diesen Punkten verstanden?«

Major Travis stand auf und salutierte.

»Ihr Befehl wurde verstanden«, antwortete er. »Wir werden die Lage sondieren und vor Ort weitere Entscheidungen treffen. Ohne genaue Analysen können wir keine zielgerichtete Planung erstellen. «

»Das reicht mir«, antwortete General Poison. »Kommen sie alle gesund wieder. Ich brauche sie für das Neue-Imperium von Natrid und Tarid. «

Mit diesen Worten stand er auf und schritt mit seinem Stab aus dem Besprechungszimmer der Atlantis-Basis.

Noel blickte ihm kurz nach. Dann drehte der Kunstklon der natradischen Hypertronic-KI seinen Kopf den Gästen zu.

»Haben sie noch weitere Fragen? «, erkundigte er sich. »Ich denke nicht«, entgegnete der Major. »Wie sind sie denn so schnell an die geheimen Konstruktionspläne des ehemaligen Kaisers gekommen? «

Noel senkte seinen Kopf.
»Das haben wir Admiral Tarin zu verdanken«, antwortete er emotionslos. »Er hat mich auf einige externe Dateien aufmerksam gemacht, die in den kaiserlichen Katakomben in Tattarr verstaubten. Dort wurden noch mehr kaiserliche Forschungsprojekte versteckt, die aber

Marin und Gareck erst einmal analysieren müssen. Es kann sein, dass wir in Kürze noch mehr Interessantes anbieten können. «

Major Travis lachte und schlug Noel auf die Schulter.
»Was würden wir ohne sie nur machen? «, schmunzelte er.

Geoffwan kam zu der Gruppe getreten.
»Talswan hat eines unserer Schiffe angefordert«, stellte er fest. »Wir werden mit unserem eigenen Schiff in die Zeitzone der Raguner fliegen. Unsere Modelle kennen sie bereits. Das kann ein deutlicher Vorteil sein. Unser Schiff wird ohne Tarnung einfliegen und von ihrer Flotte ablenken. «

»Ich dachte, sie würden uns die Ehre auf unserem Kommandoschiff geben? «, erwiderte der Major.

»Das hatten wir ursprünglich geplant«, sagte Geoffwan. »Doch die Lösung von Talswan scheint uns mehr zu gefallen. Die Raumüberwachung von Ragun wird unser Schiff identifizieren. Es werden also keine Abwehrflotten zu dem geöffneten Wurmlochfenster geschickt werden. Das ermöglicht ihrer getarnten Flotte, problemlos in das ragunische System einzufliegen. «

Die Gäste standen leger in dem Raum und unterhielten sich. Als Atlanta auf Thoran zugeschritten kam, verzog Heran sein Gesicht. Fluchs drehte er sich von Thoran ab und schritt auf Major Travis zu.

»Können wir endlich etwas trinken gehen?«, fragte er. » Das hier servierte Wasser gluckst so komisch in meinem Bauch. «

Major Travis blickte ihn an.
»Wir sind gleich hier fertig«, antwortete er. »Eine Etage tiefer werden Speisen und Getränke vorbereitet. «

Der Major drehte sich wieder Halswan zu.
Der lächelte ihn an.

»Ihr lantranischer Freund hat Recht«, sagte er. »Ziehen uns zurück, alles wurde besprochen. Wir treffen uns morgen früh bei der Flotte. «

Er legte seine Hand auf seine Brust, als ein Zeichen des Dankes. Nadewan und Talswan waren zu ihm getreten. Es war sichtbar, dass sie mental informiert worden waren. Sie verbeugten sich kurz, dann schritten sie aus dem Besprechungsraum. Außerhalb in dem breiten Korridor machte Geoffwan eine kreisrunde Bewegung mit seiner Hand. Ein großer weißer Durchgang entstand aus dem

Nichts. Die drei Abgesandten der Aller-Ersten schritten nacheinander in den nebeligen Ereignishorizont.

Major Travis blickte Heinze, Commander Brenzby, Admiral Tarin und Heran an.

»Begleiten sie mich bitte noch zu unserem ragunischen Soldaten«, sagte er. »Vielleicht kann er uns noch einige wichtige Informationen geben. Er ist in der gleichen Sicherheitsverwahrung untergebracht, wie der ehemalige natradische Kaiser. «

Kurze Zeit später standen die Personen dem ragunischen Truppenführer gegenüber. Dieser fühlte sich in der komfortablen Zelle sichtbar wohl. Er saß auf einer stabilen Couch. Ein Stapel Zeitschriften lag vor ihm auf dem Tisch. Eine hiervon hielt der Gefangene in seiner Hand. Nervös sprang er auf, als sich die Türe seiner Zelle öffnete und Major Travis, Heinze, Commander Brenzby, Admiral Tarin und Heran eintraten. Sie wurden von natradischen Personenschutz-Robotern begleitet.

»Mein Name ist Major Travis«, stellte sich der Oberbefehlshaber der natradischen Hinterlassenschaften vor. »Verstehen sie mich? «

Ein Translator übersetzte die Worte synchron in die ragunische Sprache.

Der Gefangene machte einen eingeschüchterten Eindruck. Sein Blick fiel auf Tart 1 und Tart 2, die ihn mit ihren tiefroten Augen eindringend beobachteten.

Er nickte.
»Ich verstehe sie«, antwortete er in einer dunklen Tonlage.

Seine gelben Augen waren zu kleinen Schlitzen geworden.

»Fehlt es ihnen an Irgendetwas? «, erkundigte sich der Major. » Werden sie gut versorgt? «

Der Gefangene zeigte auf das frische Obst, welches in einer Schale auf dem Tisch stand.

»Ich habe nichts zu bemängeln«, antwortete er. »Frisches Obst gibt es auf unserer Welt schon lange nicht mehr. Diese Zelle ist wesentlich angenehmer als unsere feuchten Arrestkammern auf Ragun. Werde ich als Kriegsgefangener betrachtet? «

Major Travis sah Admiral Tarin an.
Dieser lächelte geheimnisvoll.

»Wir führen keinen Krieg gegen ihr Imperium«, antwortete der Major. »Ihr Imperium existiert in unserer Zeitepoche nicht mehr. Sie wurden sicherlich von ihrer Führung informiert, dass sie sich in einer Zeitepoche befinden, die 500.000 Jahre von ihrer Realzeit aus betrachtet, in der Zukunft liegt.

Der Gefangene riss seine Augen auf und blickte die Besucher fragend an.

»Das wurde uns nicht mitgeteilt«, erwiderte er. »Ich hatte ja keine Ahnung. «

»Das dachte ich mir«, antwortete Major Travis. »Wir haben einige Fragen an sie. Wenn sie sich kooperativ verhalten, dann werden sie auch weiterhin von uns gut behandelt werden. «

Die Miene des Gefangenen versteinerte sich.
»Falls nicht, dann foltern sie, oder töten mich? «, erkundigte er sich.

»Wir sind schon lange keine Barbaren mehr«, lächelte der Major. »Trotzdem stehen uns weitere Möglichkeiten zur Verfügung. Doch ich will nicht abstreiten, dass diese auch schmerzhaft sein könnten. Falls sie sich weigern, werden wir ihnen ein Wahrheitsserum verabreichen. Seine Wirkung setzt schnell ein. Sie werden uns freiwillig alle benötigten Informationen geben. Leider wissen wir nichts über ihren Metabolismus. Das Serum könnte unangenehme Nebenfolgen für sie haben. Der Gefangene einer fremden Species verstarb leider kürzlich nach der Einnahme. «

Der Gefangene überlegte. Mit herunterhängenden Armen, entschied er sich zu kooperieren.

»Was wollen sie wissen? «, erkundigte er sich.

»Wie lautet ihr Name? «, fragte der Major.

»Mein Name ist Ranus«, antwortete er. »Ich bin Truppenführer einer speziell ausgebildeten Nahkampfeinheit der ragunischen Raumflotte.«

»Damit sind sie meiner zweiten Frage bereits zuvorgekommen«, hielt der Major dagegen. »Ich danke ihnen für ihre Kooperation. Es muss ihnen schwerfallen unsere Fragen zu beantworten, das verstehen wir. Ich bitte sie jedoch auch unsere Lage zu berücksichtigen. «

Er blickte den Gefangenen durchdringend an.

»Welchen Sinn hatte ihr Eindringen in unsere Basis? «, fuhr der Major fort.

Heinze hatte seine Parasinne auf den Gefangenen gerichtet. Vorsichtig tastete er sich in sein Gehirn vor. Er kontrollierte die Richtigkeit der Antworten.

»Die Flüchtlings-Station der Aller-Ersten, unserer angeblichen Schöpfer, sollte zerstört werden«, antwortete der Gefangene. »Das war der Befehl unseres Oberkommandos. Sie haben uns hintergangen. «

Major Travis blickte Heinze an.
»Er sagt die Wahrheit«, bestätigte der Ro.

»Warum meinen sie, die Aller-Ersten hätten ihr Volk hintergangen? «, erkundigte sich der Major.

»Sie kamen nach Ragun, um uns im Kampf gegen die Arthropoden zu unterstützen«, teilte Ranus mit. »Doch letztendlich haben sie nur unsere Flüchtlinge von den bereits zerstörten Planeten und Kolonien fortgeschafft. Eine militärische Hilfe haben wir nie von ihnen erhalten. Sie gaben uns Pläne für den Bau einer zeitgesteuerten Wurmloch-Anlage. Erst vor kurzer Zeit erfuhren wir durch Halswan, dass sie diese Station mit einem Zeitfeld gesichert hatten. Wir erhielten keinen Zugriff auf die Station. «

»Wer ist dieser Halswan? «, fragte Major Travis. Diese Fangfrage sollte ihm nochmals bestätigen, dass Ranus die Wahrheit aussagte.

»Ich bin ein einfacher Truppenführer«, konterte der Raguner. »Meine Soldaten und ich erhielten nicht den Zugriff auf alle Informationen unserer Flottenführung. Doch es waren Gerüchte im Umlauf, dass dieser Halswan ebenfalls ein Aller-Erster sein sollte. Es hieß, dass er sich von seinem Volk abgewandt hat, um uns im Kampf gegen unsere Feinde zu unterstützen. «

»Interessant«, antwortete Major Travis. »Was wollte dieser Halswan denn für sie machen? «

»Er hat das Zeiterweiterungsfeld, das unsere Wurmloch-Anlage auf unserem Forschungsasteroiden blockiert hat, ausgestellt und den Zeitfeld-Reduktor seines Volkes zerstört. Hierdurch konnten wir endlich Zugriff auf diese Einrichtung nehmen. «

»Wofür brauchen sie diese Einrichtung? «, setzte der Major nach.

»Unsere Führung sieht den Verlauf des Krieges gegen die Arthropoden als erfolglos an«, erklärte Ranus. »Diese Konfrontation reibt unsere ganzen Flottenverbände und Ressourcen auf. Die Front rückt immer näher an die Milchstraße heran. Es dauert nicht mehr lange, dann werden wohl auch alle bewohnten Planeten in unserem eigenen Sternensystem angegriffen und verwüstet werden. Unsere Führung sieht keine Möglichkeit mehr, den Krieg zu wenden. Die einzige Option wäre es, das war der Vorschlag von Halswan, eine große Raumschiffsflotte weit in der Vergangenheit zu dem Heimatplaneten dieser aggressiven Rasse zu entsenden, um diesen vor einer Erstarkung der insektoiden Species zu eliminieren. Es liegen uns eindeutige Hinweise vor, dass die Arthropoden alle humanoiden Lebensformen hassen und ausrotten wollten. «

Major Travis blickte Admiral Tarin an. Dieser grübelte still vor sich hin. Er hatte die letzten Worte von Ranus verarbeitet. Schließlich trat vor und blickte den Gefangenen verächtlich an.

»Was wissen sie, über die Rasse der Arthropoden? «, erkundigte er sich.

Der Gefangene schüttelte seinen Kopf.

»Nur wenig«, antwortete er. »Uns gelang es bisher nicht Gefangene von ihnen zu ergreifen. Alle Individuen entzogen sich unserem Zugriff durch einen Suizid. «

»Das kommt mir bekannt vor«, fluchte der Admiral. »Gibt es noch etwas mitzuteilen? «

Ranus fuhr mit seinen Erläuterungen fort.
»Auf einem fernen Planeten, dessen Lebensform wir kontaktierten, konnte ich einem Gespräch beiwohnen«, erzählte er. »Die Bewohner dieses Planeten waren große, gutmütige Geschöpfe. Aus ihren Körpern wuchs ein dichtes braunes Fell. Sie ernteten für die Arthropoden einen süßen Sirup, den sie aus den Rinden ihrer Bäume extrahierten. Sie warnten uns eindringlich vor ihnen. Ihre Herren nennen sich die Arthropoden, teilten sie uns mit. Gerüchten zu Folge, war ihre Zivilisation aus dem Feuer des frühen Universums entstanden. Seit die Galaxien und die Planeten anfingen auseinanderzudriften, krochen sie unter Steinen auf trockenen und staubigen Welten hervor, die ihnen besonders am Herzen lagen.

Auf diesen vermehrten sie sich und entwickelten ihre Intelligenz. Das muss eine Million von Jahren her sein. Nach eigenen Vorstellungen, sehen sich die Arthropoden an der Spitze der Evolution. Ihr Körper gleicht einer spinnenartigen Lebensform. Neben einem überdimensionierten Körper hat sie die Evolution mit vier Armen und vier Beinen ausgestattet. Die Eier ihrer Brut werden in wissenschaftlichen Zentren manipuliert. Hieraus entstehen unterschiedliche Lebensformen, die sie im Universum ausstreuen. Sie nennen sie liebevoll Kinder. Doch wie uns bekannt wurde, handelt es sich bei einer dieser im Labor entwickelten Lebensform um kleine spinnenartige Parasiten, die gezielt und programmiert die Körper von anderen Wesen infizieren können. Jetzt raten sie einmal, gegen welche Lebensformen diese Parasiten gezielt eingesetzt werden? «

Admiral Tarin schüttelte seinen Kopf.
»Gegen alle humanoiden Lebensformen und uns Raguner«, antwortete Ranus. »Daher auch meine anfängliche Bemerkung, dass die Arthropoden alle humanoiden Species hassen und ausrotten wollen.«

»Dafür muss es doch einen Grund geben? «, bemerkte Major Travis. » Dieser Hass muss einen tiefen Hintergrund haben. Die Arthropoden werden mit unserer Species schlechte Erfahrungen gemacht haben. «

»Das mag sein«, antwortete Ranus. »Doch ist das ein Grund alle humanoiden Rassen über den gleichen Kamm zu scheren? Ihr Hass muss abgrundtief in ihrer Rasse verankert sein. «

»Besitzen sie Informationen, ob die Arthropoden noch andere Rassen in ihren Laboren konstruiert haben? «, erkundigte sich Admiral Tarin.

Der Truppenführer blickte ihn an und nickte.
»Ihre Vermutung ist richtig«, antwortete er nachdenklich. »Einige der von uns besuchten Rassen unterhielten noch Kontakte mit den Arthropoden. Es handelte sich ausschließlich um Lebensformen, die nicht von humanoiden Species abstammten. Sie teilten uns hinter verdeckter Hand mit, dass die spinnenartige Lebensform auch stupide Kampfwesen in ihren Laboren züchtete. Ganze Armeen von robusten, kräftigen Ungeheuern wurden von ihnen zu Planeten geschickt, gegen die sie vorgehen wollten.

Diese grauen, grünen, oder blauen Wesen, sie unterschieden sich in der Regel nur durch ihre Farbe und in welches Sternsystem sie geschickt wurden, machten die Drecksarbeit für die Arthropoden. Sie überfielen Planeten, töten die Bevölkerung, brandschatzten und vernichten die Errungenschaften der Zivilisationen. Sie erkennen aus meinen Mitteilungen, dass es sich bei den Arthropoden um eine wahrlich nicht freundlich eingestellte Lebensform handelt. Unsere Führung registrierte sehr früh, dass diese Species eine Gefahr für das gesamte Universum darstellte. «

Admiral Tarin nickte.
»Wurde der Name Rigo-Sauroiden irgendwann einmal erwähnt? «, fragte er hektisch nach. » Ist dieser Name einmal gefallen? «

Der Gefangene dachte intensiv nach.
Er schüttelte seinen Kopf, hielt jedoch nach kurzer Zeit inne.

»Das Wort Sauroiden sagt mir nichts«, antwortete er. »Doch der Besuch bei einer Lebensform irritierte meine Vorgesetzten. Sie teilten unseren Abgesandten mit, dass sie ihnen keine Auskünfte geben könnten, weil die Arthropoden ansonsten ihre Rigo-Krieger auf sie hetzen würden. Das hätten sie bereits einmal erlebt. Daher möchten sie nie mehr mit diesen grünen Wesen und ihren langen Reißzähnen in Kontakt kommen. «

Admiral Tarin drehte sich um und schlug mehrmals mit seiner Hand vor die Zellenwand.

»Ich habe es gewusst«, schimpfte er. »Die Rigo-Sauroiden waren künstliche Laborgeschöpfe der Arthropoden.

Endlich schließt sich der Kreis. Sie werden unsere Vergeltung zu spüren bekommen. Das verspreche ich. «

Major Travis blickte Commander Brenzby an.
»Führen sie bitte Admiral Tarin aus dieser Zelle«, bat er.
»Er ist im Moment zu sehr aufgewühlt, um noch eine Hilfe sein zu können. «

Der Commander tat wie ihm befohlen.
Ranus blickte Major Travis an.

»Was hat ihr Kollege? «, fragte er. » Habe ich etwas Falsches gesagt.

Major Travis schüttelte seinen Kopf.
»Nein«, antwortete er. »Sie tragen keine Schuld. Sein Planet und seine Zivilisation wurden auch von diesen Rigo-Kriegern vernichtet. «

»Ich verstehe«, antwortete Truppenführer Ranus. »Vermutlich lag seine Welt auch zu nahe an dem Hoheitsbereich des grauen Universums. «

Major Travis schüttelte seinen Kopf.
»Ich will sie aufklären«, sagte er. »In der heutigen Zeit, ganze 500.000 Jahre von Ragun aus gesehen in ihrer Zukunft, gibt es ihren Heimatplaneten nicht mehr. Auf

seiner Position befindet sich lediglich ein großes Asteroidenfeld. «

Er bemerkte, wie Ranus schluckte.
»Doch sie kennen sicherlich den vierten Planeten ihres Sonnensystems? «, ergänzte er
.

Der Flottenführer nickte.
»Ein kleiner, aber schön blühender Planet«, erwiderte er.
»Er wird gerne von uns als Erholungs- und Freizeitplanet benutzt. Seine mineralhaltigen Gewässer sind bei uns beliebt. «

Major Travis unterbrach den Gefangenen.
»Auf diesem Planeten entwickelte sich viele Jahre nach dem Untergang von Ragun eine neue Zivilisation«, teilte er mit. »Die humanoide Species nannte sich Natrader. Sie entwickelten sich schnell und entdeckten die Raumfahrt für sich. Sie knüpften Kontakte und unterhielten Wirtschaftsbeziehungen zu vielen entfernten Planeten. Diese Rasse wurde durch einen Kaiser geführt. Irgendwann entstand ein kaiserliches Imperium, das sich später über unsere ganze Sterneninsel ausbreitete. «

»Ich hatte ja keine Ahnung«, freute sich Ranus. »Die Evolution hat unser kleines Sternen-System wiederbelebt. «

Major Travis nickte.

»Die Natrader waren technisch hochstehend und bauten schnell starke Flottenverbände auf. Doch wie auch im Beispiel von Ragun, trafen sie aufgrund ihrer Expansionspolitik auf eine Rasse, die sich von ihnen belästigt fühlte. Ein jahrelanger Krieg begann. Wesen, die als Rigo-Sauroiden betitelt wurden, griffen immer mehr Welten des kaiserlichen Imperiums an und verwüsteten sie. Irgendwann reichte es der kaiserlichen Führung. Der Kaiser befahl seinem Flotten-Oberkommando, eine große und mächtige Flotte auszurüsten, um als Gegenschlag den Heimat-Planeten der Rigo-Sauroiden zu vernichten.

Der Plan gelang, die starke Flotte erreichte ihr Ziel und vernichtete die Heimatwelt der Rigo-Krieger. Alle Wesen dieser Gattung nahmen nach dem Verlust ihres Planeten und ihrer Brutstätten einen Suizid vor. Doch leider hatte der Plan einen Fehler. Die kaiserliche Führung hatte ihre Heimatverteidigung zu sehr ausgedünnt. Als die Schiffe von Natrid den Rigo-Planeten erreichten, war bereits eine starke Schiffs-Armada der Rigo-Sauroiden ausgeschickt worden, um den vierten Planeten unseres Systems anzugreifen. Diese Besatzungen der Rigo-Kriegsflotte wusste noch nichts von dem Verlust ihres Heimatplaneten.

Ihre Verbände fielen über den blühenden vierten Planeten unseres Systems her und verwüsteten ihn. Er ist ohne technische Hilfsmittel bis zur heutigen Zeit unbewohnbar. Nur wenige Überlebende konnten damals fliehen. Die mit Höchstgeschwindigkeit zurückeilende kaiserliche Flotte konnte zwar die Verbände der Rigo-Armada komplett aufreiben, doch der natradische Heimatplanet war nicht mehr zu retten. «

Ranus senkte seinen Kopf.
»Wann ist das passiert? «, fragte er.

Major Travis lächelte ihn an.
»Ich möchte nicht, dass sie mit den Zeitangaben durcheinandergeraten«, antwortete er. »Von unserer Gegenwart ausgesehen, fand das Ereignis vor 100.000 Jahren statt. «

»Dann wurde von den Arthropoden erneut die Vernichtung eines blühenden Universums befohlen«, entgegnete er. »Ist denn niemand in der Lage dieser Rasse Einhalt zu bieten? «

Major Travis blickte den Gefangenen an.
»Wir sind jetzt die dritte humanoide Species in ihrem kleinen Sternen-System, das wir übrigens Sol-System nennen«, bemerkte er. »Ich kann ihnen versichern, dass

wir es besser machen werden. Nie mehr werden die Arthropoden die Möglichkeit haben, ihre Taten zu wiederholen. «

Ranus lachte kurz auf.

»Das sind schöne Worte«, antwortete er. »Doch die Tatsachen sehen leider anders aus. Die Arthropoden sind hinterhältig und unberechenbar. Sie wissen doch gar nicht, auf was sie sich einlassen. «

»Doch, das ist uns schon bewusst«, erwiderte Major Travis. »Wir werden die Angelegenheit über ihre Hilfsvölker aufrollen. «

»Dann bin ich einmal gespannt«, erwiderte Ranus. »Danke für die Informationen. Was passiert mit mir? «

»Das liegt an ihnen«, lächelte Major Travis. »Wenn wir alle Dinge mit ihrer Rasse geklärt haben, können sie gerne auf ihren Planeten zurück. Ihnen sollte klar sein, dass sich der Untergang von Ragun nicht mehr aufhalten lässt. Einen Eingriff in die Zeit, wie es von Halswan geplant ist, werden wir verhindern. Wir verfügen auch über eine zeitgesteuerte Wurmloch-Anlage, um die Geschehnisse in der Vergangenheit wieder rückgängig zu machen. Eine Manipulation der Zeit, würde massiv Einfluss auf die nachfolgenden Zivilisationen in diesem Sternensystem nehmen. Das werden wir nicht hinnehmen. «

Er blickte dem Truppenführer in die Augen.
»Selbstverständlich können sie auch Asyl bei uns beantragen«, ergänzte der Major. »Wir zwingen niemanden, den Untergang seiner eigenen Welt beizuwohnen. «

Ranus wurde nachdenklich.
»Wir lassen sie jetzt allein«, bemerkte Major Travis.

Er zeigte auf einen Knopf an der Wand.
»Dort ist die Sprecheinrichtung«, erklärte er. »Falls sie etwas brauchen sollten, drücken sie die rote Taste und sprechen sie in das Gerät. Sie werden von dem diensthabenden Soldaten gehört. Danke für ihre Kooperation. «

Die Gruppe drehte sich um und schritt aus der Zelle. Zurück blieb ein nachdenklicher Ranus, der erst einmal alle neuen Informationen verarbeiten musste.

Zurück auf Ragun

Der ragunische Transportgleiter flog durch den aktivierten Wurmloch-Rahmen, auf den großen Platz des Zentralplaneten Ragun. Hier standen zahlreiche dieser quadratischen Abstrahl-Rahmen für den Personentransport in die Flüchtlingsbasis der Aller-Ersten. Langsam senkte sich der Gleiter zu Boden. Eine Truppe ragunischer Sicherheits-Soldaten eilte im Stechschritt auf den Gleiter zu. Ihre Lasergewehre waren schussbereit. Vor dem Gleiter nahmen sie Aufstellung.

Der Schott des Fluggerätes öffnete sich. Schiffsführer Lenus sprang heraus. Der Abtrünnige der Aller-Ersten und die überlebenden Soldaten des Stoßtrupps folgten ihm. Der Kommandeur des Transportgleiters sah Halswan an.

»Das war eine Falle«, schrie er den Aller-Ersten an. »Sie hatten uns doch versichert, dass die Station nur von einem Wächter betriebsbereit gehalten wird? Jetzt haben wir die Hälfte unserer Soldaten verloren. Wir können froh sein, noch mit unversehrter Haut entkommen zu sein. «

Halswan nickte.
»So war es die ganzen Jahrtausende«, antwortete er. »Unser Volk hatte für die Flüchtlings-Station keine Verwendung mehr. Sie wurde ausschließlich für die Evakuierung ihrer Kolonisten erbaut. «

»Erklären sie das dem Zentralrat, « antwortete Lenus. »Sie werden bereits erwartet. «

Er zeigte auf die wartenden Sicherheits-Offiziere. Langsam schritt er auf den Anführer der Truppe zu.

»Führen sie unseren Gast ab«, befahl er. »Er wird sich vor dem Zentralrat verantworten müssen. Dort wird über sein weiteres Schicksal entschieden. «

Der Anführer bestätigte den Befehl. Dann winkte er zwei Soldaten heran.

»Festnehmen«, befahl er. »Wir überstellen Halswan dem Zentralrat. «

Die zwei Soldaten rissen die Arme von Halswan auf seinen Rücken und aktivierten ein Energiefeld, das seine Handgelenke fesselte. Dann stießen sie den Aller-Ersten vorwärts.

In Halswan brodelte es. Noch nie war er so gedemütigt worden. Er überlegte, ob seine Entscheidung die Richtige gewesen war.

»Im Moment habe ich kein Interesse mehr daran, den Untergang von Ragun zu verhindern«, dachte er. »Mein

Vorgehen war übereilt. Ich hätte auf Geoffwan hören sollen. Leider ist es zu spät. Ich kann meine ehemalige Position, als Mitglied des Ältestenrates meines Volkes nicht mehr wahrnehmen. Auch die Raguner wollen meine Unterstützung nicht. «

Verärgert blickte er zu Boden, während er von den ragunischen Soldaten vorwärtsgetrieben wurde. In seinem Kopf entstanden bereits neue Pläne, wie er sich aus dem Schlamassel befreien konnte.

Ruadan, der Vorsitzende des Zentralrates, stand mit Systemrat Camaal an einem großen Fenster des Verwaltungsturms auf Ragun. Sie blickten direkt hinunter auf den großen Platz, auf dem die Flüchtlingstore standen. Beide Personen hatten die Öffnung des Wurmloch Tores mitbekommen. Sie sahen, wie der Transportgleiter des Einsatzkommandos mit vielen schwarzen verbrannten Stellen an seiner Außenwand zurückkehrte. Zahlreiche Einschüsse von Laserstrahlen konnten an dem Transportgleiter erkannt werden.

»Diese Mission scheint wieder nicht erfolgreich gewesen zu sein«, erkannte Ruadan. »Unser Kommando ist auf einen erheblichen Widerstand gestoßen. Das bezeugen bereits die vielen Einschussstellen und die schwarzen Brandflecken an dem Gleiter. «

»Es sieht danach aus«, bestätigte Camaal. »Ich frage mich wirklich, ob unser Gönner überhaupt über aktuelle Informationen seines Volkes verfügt? «

»Unsere ganzen Hoffnungen gehen in Feuer und Rauch auf«, entgegnete Ruadan. »Mit solchen negativen Einsätzen werden wir das Vorrücken der arthropodischen Allianzflotte nicht verhindern können. «

Der Systemrat nickte.

»Die Zeit läuft uns davon«, sagte er. »Schon bald wird diese Flotte meine 35 Sternensysteme überfallen und alle bewohnbaren Planeten verwüsten. Die ganze Wirtschaftskraft meiner Systeme wird verlorengehen. Geschweige von den Verlusten an seinen Bewohnern. «

»Haben sie noch nicht mit der Evakuierung ihrer Bevölkerung begonnen? «, erkundigte sich der Vorsitzende des Zentralrates von Ragun.

»Wie sollte ich das? «, fragte Camaal. » Wir haben eine systemüberschreitende Mobilmachung befohlen. Alle Einwohner meiner Systeme unterstützen uns in der Produktion weiterer Raumschiffe. Sie alle hoffen stark darauf, dass wir den Angriff der Arthropoden noch stoppen können. «

»Sind sie auch dieser Meinung? «, fragte Ruadan.

Camaal blickte ihn resigniert an.
»Nach unseren Misserfolgen der letzten Tage, schwinden meine Hoffnungen«, antwortete er. » Auch mir gehen die Ideen aus. Ich darf mir gar nicht die Informationen vors Auge führen, die uns dieser Halswan mitgeteilt hat. Nach seinen Angaben werden die spinnenartigen Wesen bis zu unserem Heimatplaneten vorrücken und diesen in kleine Stücke sprengen. Er wird aufhören zu existieren. Spätere Generationen werden ihn nur noch als ein Asteroidenfeld ausmachen können. «

Ruadan blickte starr aus dem Fenster. Er sah, wie Sicherheits-Soldaten den Aller-Ersten abführten. Halswan wurde vor ihnen hergetrieben.

»Das wird uns gleich unser Gast erklären können«, antwortete der Vorsitzende. »Ich möchte von ihm wissen, warum wieder einer seiner Vorschläge gescheitert ist. «

»Heißt es nicht, sie sind allwissend? «, fragte Camaal. » Warum kann denn dieser Halswan den Verlauf einer Mission nicht im Voraus erkennen? «

Ruadan blickte den Systemrat an.

»Vermutlich, weil er uns falsche Tatsachen vorgegaukelt hat«, erwiderte er. »Zu hohe Erwartungen haben wir an ihn gehabt. Wir sollten unabhängig zu seinen Vorschlägen, schnell eigene Pläne ausarbeiten. Uns sollte klar sein, dass die Besatzung der Flüchtlings-Station jetzt gewarnt ist. Sie werden ihre Sicherheitsvorkehrungen verstärken. Durch ihre zeitgesteuerten Wurmlochfenster besitzen sie die Möglichkeit, auch in unsere Zeit einzudringen. Ich bin mir nicht sicher, ob wir mit einem Vergeltungsschlag rechnen müssen. «

»Das werden sie nicht wagen«, antwortete Camaal. »Wir sind ihre Kinder. Sie haben uns erschaffen. «

»Wissen wir das so genau? «, fragte Ruadan. » Sind sie nicht eher Wichtigtuer, die für sich beanspruchen die Aller-Ersten im Universum zu sein. Wer sich einen solchen Namen gibt, dem mangelt es nicht an Selbstsicherheit. «

Ruadan drehte sich von dem Fenster ab.
»Gehen wir zurück«, empfahl er. »Die Soldaten werden Halswan gleich zu uns bringen. Nehmen sie ihren Platz wieder unter den Systemräten ein. Wir alle warten auf eine Wendung in diesem Krieg. «

Camaal verbeugte sich und ging zu seinem reservierten Platz. Der Vorsitzende schritt auf das erhobene Podest zu.

Hier warteten bereits die restlichen 11 Zentralräte auf das Erscheinen des Gastes.

Es klopfte an der großen Pforte. Ein Saaldiener öffnete sie. Der Anführer der Soldaten trat ein und verbeugte sich gebührend.

»Wir bringen den Gefangenen Halswan«, sagte er. »Führen sie ihn herein«, antwortete Ruadan. »Lassen sie ihm seine Fesselfelder. Er soll merken, dass unsere Geduld langsam zu Ende geht. «

Der Soldat nickte und schritt zur Pforte. Er wies den Soldaten kurze Kommandos zu. Danach kehrte er in den Saal zurück. Hinter ihm führten zwei seiner Untergebenen den Aller-Ersten in den Raum. Vor dem erhobenen Podest blieben sie stehen. Der Anführer trat beiseite, so dass der Zentralrat Halswan direkt ins Gesicht schauen konnten. Dieser blickte die Mitglieder grinsend an.

Die Soldaten schlugen ihm ihre Gewehrkolben rückwärtig in seine Kniekehlen. Der Gefangene sackte zu Boden. Verärgert richtete er sich auf.

»Ist das der Dank für meine Unterstützung? «, fluchte er den Vorsitzenden an.

Der Anführer der Soldaten trat vor und hob sein Lasergewehr. Er wollte dem Gefangenen das Griffstück über seinen Schädel schlagen.

Der Vorsitzende des Zentralrates hob seine Hand. Der Befehlshaber der Soldaten hielt inne.

»Lassen sie uns zunächst hören, was der ehrenwerte Halswan uns mitteilen möchte«, sagte er.

Der Anführer der Soldaten verbeugte sich und trat einen Schritt zurück.

»Halswan«, sagte der Vorsitzende des Rates. »Nach eigenen Angaben stammen sie von der Rasse der Aller-Ersten ab. Sie sind zu uns gekommen, um uns im Kampf gegen die Arthropoden zu unterstützen. Bitte teilen sie uns mit, ob ihre Mission von Erfolg gekrönt war. «

Erneut klopfte es an der Türe. Der Saaldiener öffnete sie. Flottenführer Lenus trat in den Eingang und verbeugte sich.

»Ich bitte höflichst, an dem Gespräch teilnehmen zu dürfen«, bat er. »Als befehlsführender Offizier der Mission besitze ich auch noch einige wichtige Informationen. «

»Wir haben keine Einwände«, antwortete Ruadan. »Treten sie ein, Kommandeur Lenus. «

Dieser verbeugte sich ein zweites Mal und trat in den Sitzungssaal ein. Versetzt hinter Halswan blieb er stehen.

»Sprechen sie, Abgesandter der Aller-Ersten«, forderte Ruadan den Gefangenen auf. »Wie bewerten sie ihre vorgeschlagene Mission? «

Langsam richtet sich der Angesprochene auf. Der Ärger stand auf seinem Gesicht geschrieben.

»Sie scheinen es nicht zu verstehen«, sagte er. »Ich bin kein Abgesandter meines Volkes, sondern zu ihnen gekommen in meinem eigenen Interesse. Aufgrund der Eigennützigkeit dieses Zentralrates befinden sie sich in dieser aussichtslosen Situation. Haben wir sie nicht immer wieder gewarnt, die Expansionspolitik ihres Imperiums nicht auf die Spitze zu treiben. Uns war klar, dass sie irgendwann auf eine hochentwickelte Rasse stoßen mussten, die sich nicht so einfach von ihnen vereinnahmen ließ. Den Untergang ihres so hochgelobten Imperiums haben sie selbst zu verantworten. Daran lässt sich nichts mehr ändern. Ragun wird in Kürze nur noch aus Geröll, Staub und Asche bestehen. «

Ruadan, der Vorsitzende des Zentralrates blieb ruhig.
»Sie weichen von dem Thema ab, Gefangener«, erwiderte
er. »Wählen sie ihre Worte mit Bedacht. Sie entscheiden
über ihr zukünftiges Leben. «

Die Geräuschkulisse in dem Sitzungssaal war
abgeklungen. Die Systemräte waren von den dreisten
Worten des Gefangenen geschockt.

»War ihre Mission erfolgreich? «, fragte der Vorsitzende
erneut.

Halswan blickte ihn an.
»Die Mission muss als gescheitert angesehen werden«,
antwortete er. »Wir sind in eine Falle geraten. Die Frage
stellt sich aber, warum das so war. Es kann nur sein, dass
sich in ihren Reihen ein Informant versteckt. Die
Besatzung der Flüchtlings-Station wusste klipp und klar,
dass wir kommen würden. Sie haben uns erwartet. «

Die Geräuschkulisse unter den Systemräten nahm zu.
»Das ist eine Ungeheuerlichkeit«, sagte einer von ihnen.
»Sie wollen von ihrer eigenen Unfähigkeit ablenken. «

Halswan drehte sich zu ihm um.

»Was wissen sie denn schon«, sprach er den Systemrat an. »Sie sitzen weit entfernt auf einem Planeten, der in Kürze von den Arthropoden vernichtet wird. Erklären sie mir, warum wir von einem Heer von Soldaten, Kampfroboter und Schwertkämpfern erwartet wurden? Geben sie mir eine Antwort hierauf. «

Der Systemrat blickte den Aller-Ersten stumm an. Ohne eine Antwort zu geben, setzte er sich wieder hin.

»So ist es mit allen Schwätzern hier im Saal«, tobte Halswan. »Jede Person, die nicht bei dem Einsatz dabei war, sollte hier nicht argumentieren. Der Tatbestand ist, dass diese Flüchtlings-Station in der angewählten Zeitepoche nach meinen Kenntnissen viele Jahrtausende nur mit Notstrom versorgt wurde. Lediglich Midir, eine Person unserer Rasse, die ihnen auch bekannt ist, wurde als Wächter für die Station abgestellt. Nach unserem Eindringen mussten wir feststellen, dass die Station vollständig aktiviert war und viele Lebewesen beherbergte. «

Ruadan dachte nach.
»Wir werden ihren Hinweisen nachgehen«, antwortete er. »Es wurden verstärkt Agenten der Arthropoden auf einigen Koloniewelten registriert. Vielleicht sind sie hierfür verantwortlich.«

»Das kann ich mir nicht vorstellen«, antwortete Halswan. »Die Arthropoden sind dafür bekannt, dass sie ihre im Labor gezüchteten und programmierten Kinder auf vielen Planeten gezielt freilassen. In unseren Augen sind es Parasiten, die sich in den Körpern hochrangiger Politiker und Militärs festsetzen. Ist eine Person erst einmal von einem solchen Parasiten befallen, wird er nach wenigen Stunden keine eigenen Gedanken mehr fassen können. Der in ihm nistende Parasit wird nur noch im Wunsch der Arthropoden handeln. Hiermit meine ich, dass die befallenen Personen auch nicht vor einem Systemverrat zurückschrecken werden. «

Ungläubige Gesichter starrten Halswan an.
»Können wir uns dagegen schützen? «, erkundigte sich der Vorsitzende. » Das sind wichtige Informationen, sofern sie der Wahrheit entsprechen. «

»Warum sollte ich ihnen etwas vormachen«, antwortete der Aller Erste.»Ich bin hier, um sie vor dem Untergang zu warnen, gegebenenfalls dabei behilflich zu sein, diesen erfolgreich abzuwenden. «

Halswan blickte den Zentralrat und die Systemräte durchdringend an.

»Es gibt eine Technik, die vor einem Befall durch die Parasiten der Arthropoden warnt«, teilte er mit. »Doch diese Körperscanner befinden sich in der Flüchtlings-Station meines Volkes. Der Zugriff ist uns derzeit versperrt. Ich empfehle, einen intensiven Körper-Tiefenscan bei wichtigen Persönlichkeiten ihrer Führung durchzuführen. Besser ist es, sie würden alle Politiker und Militärs jeden Tag erneut überprüfen. Nur so erhalten sie Gewissheit, ob Jemand von ihnen befallen wurde. «

Der Zentralrat der Raguner unterhielt sich leise. Ein Mitglied zeigte mit seinem Finger auf Halswan und schüttelte seinen Kopf. Ein anderer hob seinen Finger und flüsterte den Mitgliedern etwas zu. Ruadan antwortete ihm.

»Welche Möglichkeiten stehen uns noch zur Verfügung?«, konnte Halswan aufschnappen.

Sein Gesicht entspannte sich merklich.
»Das ragunische Imperium steht vor seinem Untergang«, überlegte er. »Die Flotte der Arthropoden rückt unbeirrbar näher. Selbst die starken und großen Raumschiffe der technisch hochstehenden ragunischen Kampf-Verbände, konnten die Übermacht der feindlichen Kriegsschiffe nicht stoppen. Das weiß der Zentralrat der Raguner schmerzlich. Er wird auf mich zukommen. «

»Ich bitte Flotten-Kommandeur Lenus vor diesen Rat zu treten«, sagte Ruadan.

Der Angesprochene trat vor und verbeugte sich.
»Richten sie sich auf«, sprach ihn der Vorsitzende des Zentralrates an. »Sie waren persönlich bei der Mission dabei. Informieren sie uns über ihre Eindrücke. «

»Das mache ich gerne«, erwiderte Kommandeur Lenus. »Nachdem wir mit unserem Truppengleiter das Flüchtlings-Wurmlochtor passiert hatten, landeten wir in einer großen Felsenhalle, die scheinbar die Flüchtlingsstation darstellte. Halswan wurde bereits durch Angehörige seines Volkes erwartet. Entgegen seiner bisherigen Aussage, war die Flüchtlings-Station vollständig aktiviert und betriebsbereit. Er schien die wartenden Personen zu kennen. Halswan unterhielt sich mit ihnen und forderte die Übergabe der Station.

Doch eine Person, die vermutlich im Rang über ihm stand, lehnte das ab und teilte mit, dass die Station einem sogenannten Neuen-Imperium von Natrid und Tarid übergeben würde. Was dieser Name bedeutete, konnte ich nicht erfassen. Trotz der generischen Übermacht befahl Halswan den Angriff unserer Truppe. Wir folgten seinem Befehl. Doch die feindlichen Truppen waren technisch auf einem gleichen Stand. Ich vermute stark, dass sie uns technisch noch überlegen waren. Jedenfalls mussten wir starke Verluste hinnehmen. Unsere Individual-Schirmfelder hielten den Strahlen ihrer Waffen nur kurze Zeit stand. Die Verteidiger verfügten über eine Einheit weiblicher Schwertkämpfer.

Selbst diesen gelang es, unsere trainierten Nahkampf-Schwertkämpfer niederzustrecken. Keiner von ihnen hat überlebt. Dann fielen 2.20 Meter große Kampf-Roboter über uns her. Ihre tiefroten Augen sehe ich noch vor mir. Unsere Roboter-Einheit wurde von ihren mächtigen Waffen in Stücke gerissen. Ihre Körperschirme versagten in nur wenigen Sekunden. Die zahlreichen explodierenden Roboter, Feuer, Qualm und Rauch beeinträchtigten unsere Sicht sehr stark. Unsere Einheit konnte sich nur noch vortasten.

Schreckliche, gleichaussehende graue Gestalten sprangen auf uns zu und stachen ihre Schwerter in die Körper unserer Soldaten. In ihren toten schwarzen Augen war keine Regung zu erkennen. Viele von ihnen wurden durch unsere Laser-Nadelstrahlen getroffen und fielen um. Doch nach wenigen Sekunden standen diese Kämpfer wieder und griffen erneut an. Das waren keine humanoiden Lebewesen. «

»Das waren künstlich gezüchtete Klonkrieger unseres Volkes«, antwortete Halswan. » Wir nennen sie selbst Taritronen. Ihnen ist es möglich, sich selbst zu generieren. Das sind Biomaschinen, keine Lebewesen. Man muss ihnen den Kopf abschlagen, ansonsten heilen sie sich immer wieder selbst. «

»Warum wussten wir hiervon nichts? «, erkundigte sich Ruadan. » Wir hätten unsere Planung anders ausrichten können. «

»Ich teilte ihnen bereits mit, dass sich nach meinen Informationen die Flüchtlings-Station in einem deaktivierten Zustand befinden musste«, antwortete Halswan. »Irgendjemand hat den Ältestenrat meines Volkes gewarnt haben. Anders ist der Hinterhalt nicht zu erklären. «

Der Vorsitzende des Zentralrates blickte Lenus an.
»Bitte fahren sie mit ihren Schilderungen fort«, sagte er.
»Was passierte dann? «

Kommandeur Lenus nickte.
»Unser Einsatzkommando hatte keine Chance«, teilte er mit. »Wir wurden immer weiter aufgerieben. Halswan wollte alle unsere Soldaten in den Kampf werfen, doch es war offensichtlich, dass unser Kommando unterlegen

war. Ich befahl den Rückzug. Halswan tobte und schrie mich an. Ist das alles, was ihre Soldaten zu bieten haben, fluchte er. Dann ist es kein Wunder, dass die Arthropoden immer weiter in ihr Imperium vordringen.

Verärgert blickte ich Halswan an. In diesem Moment hatte ich genug vom unserem hochnäsigen Gast. Ich trat auf ihn zu und ohrfeigte ihn mit meiner flachen Hand. Dann stieß ich ihn grob zu Boden. Zahlreiche Laserstrahlen flogen uns um die Ohren. Ich befahl den Rückzug. Wir liefen zu dem wartenden Gleiter zurück. Aus allen Ecken folgten uns überlebende Soldaten des Einsatzteams. Halswan hatte sich aufgerichtet und lief uns nach. Er teilte mit, dass die Gegner Mutanten, sogenannte genmodifizierte Personen in ihren Reihen hätten, die in das Gehirn anderer Lebewesen eindringen konnten. Er sagte, er hätte gerade einen mentalen Angriff abgewehrt. «

»Was sind Mutanten? «, erkundigte sich Muuda, der Stellvertreter des Zentralrates.

Halswan lachte ihn an.
»Auch das wissen sie nicht«, spottete er. »Das sind Personen mit besonderen Fähigkeiten. Diese können allein mit der Kraft ihres Geistes in unser Gehirn

eindringen und es zu unbedachten Handlungen zwingen. Sie sind äußerst gefährlich. «

»Ich verstehe«, antwortete Muuda. »Bitte sprechen sie weiter Kommandeur Lenus. «

Dieser nickte.
»Ich erkannte, dass die feindlichen Soldaten immer weiter zu unserem Gleiter vorrückten«, fuhr er fort. »Bereits erste Salven beschädigten die Außenwand unseres Gleiters. Dann konnte ich gerade noch einem Fesselstrahl aus einer gegnerischen Waffe ausweichen. Hiermit wollten die Gegner Personen unseres Kommandos gefangen nehmen. Leider ist der Truppenführer unserer Soldaten mit einer solchen Waffe ausgeschaltet worden.

Er befindet sich jetzt in der Gefangenschaft der Fremden. Ich sprang in den Gleiter, der bereits mit laufenden Triebwerken auf meine Ankunft wartete. Dann flogen wir in das geöffnete Wurmlochfenster und flüchteten aus der Station. Ich warne vor einem weiteren Eindringen. Die fremden Betreiber der Station sind jetzt gewarnt. Sie werden die Wurmloch-Tore sichern. «

»Danke«, sagte Ruadan. »Ihnen ist kein Vorwurf zu machen. Sie haben das Leben der Soldaten gerettet. Bitte übergeben sie uns eine Liste mit den Namen der gefallenen Personen. Wir werden den Familien unser Beileid aussprechen. Melden sie sich nach dieser Sitzung unverzüglich bei der Raumflotte. Dort wird man ihnen ein neues Flottenkommando übergeben. «

Lenus verbeugte sich.
»Ich danken ihnen für ihr Entgegenkommen«, antwortete er. »Um die Liste unserer gefallenen Soldaten werde ich mich sofort kümmern. «

Dann schritt er zurück auf den Platz, auf dem er vorher stand.

Die Systemräte waren sichtlich unruhig geworden. Alle bisher getroffenen Maßnahmen führten nicht zu einem Erfolg. Einer der Ratsmitglieder beugte sich zu Ruadan.

»Wir sollten ihn zappeln lassen«, hörte Halswan den Zentralrat Nuada flüstern. »Ihm muss endlich klar werden, dass wir Erfolge brauchen. Alle von ihm vorgeschlagenen Missionen sind fehlgeschlagen. Die Allianzflotte der Arthropoden vernichtet ohne Gnade und Rücksicht weitere Kolonien unseres Imperiums. Wir sitzen hier und schauen nur zu. «

»Das Problem ist bekannt«, antwortete Ruadan. »Alle intakten Werften unseres Imperiums fertigen Tag und Nacht neue Schiffe. Selbst die Besatzungen gehen uns aus. Ihnen ist bekannt, wie lange das Personal geschult werden muss, um problemlos die Schiffe zu bedienen. Das kann von uns nicht mehr gewährleistet werden. Entsprechend dieser Tatsache erhöhen sich unsere Verluste an Material und Personal drastisch. «

»Sollen wir das Imperium aufgeben? «, fragte der stellvertretende Zentralrat Muuda. » Noch haben wir genügend Kapazitäten, um in einem anderen Sternen-System ein Neuen-Imperium aufzubauen. Vielleicht auch in einer anderen Zeitzone, wenn wir den zeitgesteuerten Wurmlochgenerator unserer Forschungsstation nutzen.«

»Die Arthropoden werden uns in der ganzen Galaxis suchen«, antwortete Ruadan. »Irgendwann werden sie uns finden und das ganze Spiel geht von vorne los. Ruhe werden wir erst finden, wenn wir die spinnenartige Gefahr ausgelöscht haben. Ich persönlich sehe keine andere Lösung. Der Vorschlag von Halswan ist die einzige Möglichkeit. Durch das zeitgesteuerte Wurmlochfenster können wir eine starke Flotte entsenden, die den Planeten der Arthropoden in seiner frühen Entwicklung angreift und vernichtet. Hiermit wird die Gefahr einer späteren Erstarkung dieser Rasse zunichte gemacht. «

Die Mitglieder des Zentralrates dachten nach. Langsam nickten auch Nuada und Muuda.

»Dann sollten wir schnell handeln«, bemerkte der stellvertretende Vorsitzende. »Die derzeitige Situation behagt mir in keiner Weise. «

»Wie viele Schiffe könnten wir bereitstellen? «, fragte Nuada. » Schwächen wir mit dem Abzug eines großen Verbandes nicht unsere Verteidigungslinien? «

»Es gibt eine Möglichkeit«, flüsterte Ruadan. »Unser geschätzter Systemrat Camaal hat 5.000 neue Klappflügel-Zerstörer unserer 1.000-Meter-Klasse in den Dienst gestellt. Falls er sich bereit erklärt, uns diese Schiffe für den Einsatz zu überlassen, dann würden unsere Abwehrlinien stark genug bleiben. Der Zentralrat ist ferner bereit, sich mit 20 Groß-Zerstörer unserer 5.000-Meter-Klasse an dieser Mission zu beteiligen. Auch diese Schiffe sind vor wenigen Tagen in den Produktionswerften fertiggestellt worden. Sie werden derzeit noch ausgerüstet. Ursprünglich waren sie für die Verstärkung der Frontlinie gedacht. «

Die Mitglieder des Zentralrates stimmten einhellig zu.

»Ich bitte unseren geschätzten Systemrat Camaal zu einem Gespräch an das Podest des Zentralrates zu kommen «, sagte er. » Wir haben eine dringende Bitte an ihn. «

Die Systemräte blickten auf und sahen, wie sich der Systemrat über 35 Sternen-Systeme erhob und sich langsam dem Podest des Rates näherte.

Vor dem Zentralrat verbeugte er sich.
»Ich stehe zu Diensten«, sagte er. »Wie kann ich dem Imperium helfen? «

»Augenblick noch«, sagte der Vorsitzende Ruadan.
Er schlug mit einer metallischen Klaue dreimal auf seinen Tisch. Dunkle Töne hallten durch den Sitzungssaal. Der Saaldiener öffnete die große Pforte. Eine Einheit Sicherheits-Soldaten eilte im Exerzierschritt in den Saal.

Der Vorsitzende stand auf und trat von seinem erhobenen Podest auf Halswan zu. Er wollte den Aller-Ersten an seinem Arm fassen, doch Halswan formte seine Hand zu einer spitzen Kralle. Hiermit stieß er die Hand des Vorsitzenden fort und kratzte sie kurz. Eine kleine Hautschuppe blieb unter seinem Fingernagel stecken.

Der Vorsitzende verzog sein Gesicht und blickte auf den Riss in seiner Hand.

»Ich wollte nur höflich sein und mich für ihre Unterstützung bedanken«, sagte er in einem grimmigen Ton. »Sie benehmen sich nicht wie ein Mitglied einer hochstehenden Species, sondern eher wie ein gefährliches Tier.«

Halswan blickte den Vorsitzenden abstoßend an. Er vermied es jedoch, eine Antwort zu geben.

Der Truppenführer verbeugte sich vor dem Vorsitzenden. »Begleiten sie Halswan in die Arrestzelle, die bereits von seinen Begleitern bewohnt wird«, befahl Ruadan. »Dort kann er über seine Misserfolge nachdenken. Wir werden später über seine weitere Verwendung entscheiden.«

Unter lauten Schmährufen der Systemräte wurde Halswan zur Pforte geführt.

»Ihnen allen ist nicht mehr zu helfen«, fluchte er. »Sie werden in dem hellen Feuer ihrer Dummheit untergehen.«

»Entfernt ihn endlich aus diesem Saal«, befahl Zentralrat Nuada aufgebracht den Soldaten.«

Diese beschleunigten ihr Tempo und stießen Halswan mit ihren Lasergewehren vorwärts.

Als die Soldaten mit Halswan durch den Ausgang geschritten waren, schloss der Saaldiener leise die Pforte. Er nickte dem Vorsitzenden zu.

Der blickte Camaal an.
»Danke, dass sie stets ihre Hilfe in aussichtslosen Situationen anbieten«, sagte er. »Unser Imperium steht vor seiner schwersten Aufgabe. Die Allianzflotte unserer Feinde rückt immer näher. Noch sind wir nicht in der Lage sie aufzuhalten. «

»Die Situation ist mir bekannt«, unterbrach Camaal den Vorsitzenden. »Wie kann ich helfen? «

»Wir brauchen einen zweiten Plan, von dem Halswan nichts weiß«, teilte der Vorsitzende mit. »Sie teilten uns mit, dass sie 5.000 neue Klappflügel-Zerstörer der 1.000-Meter-Klasse in den Dienst gestellt haben. Würden uns diese für eine Zeitmanipulation zur Verfügung stellen? «

»Sie wollen mit diesen Schiffen in der Vergangenheit den Planeten der Arthropoden angreifen? «, fragte Camaal.

»Ihre Vermutung ist richtig«, bestätigte der Vorsitzende. »Wir wissen nicht, was uns der Aller-Erste noch für Pläne auftischt. Möglicherweise scheitern diese ebenfalls. Ich halte ihn mittlerweile nicht mehr für allwissend. Die Angehörigen seines Volkes wissen vermutlich, was er im Schilde führt. Aus diesem Grunde möchten wir unseren eigenen Plan durchführen. Noch können wir den zeitgesteuerten Wurmlochgenerator unserer Forschungs-Station nutzen.

Der Zentralrat ist sich aber sicher, dass er über kurz oder lang von der Flotte der Aller-Ersten angegriffen werden könnte. Aus ihrer Sicht muss ausgeschlossen werden, dass wir die Vergangenheit verändern könnten. Das würde auch ihre Zivilisation betreffen, weil sie sich als unsere Erschaffer ausgeben. «

»Ich stelle ihnen die Schiffe zur Verfügung«, antwortete der Systemrat. »Wie sie wissen, war ich immer ein Verfechter ihrer Gesetze. «

»Das haben wir nicht vergessen«, antwortete Ruadan. »Auf sie konnte sich der Zentralrat des Imperiums immer verlassen. Hierdurch konnten sie reichliche Vorteile genießen. «

»Kennen sie denn die Koordinaten des Heimatplaneten der Arthropoden?«, erkundigte sich Camaal. »Bisher sind diese nicht einmal den Aller-Ersten bekannt.«

Ruadan blickte in die Runde der Ratsmitglieder.
»Dieses Gremium tagt auch hinter verschlossenen Türen«, antwortete er. »Die Wissenschaftler unserer Forschungs-Station konnte die Schäden des Angriffes beheben. Die zeitgesteuerte Wurmlochstation ist betriebsbereit. Wir kennen das graue Universum, das die Arthropoden als ihr Hoheitsgebiet betiteln. Laut unserem Gast handelt es sich bei den Arthropoden um eine sehr alte Species. Wir werden die Zeitskala der Wurmlochanlage auf 800.000 Jahre einstellen, vor unserem heutigen Datum ein.

Nach unserer Einschätzung sollte die Rasse da bereits über eine Raumfahrt verfügen. Unsere Flotte fliegt in das graue Universum ein und scannt alle Planeten. Sie wird alle Verwerfungen im Hyperraum, mögliche Funksprüche, oder große Ansammlungen von Energiewerten registrieren. Wir werden den Ursprungsplaneten der Arthropoden ausfindig machen. Dann vernichten wir ihn und sprengen ihn in kleine Stücke, wie das die spinnenartige Species mit uns vorhatte.«

»Das wäre eine Lösung«, antwortete Camaal. »Doch was ist, wenn zwischenzeitlich unsere Forschungs-Wurmlochstation von den Aller-Ersten angegriffen und vernichtet wird. Damit wäre ein Rückflug für unsere Flotte versperrt. «

Die Zentralräte sahen sich an und nickten.
»Diese Möglichkeit besteht natürlich«, antwortete Ruadan. »Wir können leider nicht viele Schiffe zu dem Schutz des Asteroiden abstellen. «

Der Systemrat Camaal blickte die Ratsmitglieder an.
»Darf ich einen Vorschlag äußern? «, fragte er.

Ruadan schaute ihn fragend an.
»Ihre Vorschläge schätzen wir«, antwortete er. »Was wollen sie uns vortragen? «

»Wir sind doch noch in dem Besitz der Konstruktionsunterlagen der zeitgesteuerten Wurmlochanlage von den Aller-Ersten «, überlegte er. »Es dürfte unsere Flotte nicht belasten, wenn wir Material, Wissenschaftler und Techniker an einen Ort transferieren, der 100 Jahre in der Vergangenheit liegt. Ein großes Kommando aus Wissenschaftlern, Techniker, Arbeitern, sowie mehreren Garnisonen unterstützender Robotern, könnte eine weitere versteckte Anlage erbauen. Hiervon würden die Aller-Ersten und Halswan nichts mitbekommen. Nur für den Fall, dass ein Angriff auf die Forschungs-Station unseres Asteroiden erfolgen sollte. Mit einer zweiten Anlage könnten wir dann immer noch Einfluss auf die kommenden Ereignisse nehmen und unsere Schiffe zurückholen. «

Die Augen des Zentralrates leuchteten.
»Ein guter Vorschlag«, flüsterte Muuda. »Wir werden ihn sofort in die Tat umsetzen. An welchen Standort haben sie gedacht? «

»Er sollte weit genug entfernt sein, und doch in Augennähe liegen«, lächelte Camaal. »Ich denke an den ersten Planeten in unserem Sternensystem. «

»Vagun ist zu heiß«, erinnerte der Vorsitzende des Rates. » Das wird eine Station nur unter starken Schutzschirmen aushalten. «

»Nicht an der Oberfläche«, erwiderte Camaal. »Wir bauen eine große unterirdische Station, nach dem Vorbild der Flüchtlings-Station der Aller-Ersten. Nicht nur sie beherrschen den unterirdischen Bau von geheimen Stationen. «

»Ihr Vorschlag gefällt uns«, bemerkte Nuada. »Wir sollten keine Zeit verlieren, um diesen Plan umzusetzen. «

Ruadan stand auf. Er schlug mit seiner metallischen Kralle dreimal auf den Tisch des Podiums. Erneut schallten dunkle Töne durch den Saal.

»Geschätzte Systemräte und Anwesende«, sagte er. »Diese Sitzung wird für heute beendet. Dringende Angelegenheiten erfordern die Anwesenheit dieses Rates. Die Befragung unseres Gefangenen sollte uns mehr Informationen ermöglichen. Über einen Termin der nächsten Zusammenkunft werden sie rechtzeitig informiert werden. «

Die Systemräte erhoben sich und verließen den Saal. Sie wussten, dass die Zentralräte jetzt wichtige Aufgaben vor sich hatten.

Als der letzte von ihnen gegangen war, traten Ruadan und die restlichen Räte von dem erhöhten Podest herunter.

»Wann können wir über ihre Schiffe verfügen? «, fragte der Vorsitzende.

»Ich werde sofort einen verschlüsselten Hyperkomm-Funkspruch absetzen«, antwortete der Systemrat. »Die

Flotte wird sich unverzüglich auf den Weg nach Ragun machen. «

»Lassen sie die Schiffe direkt zu unserem Forschungs-Asteroiden fliegen«, entschied der Vorsitzende. » Dort wird man ihnen ein Wurmlochfenster in eine frühe Zeitepoche der Arthropoden öffnen. Wir denken, dass 800.000 Jahre vor unserer heutigen Zeit, die richtige Epoche für diese Mission wäre. «

Er blickte den Systemrat an.
»Sie wissen, welche wichtige Aufgabe das Imperium von ihnen verlangt? «, fragte er. »Das wird unsere letzte Chance sein. «

»Das ist mir bewusst«, antwortete Camaal. »Deswegen beabsichtige ich die Flotte auch persönlich zu kommandieren. Geben sie mir die versprochenen 20 Groß-Zerstörer und die Koordinaten des Forschungs-Asteroiden. Ich mache mich sofort auf den Weg. «

»Die Schiffe erwarten sie auf dem zentralen Raumhafen«, antwortete Ruadan. »Ich werde den Flottenkommandeur informieren, dass sie das Oberkommando übernehmen. Die Koordinaten wurden der Hypertronic-KI des Flaggschiffes bereits übergeben. Ihrem Flug steht nichts mehr im Wege. Enttäuschen sie uns nicht. «

»Das werde ich nicht«, lächelte Camaal. »Beginnen sie nach meiner Abreise direkt mit dem Bau der zweiten zeitgesteuerten Wurmloch-Anlage auf Vagun. Nutzen sie die Forschungsanlage auf dem Asteroiden, um 100 Jahre in unsere Vergangenheit zu reisen. Diese Zeitspanne sollte ausreichen, um die zweite Anlage fertigzustellen. «

»Das machen wir«, antwortete Ruadan.
Dann verließen die Personen eiligst das Sitzungszimmer.

Der ragunische Arresttrakt lag tief unter der Erde der Hauptstadt. Eine Garnison Kampf-Soldaten in bunten Uniformen bewachten die kargen Zellen, die von Gefangenen, Regimegegnern und Personen von Widerstandsgruppen gefüllt waren.

Der Anführer der Soldaten gab seinen Code an der schweren Türe ein. Sie öffnete sich knarrend und zwei weitere Soldaten traten heraus. Sie überprüften die Legitimation der Sicherheits-Soldaten.

Ein Soldat scannte die Einlieferungsdokumente.
»Sie sind Sicherheits-Soldaten des Zentralrates? «, fragte er.

Der Anführer des Trupps nickte.

»Wir kommen auf den ausdrücklichen Befehl des Vorsitzenden Ruadan«, antwortete er. »Dieser Gefangene ist unverzüglich zu arretieren. Er soll seinen Begleitern Gesellschaft leisten. Der Zentralrat urteilt später über ihre weitere Verwendung. Vermutlich werden alle Personen hingerichtet. «

Halswan nahm die Worte des Soldaten fassungslos auf. »Das ist der Dank meiner Unterstützung«, dachte er. »Ich war maßgeblich an der Schöpfung ihrer Lebensform beteiligt. Warum wenden sie sich von mir ab? «

»Ihre Papiere sind in Ordnung«, sagte der Soldat der Sicherheitsverwahrung. »Folgen sie mir. Wir bringen sie zu der Zelle. Sie können sich selbst vergewissern, dass ihr Gefangener ordnungsgemäß eingeschlossen wird. «

Er drehte sich um und ging voran. Der Anführer der Sicherheits-Soldaten stieß Halswan den Lauf seines Laserwehres in den Rücken. Der Abtrünnige der Aller-Ersten bemerkte einen stechenden Schmerz. Langsam schritt er vorwärts. Der Korridor war dunkel und feucht. An jeder metallenen Zellentüre stand ein Soldat. Mit einem grimmigen Blick musterten sie den Neuankömmling. Nach wenigen Minuten hob der vorausgehende Soldat seine Hand.

»Wir sind da«, lachte er. »Die Zelle 27 ist ausschließlich für besondere Gäste gedacht. «

Er gab dem vor der Türe stehenden Soldaten ein Zeichen. »Schließen sie auf«, befahl er.

Vier Kampfroboter eilten herbei. Ihre Lasergewehre waren aktiviert. Langsam öffnete der Soldat die schwere Türe. Die vier Kampf-Roboter schritten in das Innere der Zelle und musterten die Gefangenen. Die 10 Soldaten der persönlichen Schutzgarde des Aller-Ersten blickten mit zugekniffenen Augen den Kampf-Robotern entgegen. Sie rührten sich nicht. Jede unbedachte Handlung würde von ihnen registriert und mit Waffengewalt beantwortet werden.

Als die Kampf-Maschinen registrierten, dass die Gefangenen verhalten auf ihren Pritschen lagen, stellten sich jeweils zwei von ihnen rechts und links neben der Eingangstüre auf. Das war das Zeichen für die nachfolgenden Soldaten ungefährdet eintreten zu können.

Halswan wurde von dem Anführer in den engen Raum gestoßen.

»Ihr bekommt Besuch«, grinste der Anführer. »Es dauert nicht mehr lange, dann könnt ihr diese Zelle für immer verlassen. «

Die restlichen Soldaten lachten laut auf. Dann drückte der Soldat die Türe zu und verriegelte sie.

Er salutierte vorschriftsmäßig vor seinen Kollegen. Dann drehte sich die kleine Truppe um und ging dem Ausgang entgegen. Ihr Auftrag war erledigt.

Halswan blickte seine Begleiter an.
»Leider ist die Mission anders verlaufen als von mir geplant«, teilte er mit. »Der Zentralrat der Raguner ist nicht bereit, auf meine Vorschläge einzugehen. «

»Dann lassen wir sie doch untergehen«, antwortete einer der Soldaten.

Sein Name war Oylswan.

»Du bist immer noch so nachtragend, wie bei deiner früheren Rasse«, beruhigte ihn Halswan. »Ihr habt euch mir freiwillig angeschlossen, weil ihr mit den Entscheidungen des Ältestenrates und speziell mit denen von Geoffwan nicht einverstanden seid. Die Entscheidung war richtig. Das hier ist nicht das Ende, sondern der

Anfang unseres Planes. Wir werden Ragun auf unsere Art unterstützen. Falls uns das nicht gelingt, dann gründen wir ein Neuen-Imperium, unter unserer Führung. Ihr könnt sicher sein, dass wir hiermit das Universum verändern werden. «

Der Anführer der Schutzsoldaten des Aller-Ersten stand auf. Er klopfte den Staub von seiner Uniform ab.

»Es war Zeit, dass sie endlich kommen«, sagte er. »Dieses Loch ist eine Zumutung. Selbst unseren schlimmsten Feinden sollte man nicht so eine Unterkunft anbieten. «

Halswan nickte und sah sich um. Der Raum bestand aus nackten Felsenwänden, an denen Wasser herunter tropfte. Die sanitäre Anlage war verschmutzt und roch penetrant.

»Habt ihr etwas zu essen bekommen? «, fragte er.

Der Anführer blicke ihn an.
»Wir haben dankend abgelehnt«, fluchte er. »Wer weiß, was uns die Raguner zubereitet hätten? «

»Wir brauchen Waffen«, flüsterte Halswan. »Steht unser Schiff noch auf dem gleichen Landeplatz? «

Der Soldat nickte.

»Es wird von einigen ragunischen Soldaten bewacht, aber die sollten für uns kein Problem darstellen«, erwiderte er.«

»Gut«, antwortete Halswan. »Wir brechen sofort auf und rüsten uns aus. Danach möchte ich Ruadan in seiner privaten Unterkunft besuchen. «

Er trat einen Schritt von dem Anführer der Soldaten zurück und machte mit seinem rechten Arm eine kreisrunde Bewegung. Ein nebeliges Feld, in der Größe einer ovalen Türe, breitete sich aus.

Er blickte die Soldaten an.
»Die Türe zu unserem Raumschiff«, sagte er. »Geht schnell hindurch, bevor die wachhabenden Soldaten vor der Zelle etwas mitbekommen. «

Die Soldaten sprangen von ihren Pritschen auf und liefen in die weiße nebelige Öffnung. Als der Letzte von ihnen die weiße Wand passiert hatte, schlüpfte Halswan hindurch. Hinter ihm fiel die neblige Wand in sich zusammen und verschwand vollständig.

Erleichtert atmeten die Soldaten des Begleitschutzes von Halswan auf, als sie erkannten, dass sie auf der Brücke ihres 500-Meter messenden Schiffes materialisiert waren. Hinter Halswan schloss sich der neblige Durchgang.

»Wir brauchen Pistolen, Lasergewehre und unsere Kampfgürtel«, sagte er. »Sucht alles zusammen und kommt auf die Brücke zurück. «

Halswan ging zu dem Kommandosessel und ließ sich hineinfallen.

Er aktivierte die Sensoren für die Außenbildübertragung. Der große Bildschirm des Schiffes erhellte sich.

Er und der Anführer der Schutzsoldaten blickten auf den Monitor. Sie sahen, wie 20 große Kampfgiganten der ragunischen 5.000 Meter-Schiffsklasse dröhnend von dem Raumhafen abhoben und mit brachialer Kraft dem Himmel entgegen schossen.

»Sie senden zusätzliche Verstärkung an die Front«, lachte Halswan. »Doch es wird ihnen nichts nützen. Die Flotte der Arthropoden lässt sich auch von diesen Schiffen nicht aufhalten. «

Der Aller Erste lehnte sich zurück und blickte den kleiner werdenden Antrieben der Schiffe nach.

Nylswan, der Anführer der Schutztruppe von Halswan zeigte auf den Bildschirm. 30 Evakuierungsschiffe waren im Landeanflug.

»Da kommen weitere Schiffe mit evakuierten Kolonisten«, bemerkte er. »Die Schiffe landen auf dem zentralen Platz der Weiterleitung. «

Halswan nickte.

»Es ist faszinierend«, erwiderte er. »Jetzt gehen diese Flüchtlinge durch die zeitlich voreingestellten Evakuierungs-Tore in unsere Station, die wir gestern in einer anderen Zeitepoche zerstören wollten. Der Zentralrat wird diese Kolonisten seines Imperiums nie mehr wieder sehen. Geoffwan lässt sie alle auf weit entfernte, nicht mehr erreichbare Planeten verteilen. «

»Er will dem ragunischen Imperium keine Gelegenheit mehr geben sich zu regenerieren«, antwortete Nylswan. »Von seiner Sicht her, ist es eine gute Entscheidung. «

»Das ist aber nicht unsere Entscheidung«, knurrte Halswan. »Falls Ragun nicht gerettet werden kann, bauen wir das Imperium an einem anderen Ort neu auf. Wir werden es mit unserer Technik ausrüsten und ein Hoheitsgebiet gründen, das allen Gegnern trotzen kann.

Auch dem Neuen-Imperium von Natrid und Tarid, von dem Geoffwan so begeistert spricht. «

Die Evakuierungsschiffe waren gelandet. Halswan und sein Offizier sahen, wie zahlreiche ragunische Soldaten die ausströmenden Flüchtlinge in Gruppen einteilten. Dann flammten 12 helle quadratische Tore auf. Vor ihnen standen Soldaten mit Scannern und Abtastgeräten. Sie forderten die Flüchtlinge auf, einzeln in den hellen Durchgang zu gehen.

Ein kräftiges Donnern ließ die Blicke der beiden Personen nach rechts wenden. Eine Flotte von 50 Transportschiffen war gestartet und beschleunigte mit Höchstwerten.

»Was ist in diesen Transportschiffen? «, erkundigte sich der Anführer der Schutzsoldaten.

Halswan zuckte mit seinen Schultern.
»Was kann schon transportiert werden«, erwiderte er.
»Vermutlich bringen einige Geschäftsleute oder Systemräte ihre teuren Habseligkeiten in Sicherheit. Das soll uns nicht weiter stören. «

Halswan blickte Nylswan durchdringend an.

»Versuche bitte den Aufenthaltsort von Ruadan zu ermitteln«, befahl er. »Wir brauchen die Koordinaten seiner Privatunterkunft. «

Er zog eine kleine Tüte heraus und gab sie dem Soldaten. »Hierin ist eine Hautschuppe des Vorsitzenden«, erklärte er. »Lege sie in den Personen-Orter ein. «

Der Anführer der Soldaten sprang auf, nahm die Tüte an sich und lief zu einer seltsam aussehenden Apparatur. Er öffnete eine Klappe und schüttete den Inhalt der Tüte hinein. Dann schaltete er das Gerät ein und drückte einige Knöpfe.

Der Personen-Orter brummte leise vor sich hin. Der integrierte Monitor zeigte die Hauptstadt Ragun an. Ein gelber, runder Kreis sprang unruhig hin und her, von Gebäude zu Gebäude.

»Das dauert etwas«, sagte Nylswan von dem Gerät herüber. »Die Hauptstadt der Raguner ist ziemlich groß. «

»Wir haben keine Eile«, lächelte Halswan. » Der Vorsitzende des Zentralrates ist über unser Kommen nicht informiert. «

In seinem Kopf setzte sich auf vielen kleinen Einzelteilen ein Plan zusammen.

Die Soldaten kamen mit den Ausrüstungsgegenständen zurück. Ihre Kampfanzüge waren angelegt und ihre Waffengurte umgeschnallt. Oylswan reichte Halswan und Nylswan einen Schutzanzug und einen Gurt. Zügig stiegen die beiden Aller-Ersten in den Anzug. Halswan prüfte seinen Waffengurt. Er zog ein langes Messer aus der Scheide und blickte es an. Zufrieden nickte er und steckte es zurück. Dann legte er sich den Gurt um.

»Phase 1 beginnt«, sagte er zu seinen Begleitern. »Wir besuchen den Vorsitzenden des Zentralrates. «

Er blickte auf Nylswan, der immer noch vor dem Personen-Orter des Schiffes stand.

»Wie sieht es aus? «, erkundigte sich der Abtrünnige des Ältestenrates.
»Einen Moment noch«, sagte der Anführer der Schutztruppe. »Das Gerät kreist den Aufenthaltsort ein. «

Nylswan blickte auf den Kreis der Anzeige, der sich jetzt an einem Gebäude festsetzte. Das unruhige Hin-und Herspringen hatte aufgehört. Das Zeichen pulsierte weiterhin auf seinem letzten Standort. Dann ertönte ein kurzer Alarmton.

»Der Standort des Vorsitzenden wurde ermittelt«, meldete der Anführer.

Halswan kam auf das Gerät zugeschritten. Er blickte auf ein Gebäude, das in einer Wohngegend lag. Es war von dichten Bäumen und Sträuchern umgeben.

»Die Koordinaten und das Bild auf den Hauptschirm legen«, befahl Halswan.

Der Anführer der Soldaten übergab die Daten an die Hypertronic-KI des Schiffes. Sekunden später wurde der Monitor des großen Bildschirms mit den neuen Daten geflutet.

»Interessant«, bemerkte Halswan. »Ruadan liebt die Abgeschiedenheit. Ein stabiler Zaun umgibt seine private Unterkunft. «

Halswan stand auf. Er hatte sich die Daten gemerkt. In seinem Kopf arbeitete es.

»Es geht los, macht euch bereit«, befahl er.

Mit seiner rechten Hand vollführte er eine kreisrunde Bewegung.

Nur mit der Kraft seines Geistes materialisierte sich ein ovaler weißer nebeliger Durchgang.

»Vorwärts«, befahl Halswan. »Eine bessere Gelegenheit gibt es nicht mehr. «

Die Schutztruppe des Aller-Ersten lief durch den geöffneten Ereignishorizont. Als letzte Person folgte Halswan. Hinter ihm fiel die weiße ovale Öffnung in sich zusammen.

Die kleine Truppe duckte sich vor dem Zaun des Vorsitzenden. Das breite Eingangstor war geöffnet. Die dunkle Kleidung der Aller-Ersten verschmolz mit der dämmrigen Nacht. Im Schutz der Bäume und Sträucher näherten sie sich der Eingangspforte. Alles war ruhig, nichts deutete auf die Anwesenheit ragunischer Soldaten hin.

Langsam schritten Halswan und seine Begleiter die fünf Stufen zu der Türe des Gebäudes hoch.

Halswan pochte kräftig mit seiner Hand an die Türe. Es vergingen nur Sekunden, dann öffnete Ruadan sie. Verdutzt blickte er Halswan an.

»Was machen sie hier auf meinem privaten Anwesen«, fragte er. »Sollten sie nicht in einer unserer Arrestzellen sein? «

»Man hat uns gehen lassen«, erwiderte Halswan lächelnd. »Entschuldigen sie bitte, dass wir sie stören. Ich möchte ihnen einen Vorschlag unterbreiten. «

»Das ist der falsche Ort und die falsche Zeit«, erwiderte Ruadan verärgert. »Lassen sie sich einen Termin des Zentralrates geben. Ich brauche meine freie Zeit. «

»Die Angelegenheit kann nicht warten«, antwortete Halswan abwertend.

Dann trat er einen Schritt auf Ruadan zu. Dieser wich nicht von seiner Stelle zurück.

»Verschwinden sie, ansonsten rufe ich meine Sicherheits-Soldaten«, bemerkte er. »Die werden sie in den Arrestbereich zurückbegleiten. «

»Da kommen wir gerade erst her«, antwortete Halswan eiskalt.

Seine Augen waren zu kleinen Schlitzen geschmolzen.

Mit einer blitzschnellen Bewegung zog er sein Messer aus der Scheide und stach es Ruadan tief in den Hals. Der Vorsitzende hatte den Angriff nicht kommen sehen. Mit aufgerissenen Augen brach er zusammen. Blut sprudelte aus der tiefen Wunde.

»Sie wollten nicht auf mich hören«, sagte Halswan eiskalt. »Das haben sie jetzt davon. Wir können unseren Plan auch ohne sie umsetzen. «

Die Worte hörte Ruadan nicht mehr. Sein Herz hatte aufgehört zu schlagen.

»Oylswan, komm her und versuche seine Gestalt anzunehmen«, befahl der Abtrünnige des Ältestenrates der Aller-Ersten.

Der Angesprochene trat vor.
»Es ist gut, dass niemand weiß, wer du in Wirklichkeit bist«, lachte Halswan. »Ich wusste, dass ich dich irgendwann brauchen würde. «

Oylswan bückte sich und legte eine Hand auf die Stirn des Toten. Ein Zucken zog sich durch seinen Körper. Es schien so, als ob sich sein Körper gegen seine Fähigkeit aufbäumte. Dann zerfloss Oylswan in eine gummiartige flüssige Form, die sich auf dem Boden ausbreitete. Sie brodelte und pulsierte. Das alles dauerte nur Sekunden. Dann hob sich aus der Masse ein dicker Stumpf, der immer mehr die Form des getöteten Vorsitzenden des Zentralrates annahm. Die Gestalt wurde größer und stabiler. Dann festigte sie sich. Der Umformungsprozess war abgeschlossen.

»Ich stehe zu ihren Diensten«, sagte der Worgass. »Wie kann ich behilflich sein? «

»Du wirst den Zentralrat der Raguner nach unseren Vorgaben beeinflussen«, freute sich Halswan. »Ab sofort bist du Ruadan, der Vorsitzende des Zentralrates. Dein Wort wird von allen Räten und Offizieren geschätzt. «

Die wartenden Schutzsoldaten des Abtrünnigen hatten dem Formwandler interessiert zugeschaut. Sie kannten einen Worgass nur aus den Erzählungen früherer Generationen. Sie selbst waren bisher noch keinem begegnet. Obwohl es die Rasse der Aller-Ersten war, welche erste Genmanipulationen an der ursprünglich im Wasser lebenden Species vorgenommen hatte.

»Was machen wir mit der Leiche des Vorsitzenden? «, fragte Nylswan.

»Die brauchen wir nicht mehr«, entschied Halswan. »Beseitigt ihn für alle Zeiten. «

Nylswan zog seinen Laserstrahler aus seinem Waffengurt. Mit seinem Daumen drückte er den dritten Knopf der Einstellungsskala hinein. Dann richtete er den Strahler auf den toten Vorsitzenden.

Er drückte den Abzug. Der Körper des Toten wurde von dem starken Laserstrahl getroffen. Das Feuer des Strahls fraß sich weiter und breitete sich über den ganzen Körper aus. Die Glut brodelte, der Körper schrumpfte förmlich in sich zusammen. Die Leiche des Vorsitzenden des ragunischen Zentralrates fiel verkohlt in sich zusammen. Das Feuer brannte weiter, bis nichts mehr von der toten Person übrigblieb.

Nylswan blickte auf die kleine, am Boden züngelnde Flamme und trat sie mit seinen Stiefeln aus. Das Feuer erlosch. Übrig blieb lediglich ein schwarzer Brandfleck auf dem Bodenbelag.

»Der Vorsitzende wurde dem Höllenbrand übergeben«, sagte er. »Von ihm droht keine Gefahr mehr. «

Halswan nickte seinen Soldaten zu.
»Dieser Einsatz wurde erfolgreich beendet«, flüsterte er. »Gehen wir auf unser Schiff zurück. Morgen nehmen wir uns den Zentralrat vor. «

Der Abtrünnige der Aller-Ersten hob seinen Arm und vollführte eine kreisrunde Bewegung. Mit der Kraft seines Geistes schuf er einen ovalen nebligen Durchgang. Die Schutzsoldaten schlüpften hindurch. Halswan blickte sich noch einmal um. Dann schritt er ebenfalls in den geöffneten Ereignishorizont, der hinter ihm zusammenfiel und erlosch.

Zwei kleine versteckte Sensoren in der Decke des Eingangsbereiches der privaten Unterkunft von Ruadan hatten alles aufgezeichnet. Nachdem sie keine Bewegung mehr wahrnahmen, schalteten sie sich automatisch ab.

Gegenschlag im Zeitstrom

Pünktlich zur vorgegeben Zeit um 8:00 hatte Major Travis die Befehlsgewalt über die Flotte des Neuen-Imperiums übernommen. Gemäß dem Befehl von General Poison, hatten sich die Schiffe in der Umlaufbahn von Tarid formiert. Die Termar 1 setzte sich an die Spitze der Flotte aus 50 Schiffen der Kaiser-Klasse und den 10 neuen Schiffen der Imperator-Klasse. Die Commander des Geschwaders kannten ihre Aufgabe.

Vor wenigen Minuten war ein Schlachtschiff der Aller-Ersten durch ein Wurmloch materialisiert. Die ordnungsgemäße Kennung wurde zeitnah der Raumüberwachung von Natrid gemeldet. Der Einflug des 2.500 Meter messenden Schlachtkreuzers verblüffte selbst Heran, der sich mit seinem 250 Meter messenden Evolutions-Kreuzer ebenfalls an dem Einsatz beteiligte. Ein Verband von 2.500 Schiffen, beobachte die Aktivitäten der Einsatzflotte. Diese Schiffe standen unter dem Befehl von Commander Ciacombo, dem Kommandeur der Heimatverteidigung. Die Einsatzflotte lag vor dem blauen Planeten und glänzte in der Sonne des Sol-Systems.

Major Travis blickte sich auf der Brücke der Termar 1 um. Hier fühlte er sich wohl. Die bekannten Gesichter seiner Crew vermittelten einen eingespielten Eindruck. Bereits viele Abenteuer hatte er mit dem speziellen Schiff der

Naada-Klasse erlebt, das Noel für ihn und einige weitere Commander seines Vertrauens gefertigt hatte. Die Entdeckung einer geheimen Flüchtlingsbasis der Aller-Ersten hatte ein Sicherheitsleck in dem System des Neuen-Imperiums offenbart. Erst seit kurzer Zeit waren dem Imperium Informationen bekannt geworden, dass im Sol-System vor vielen Jahrtausenden schon einmal eine führende humanoide Rasse gelebt hatte. Die sogenannten Raguner sahen sich als technisch hochstehende Rasse an und wollten ihr Imperium immer weiter ausdehnen.

»Die Geschichte wurde ausreichend erörtert«, dachte Major Travis. »Doch von den zeitgesteuerten Wurmlochtoren hätte uns Geoffwan früher etwas mitteilen können. Wir haben ihre Rasse aus der Versklavung durch die Zierrakies befreit und ihr Hilfsvolk die Ablonder unterstützt. Als Dank stellte uns Geoffwan den Kon-Ra-Tak vor. Ihrer Fürsprache ist es zu danken, dass ich und weitere Offiziere des Neuen-Imperiums die relative Unsterblichkeit verliehen bekamen. Doch dass alles änderte nichts an dem Tatbestand, dass die alte Rasse von Energiewesen immer wieder für einen Eklat sorgte. Erst vor wenigen Stunden musste ein Einsatzteam eindringende ragunische Kampf-Soldaten zurückdrängen, welche die Flüchtlingsstation übernehmen, oder zerstören wollten. «

Major Travis schüttelte seinen Kopf. Heinze war neben ihn getreten.

»Das Universum hält immer neue Abenteuer für uns bereit«, bemerkte der Ro.

Er hatte kurz die Gedanken von Major Travis gescannt.
»Mache dir nicht zu viele Gedanken«, ergänzte er. »Das Neuen-Imperium ist auf einem guten Weg. Ist dir eigentlich aufgefallen, dass wir in der Zeit des Aufbaus viele neue Freunde und Unterstützer gefunden haben? Hierüber können wir sehr glücklich sein. Schauen wir uns die Raguner an. Ihnen hilft niemand. «

Major Travis sah seinen kleinen Freund an.
»Wie man in den Wald hineinruft, so schallt es zurück«, erwiderte der Major. »Wir sind nicht auf einem Expansionskurs. Wir nähern uns neuen Rassen auf freundschaftlicher Basis. Wer uns nicht mag, oder nicht dem Neuen-Imperium beitreten möchte, der braucht es auch nicht. In diesem Fall akzeptieren wir das. Diese Rassen brauchen sich nicht zu fürchten, von unserer Flotte angegriffen zu werden. «

»Ich verstehe«, antwortete Heinze. »Das war leider bei den Ragunern nicht so. Viele ihrer Kolonien wurden mit Waffengewalt unterworfen. «

»Wie ich schon sagte, es kommt darauf an Vertrauen in anderen Rassen zu wecken«, erklärte Major Travis. »Nur so ist ein imperialer Zusammenhalt und ein flächendeckender Warenaustausch möglich. Selbst die Najekesio kommen jetzt öfter zu einem politischen Austausch. «

»Ich befürchte, dass uns diese Rasse noch einige Probleme bereiten wird«, erwiderte Heinze. Sie sind immer noch neidisch auf uns, dass wir die Hinterlassenschaften von Natrid zugesprochen bekommen haben. «

»Das glaube ich nicht«, monierte der Major. »Diesen Tatbestand haben sie laut der Aussage von Regierungsrat Kanriel lückenlos akzeptiert. «

»Bei dem letzten Besuch ihrer Abgesandten habe ich ihre Gedanken gescannt«, teilte Heinze mit. »Bei zwei der zwölf Personen konnte ich Absichten, wie Attentate, Sabotagen und die Vernichtung von Raumschiffs-Werften herausfiltern. «

Major Travis blickte ihn erstaunt an.

»Warum erzählst du mir das erst jetzt? «, erkundigte er sich.

»Das war nur ein kurzer Scann ihrer Gedanken«, erklärte Heinze. »Danach waren die Gedanken wieder verschwunden. Ich war mir nicht sicher, ob es erwähnenswert war. «

»Alles ist wichtig«, korrigierte ihn der Major. »Nach unserer Rückkehr werden wir die Sicherheits-Vorkehrungen bei Besuchen von Najekesio-Abgesandten erhöhen. Solange sie solche Gedanken mit sich herumtragen, müssen wir vorsichtig sein. «

Commander Brenzby kam zu den beiden geschritten.

»Worauf warten wir noch? «, fragte er. » Sollte die Mission nicht um 8:00 beginnen? «

»Das ist korrekt«, lächelte der Major. »Doch Admiral Tarin sucht noch einen seiner Offiziere. Sein Flaggschiff wird gleich zu uns stoßen. «

Der Commander blickte Major Travis an.

»Wollte Sirin dieses Mal nicht dabei sein? «, ergänzte er seine Frage.

Der Major schüttelte seinen Kopf.

»Sie geht mit Atlanta shoppen«, erklärte er. »Mir ist das Recht. Sie kümmert sich viel zu selten um ihre weiblichen Vorlieben. Ferner hat sie mir zu verstehen gegeben, dass unser Einsatz diesmal nichts mit einer natradischen Angelegenheit zu tun hat. Sie möchte ihre freie Zeit ausgiebig nutzen. «

»Das wird teuer«, schmunzelte Commander Brenzby.

Major Travis verzog sein Gesicht.

»Das lieber Freund, befürchte ich auch«, konterte er.

Heinze zeigte auf den zentralen Panoramaschirm.

»Admiral Tarin ist gestartet«, sagte er. »Er wird gleich bei uns sein. «

Commander Brenzby und Major Travis nickten.

»Machen wir uns bereit«, entschied er.

Der Major blickte seinen Funk-Offizier an.

»Sergeant Farmer«, sagte er. »Bitte öffnen sie mir eine Verbindung zu unserer Flotte. «

Der angesprochene Offizier drückte einige Knöpfe.

»Sie können sprechen, Herr Major«, sagte er. »Die Verbindung baut sich auf. «

»Danke«, antwortete er und griff nach seinem Communicator.

»Hier ist Major Travis«, sprach er in sein Gerät. »Ich habe das Oberkommando über unsere Flotte übernommen. Das Schiff der Aller-Ersten öffnet uns ein Wurmloch in die Vergangenheit des Sol-Systems. Wie sie wissen werden, gab es eine frühe humanoide Rasse in diesem System. Ihr Planet wurde vor vielen Jahrtausenden von einer angreifenden, aggressiven Rasse zerstört. Die Raguner, so nennt sich diese Rasse, hat ein gewaltiges Imperium erschaffen.

Durch eine fremde Unterstützung besitzen sie ebenfalls die Technik, um zeitgesteuerte Wurmlöcher zu öffnen. Das haben wir erst kürzlich an ihrem Eindringen in die geheime Flüchtlings-Station der Aller-Ersten gespürt. Die Führung des Neuen-Imperiums hat sich entschlossen einzugreifen, um den Ragunern die Möglichkeit zu nehmen, die Vergangenheit in ihrem Sinne zu manipulieren. So wie mir General Poison mitteilte, haben sie sich alle freiwillig zu dieser riskanten Mission gemeldet. Für ihr Arrangement danke ich ihnen aufrichtig.«

Major Travis ließ eine kleine Pause vergehen. Dann fuhr er fort.

»Aktiveren sie ihre Schutzschirme und das Tarnfeld ihrer Schiffes«, befahl er. »Wir fliegen zunächst nur in die Zeitepoche des 5. Planeten unseres Systems ein und sondieren die Lage. Weitere Befehle erfolgen vor Ort. Einzig das Schiff unserer Gönner, die Aller-Ersten, wird ohne eine Tarnung durchfliegen. Sie versuchen auf dem Wege der Konsultation, mit dem Zentralrat der Raguner eine Einigung zu erzielen. Bitte bestätigen sie meinen Befehl. Das gilt auch für das Flaggschiff von Admiral Tarin.«

»Eingehender Funkspruch von Heran«, meldete Sergeant Farmer.

»Stellen sie laut«, befahl der Major.
»Hier ist Heran«, hallte es aus den Lautsprechern. »Gilt die Anweisung auch für mich. Ich bin schon unzählige Mal durch ein Wurmlochfenster geflogen. Für mich ist das nichts Neues. «

Lautes Gelächter breitete sich auf der Brücke aus. Die Offiziere kannten Heran und seine plumpe Art. Doch sie schätzten den Lantraner ebenso sehr als Freund und kannten die ungeahnten Möglichkeiten seines Waffenarsenals.

»Das wissen wir«, antwortete Major Travis. »Aktivere dein Tarnfeld und folge uns in einem kurzen Abstand. Die Raguner müssen nicht die Bauart deines Schiffes registrieren. «

»In Ordnung«, antwortete Heran. »Hiermit bestätige ich die Befehle. Wir sehen uns auf der anderen Seite. «

Die Verbindung brach ab.
Ein Aufschrei ließ Major Travis, Commander Brenzby und Heinze sich umdrehen. Auf der Brücke der Termar 1 war eine weiße, ovale nebelige Türe, aus dem Nichts erstanden. Aus der nebeligen Schicht trat Geoffwan heraus. Er trug eine weiße Kutte, die Kapuze bedeckte sein Haupt. Er nickte den Offizieren des Schiffes freundlich zu.

»An diese Art zu reisen, muss man sich erst noch gewöhnen«, lächelte Major Travis den Abgesandten der Aller-Ersten an.

Geoffwan hob die Hand zum Gruß. Der Major und seine Begleiter erwiderten diesen höflich.

»Ich habe registriert, dass sie bereit sind«, sagte der Sprecher des Ältestenrates. »Informieren sie bitte ihre Schiffe, ihre Antriebe zu zünden. Dann werde ich das zeitgesteuerte Wurmloch nach Ragun öffnen. «

Commander Brenzby informierte Sergeant Hausmann. Sein Funkspruch erreichte die wartende Flotte in wenigen Sekunden.

»Die Bestätigungen kommen bereits rein«, antwortete der Funk-Offizier. »Unsere Schiffe sind bereit. «

Major Travis blickte Geoffwan an.
»Wir warten auf sie«, lächelte er. »Öffnen sie bitte ihr zeitgesteuertes Wurmloch. «

Der Aller-Erste verbeugte sich freundlich und schritt auf den großen Panorama-Bildschirm des Schiffes zu. Er zog ein Amulett unter seiner Kutte hervor und hielt es hoch. Schnell drückte er 8 Symbole hierauf. Obwohl Major Travis genau hinsah, konnte er die Kombination der Symbole nicht erkennen.

Vor der Termar 1 öffnete sich ein runder, hellblauer Durchgang.

»Fliegen sie hindurch«, sagte Geoffwan. »Das Wurmloch wird so lange stabil bleiben, bis unser eigenes Schiff eingetaucht ist. «

»Ich wusste gar nicht, dass sich mit den Amulett-Steuerungen auch zeitgesteuerte Wurmlöcher öffnen lassen«, sagte er erstaunt.

Geoffwan sah ihn ärgerlich an.
»Halten sie dieser Erkenntnis bitte für sich«, antwortete er. »Wir haben bereits zu viele Probleme. Das muss nicht auch noch bekannt werden. «

Die Termar 1 beschleunigte und tauchte als 1. getarntes Schiff in den künstlichen Ereignishorizont ein. Die restlichen Schiffe folgten in einem kurzen Abstand. Als letzter Kreuzer flog das Schiff der Aller-Ersten in das hellblaue Licht des künstlichen Durchganges.

Noch bevor der runde Wurmloch-Durchgang vor dem ragunischen Zentralplaneten erloschen war, rauschten zahlreiche Wachflotten auf ihn zu. Die Schiffe des Neuen-Imperiums hatten sich etwas abseits positioniert und warteten ab. Das Bild des Planeten Ragun war ihnen bisher nicht bekannt. Er schien glitzernd im All zu stehen. Unzählige kleine Lichtquellen strahlten von ihm ab. Der Planet war ein einziger großer Industrieplanet. Nur wenige grüne Flächen konnten die Sensoren der Schiffe ausmachen.

Major Travis pfiff durch seine Zähne und blickte auf das Echtzeitbild der Tiefensensoren.

»Dort wird eine nicht abschätzbare Menge von Energie verbraucht«, bemerkte Commander Brenzby.

»Das ist nicht verwunderlich«, bemerkte Geoffwan. »Die Fertigungswerften der ragunischen Raumfahrtindustrie, die Werften und alle Zulieferer wurden aufgefordert Tag und Nacht zu produzieren. So sieht eine globale Mobilmachung aus. «

»Ich erhalte erste Ortungsdaten, teilte Sergeant Dantow mit. »Das innere System um diesen Planeten gleicht einer Festung. Ich registriere eine große Menge an Schiffen in unterschiedlichen Klassen. «

Er blickte nochmals auf seinen Monitor.
»Ich sende die Daten in Tabellenform auf den zentralen Bildschirm«, entschied er.

Schnell bauten sich die Daten auf.

7.000 Schiffe einer 5.000 Meter-Klasse,

10.000 Schiffe einer 3.000 Meter-Klasse,

15.000 Schiffe einer 2.000 Meter-Klasse,

20.000 Schiffe einer 1.500 Meter-Klasse,

30.000 Schiffe einer 1.000 Meter-Klasse,

50.000 Schiffe einer   500 Meter-Klasse,

70.000 Schiffe einer   100 Meter-Klasse,

120.000 Kampf-Jets.

Major Travis blickte Geoffwan an.

»Wir sind in einem Wespennest herausgekommen«, erklärte er. »Es ist gut, dass die Raguner nicht über ein Tarnfeld bei ihren Schiffen verfügen.

»Das Schiff der Aller-Ersten hat den künstlichen Durchgang passiert«, teilte Sergeant Farmer mit.

Auf dem Schirm sahen die Beobachter, wie sich das große 2.500 Meter messende Schiff vor die getarnten Schiffe setzte und langsam auf die anfliegende Wachflotte der Raguner einschwenkte.

»Ich muss auf mein Schiff zurück«, bemerkte Geoffwan. »Dort will ich einige Gespräche tätigen. So sagt man das doch bei ihnen auf Tarid? «

»Gehen sie«, lächelte Major Travis. »Für Geschichten haben wir später noch Zeit. «

Geoffwan hatte bereits den nebeligen Durchgang geöffnet. Mit schnellen Schritten schritt er hindurch. Das neblige Gebilde fiel in sich zusammen und löste sich auf.

»Den ganzen Planeten scannen und alle Daten speichern«, befahl Major Travis. »Alles Ungewöhnliche aufzeichnen, Schiffe, Truppenbewegungen und Sicherheitseinrichtungen. Die Auswertungen erfolgen später auf Natrid.«

In der inneren Sicherheitszone des Zentralplaneten der Raguner herrschte ein starker Schiffsverkehr. Die von der Termar 1 gescannten Militärschiffe kreuzten das innere System und überwachten alle Schiffsverbände. Die Arthropoden, als Abgesandte der Göttlichen Macht, hatten die Stärke der Raguner mittlerweile richtig eingeschätzt. Obwohl sie nicht direkt die Zentralwelt des großen Imperiums angriffen und lieber langsam mit ihrer Allianzflotte an der Front gegen sie kämpften, befahlen sie ihren Alliierten des Öfteren Vernichtungsflüge gegen wichtige Einrichtungen der Zentralwelt durchzuführen.

Auf diese Weise sollte der Nachschub an Raumschiffen für die gehassten Humanoiden ausgehebelt werden. In einer Flotte von Kolonialschiffen, verbarg sich meisten ein von ihnen gekapertes Schiff. Dieses wurde vor dem Flug mit reichlich Sprengstoff beladen. Die Piloten der Schiffe waren Humanoide. Niemand erkannte ihr Vorhaben. Sie gaben vor, mit anderen Schiffen zu der Zentralwelt zu flüchten. Doch diese Personen waren schon lange von den Kindern der Arthropoden infiziert. Sie lenkten ihren Willen. Der Parasit hatte sich unlösbar mit dem Hirnstamm ihres Körpers verbunden.

Die Wachflotte von Ragun stoppte das Schiff der Aller-Ersten. Es schienen Hyperkomm-Funksprüche ausgetauscht zu werden.

Die Termar 1 und ihre Begleitschiffe sahen, wie eine Flotte von 69 kleineren Flüchtlingsschiffen im Normalraum materialisierte. Langsam flogen sie auf den Zentralplaneten zu. Vermutlich wurden sie erwartet. Ein Geschwader von nur 12 Kampf-Jets eskortierte sie zu einem freien Raumhafen. Vorsichtig gingen die Schiffe in den Landeanflug über. Sie tauchten immer tiefer und zündeten die Bremsdüsen. Die Kampf-Jets beobachten die Landung akribisch. Plötzlich beschleunigte ein Schiff und scherte aus dem Sinkflug aus. Es scherte aus der Formation und tauchte tiefer in die Atmosphäre ein. Dann flog es einen Bogen und schwenkte auf einen großen Industriekomplex ein.

Die Kampf-Jets reagierten in Sekunden. Auch sie beschleunigten und jagten dem Schiff hinterher. Noch im Landeanflug wurde das Schiff mit den Nadelstrahlen ihrer Tragflächen beschossen. Ihre Laserstrahlen setzten den Antrieb in Brand. Feuer schlug aus dem Heck des Schiffes. Die Außenwand des Schiffes glich einem Schweizer-Käse. Zahlreiche Brandflecken und Einschüsse ließen es trudelnd und von seinem Kurs abweichen. Doch hierauf hatte ein zweites Schiff nur gewartet.

Aus der landenden Kolonieflotte scherte es aus und beschleunigte mit Höchstwerten. Es war wesentlich kleiner und schneller als das Erste. Es tauchte tiefer in die Atmosphäre ein. Die Frontpartie leuchtete rot auf. Der Eintauchwinkel des Schiffes war von dem Piloten nicht ideal ausgerichtet worden. Sein Kurs war auf ein großes Industrie-Areal ausgerichtet. Als das erste Schiff in einer grellen Explosion verging, bemerkten die Piloten der Kampf-Jets ihre Fehleinschätzung der Lage. Sie flogen eine Schleife und beschleunigtem dem zweiten Ausreißer hinterher. Doch es war zu spät. Krachend schlug das zweite Schiff in eine ragunische Raumschiffs-Werft ein und zerstörte sie. Gewaltige Explosionen ließen die Erde beben, mehrere Feuersäulen rasten in den Himmel des Planeten und zogen Qualm- und Rauchfahnen hinter sich her.

Major Travis schüttelte seinen Kopf.

Er blickte Commander Brenzby und Heinze an.

»Der Krieg hat den ragunischen Planeten erreicht«, sagte Major Travis erschütternd. »Ich verstehe die Raguner nur allzu gut. Wir würden auch alles Menschenmögliche ausprobieren, um unsere Welt vor dem Untergang zu retten. «

Aufgeschreckte Schiffsverbände rasten an den getarnten Schiffen des Neuen-Imperiums vorbei. Sie stoppten anfliegende Schiffsverbände mit weiteren geflohenen Kolonisten.

Major Travis hatte vorsichtshalber die vollständige Alarm-Bereitschaft für alle Schiffe ausrufen lassen. Er war sich nicht sicher, wie ausgereift die Ortungstechnik der Raguner entwickelt war. Falls sie auch nur zum Teil die Tarnfelder der Schiffe aus dem Neuen-Imperium ausheben konnte, musste jederzeit mit einem Angriff gerechnet werden. Immer wieder wurden die Geräusche der Ortungstaster hörbar, die das Rasseln von Abtastern wiedergaben. Sergeant Dantow meldete kontinuierlich Aufrisse des Hyperraums, die von abfliegenden oder ankommenden Geschwadern ragunischer Flottenverbänden stammten.

»Es brodelt hier an allen Ecken und Kanten«, meldete Sergeant Dantow. »Es ist unmöglich, die zahlreichen Schiffe mit einem festen Standort zu belegen. Sie wechseln alle fünf Minuten ihre Positionen. Nach unserer Ansicht ist das ein heilloses Durcheinander.

»Wir sehen es auf dem Bildschirm«, antwortete der Major. »Sie scheinen etwas zu suchen. «

Plötzlich erhellte sich der Bildschirm vor ihnen. Ein ragunisches Groß-Kampfschiff war materialisiert und kreuzte den Kurs der Termar 1.

»Das war knapp«, bemerkte Sergeant Hausmann.
»Sie können uns nicht orten«, bestätigte Sergeant Dantow. »Unsere modifizierten Tarnfelder sind perfekt. «

Der mächtige Feuerschlag des ragunischen Giganten einer 5.000 Meter-Klasse kam überraschend. Aus seinen rechten Geschützstürmen wurden gebündelte Nadelstrahlen auf drei Kampfkreuzer einer 1.500 Meter-Klasse gefeuert. Die Waffentürme der angegriffenen Schiffe kamen nicht mehr dazu, eine Gegenwehr zu leisten. Wie ein starkes Gewitter brachen die unzähligen Laserstrahlen über die drei Schiffe herein. Zwei der Kampfkreuzer wurden förmlich in der Mitte auseinandergeschnitten.

Aus den Öffnungen wurden Personen der Besatzung und Einrichtungsgegenstände ins All gezogen. Brände verpufften aus abgerissenen Energieleitungen. Einige Besatzungsmitglieder hatten es noch in Rettungskapseln geschafft. Zahlreiche Luken an dem Schiff öffneten sich. Aus ihnen wurden die schlanken Evakuierungskapseln herausgeschossen. Außerhalb zündeten sie ihr kleines Triebwerk und brachten sich aus der Gefahrenzone.

Währenddessen hatte sich der Raumschiffs-Gigant dem letzten Ziel zugewandt. Seine Lasersalven schlugen in den Kreuzer ein und ließen seinen Schutzschirm rot anlaufen.

Die Offiziere der Termar 1 erkannten, wie von dem letzten Kreuzer große Aufbauten abgeschnitten wurden. Doch das Schiff konnte noch seine Abwehrtürme auf den Angreifer ausrichten. Es fing an zu feuern. Der Gigant der 5.000 Meter-Klasse wurde mit einem heißen Abwehrfeuer eingedeckt. Wütend konzentrierte dieser sein Feuer auf die noch intakten Abwehrtürme. Zahlreiche Explosionen zeugten von erfolgreichen Treffern.

Weitere Strahlen durchbrachen den Schutzschirm des Kreuzers. Sie drangen tief in sein Innerstes ein. Im Salventakt feuerte das große Schiff auf das Kleinere. Dann wurde der Antrieb des Kreuzers getroffen und fiel aus. Brände breiteten sich auf dem Schiff aus. Selbst die Kälte des Weltraums konnte sie nicht löschen. Sie fraßen sich immer weiter vor. Als dann das Vorderschiff ergriffen wurde, setzten die Abwehrgeschütze aus. Das Schiff konnte seinen Kurs nicht mehr halten und trudelte in die Trümmerteile seiner beiden Kollegenschiffe. Der Gigant der 5.000 Meter-Klasse stellte seinen Beschuss ein. Zuschauend registrierte er, wie das angegriffene Schiff weiter ausbrannte. Dann registrierte die Crew der Termar 1 drei massive Salven in den Antrieb des Schiffes einschlagen. In einer brachialen Explosion verging das Schiff in einer hellen Atomsonne.

»Eine ungemütliche Gegend«, sagte Major Travis zu Commander Brenzby. »Wir sollten zusehen, dass wir hier wieder fortkommen. «

»Haben wir eine Nachricht von Geoffwan und seinem Schiff erhalten? «, erkundigte er sich.

Sergeant Farmer schüttelte seinen Kopf. Er war der leitende Offizier der Kommunikation.

»Nichts«, antwortete er. »Das Schiff hält Funkstille. «
»Ich habe nichts gegen ruhige Entscheidungen«, antwortet Major Travis. »Doch bei unseren Freunden,

den Aller-Ersten wäre es nicht schlecht, wenn sie ihre Kontaktaufnahme etwas beschleunigen würden. «

»Das Schiff der Aller-Ersten ist von 20 ragunischen Schiffen eingekreist«, teilte Sergeant Dantow mit. »Es kann unmöglich beschleunigen, ohne ein ragunisches Schiff zu rammen? «

»Die Front-Sensoren auf das Schiff richten«, befahl der Major.

Auf dem großen Bildschirm der Termar schaltete das Bild um. In der Mitte des Monitors war das 2.500 Meter messende Schiff von Geoffwan und seinen Begleitern zu sehen. Ragunische Schiffs-Giganten der 5.000 Meter Klasse, hatten sich dem Schiff genähert und eine kreisrunde Barriere aufgebaut.

Major Travis und die Brücken-Offiziere der Termar 1 sahen, sich um das Schiff der Aller-Ersten sekundenschnell ein Schutzschirm aufbaute.

»Können wir den Hyperkomm-Funkverkehr mit verfolgen? «, fragte er.

Funk-Offizier Farmer nickte bestätigend.

»Ich denke, das sollte funktionieren«, antwortete er. »Da uns die Raguner nicht orten können, werden sie ihre Funksprüche nicht verschlüsseln. Ich starte die Frequenzsuche. «

Nach wenigen Sekunden leuchtete ein rotes Signal an seiner Konsole.

»Die Frequenz wurde gefunden«, erklärte er. »Ich schalte auf die Bordlautsprecher um. «

Major Travis nickte zustimmend.

»Hier spricht Geoffwan, Sprecher der Ältestenrates der Aller-Ersten «, tönte es aus den Lautsprechern. »Ich ersuche um ihre Landegenehmigung und um ein Gespräch mit dem Vorsitzenden des Zentralrates von Ragun. Wir sind in einer dringenden Angelegenheit zu ihnen gekommen. Dürfen wir sie um eine sofortige Antwort bitten. «

»Hier spricht Lenus, Kommandeur der ragunischen Abfangflotte«, klang es von dem Flaggschiff der Raguner aus den Lautsprechern. »Sie sind unautorisiert in die Sicherheitszone des Zentralplaneten eingedrungen. Fahren sie ihre Waffentürme ein, ansonsten eröffnen wir ein konzentriertes Feuer auf ihr Schiff. Ihre ausgefahrenen Waffentürme vermitteln uns ihre kriegerischen Absichten. Diese Aufforderung wird nicht mehr wiederholt. «

Es klackte kurz in der Verbindung. Dann vernahmen die Offiziere der Termar 1 erneut die Stimme von Geoffwan.

»Wir kommen mit friedlichen Absichten«, antwortete er. »Um unseren guten Willen zu demonstrieren, fahren wir die Waffentürme unseres Schiffes ein. «

Aus dem Bildschirm sahen die Beobachter, wie dass 2.500 Meter-Schiff der Aller-Ersten alle Geschütz-Batterien der Backbord und Steuerbordseite einfuhr.

Wieder meldete sich die Stimme des Flotten-Kommandeurs Lenus.

»Hier spricht Lenus, Oberbefehlshaber der ragunischen Abfangflotte«, hallte es auf der Brücke. »Unsere Sensoren bestätigen die Deaktivierung ihrer Waffentürme. Ich danke ihnen für ihre Kooperation. Der Zentralrat unseres Planeten wird über ihre Ankunft unterrichtet. Wir werden eine Anfrage an ihn richten, ob er bereit ist mit ihnen zu sprechen. Warten sie einen Augenblick. Ich melde mich wieder. Deaktivieren sie ihren Antrieb und bleiben sie auf ihrer jetzigen Position, bis sie neue Anweisungen erhalten.«

»Wir warten auf ihre Meldung«, bestätigte Geoffwan. Dann brach die Funkverbindung ab.

Major Travis blickte Heinze an.
»Kannst du den Flotten-Kommandeur Lenus erfassen?«, fragte er. »Die ragunischen Schiffe sind sich sehr sicher und haben ihre Schutzschirme nicht aktiviert. Wir brauchen die Koordinaten der ragunischen Wurmloch-Forschungs-Station.«

»Ich probiere es«, antwortete der Ro.
Sein Gesicht legte sich in Falten, seine Augen waren geschlossen. Major Travis registrierte, wie sich Schweiß auf der Stirn seines kleinen Freundes ausbreitete.

Heinzes Kräfte sprangen von Person zu Person auf dem großen Flaggschiff der Raguner. Dann endlich hatte er Kommandeur Lenus gefunden. Vorsichtig drang er in sein Gedächtnis ein und durchforstete die abgelegten Erinnerungen. Er grub sich tiefer und tiefer. Dann endlich hatte er die Erinnerungen der letzten Erlebnisse gefunden. Vorsichtig, ohne einen Scherz zu hinterlassen, zog er sich aus dem Gehirn des ragunischen Kommandeurs zurück.

Lenus sah mit starren Augen seinen Funk-Offizier an. Die Erinnerungen an die Wurmloch-Forschungsstation kamen in sein Gedächtnis. Diese lag auf einem kargen Asteroiden nahe dem Tau-Ceti Gestirn. Die Koordinaten des Asteroiden liefen durch seine Gedanken. Lenus war nicht klar, warum er sich gerade jetzt an die vergangene Mission erinnerte.

»Die Verbindung zu dem Zentralrat von Ragun wird aufgebaut«, meldete der Funk-Offizier. »Ich versuche, den Vorsitzenden Ruadan zu erreichen. «

Der Zentralrat von Ragun

Der Zentralrat auf Ragun hatte sich noch nicht lange versammelt. Der Sitzungssaal war bereits mit den angereisten Systemräten gefüllt. Elite-Soldaten und ragunische Kampf-Roboter sicherten innerhalb und außerhalb den Saal und das Gebäude. Niemand konnte hier ohne Absprache eindringen. Auch aufgrund der zunehmenden Anzahl von arthropodischen Agenten, die auf unterschiedlichen Kolonien gefasst wurden, waren die Sicherheitsbestimmungen nochmals verstärkt worden. Jede Person musste seit kurzer Zeit mehrere Körperscanner durchqueren, um die Residenz des Zentralrates betreten zu können.

Muuda blickte die restlichen Ratsmitglieder an.
»Was ist mit Ruadan? «, fragte er. »Hat jemand eine Nachricht von ihm erhalten? «

Die Mitglieder des Zentralrates schüttelten ihren Kopf.
»Wir haben ihn seit gestern nicht mehr gesehen«, antwortete ein Mitglied.

»Es ist ungewöhnlich, dass sich Ruadan verspätet«, antwortete Muuda. »Er ist sonst immer einer der Ersten bei unseren Sitzungen. «

Ein Saaldiener kam mit schnellen Schritten zu dem erhobenen Podest des Rates getreten.

Muuda hob seinen Kopf und blickte ihn fragend an.
»Ich habe eine Anfrage von Flotten-Kommandeur Lenus«, flüsterte er. »Er hat mit 20 Großkampfschiffen unserer Heimatverteidigung ein eingedrungenes Schiff der Aller-Ersten gestoppt. Geoffwan, der Vorsitzende des Regierungsrates bittet um eine Landegenehmigung und um ein Gespräch mit Ruadan.

»Noch mehr von diesen Aller-Ersten auf unserem Planeten? «, fragte der stellvertretende Vorsitzende ärgerlich. »Der Abgesandte Halswan bereitet uns eigentlich genug Probleme. «

Er blickte den Saaldiener kurz an.
»Steht die Funkverbindung noch? «, erkundigte er sich.

»Das Flaggschiff wartet auf meine Antwort«, entgegnete der Saaldiener.

»Lassen sie mich persönlich mit dem Kommandeur sprechen«, befahl der stellvertretende Vorsitzende.

Der Saaldiener reichte Muuda den mobilen Kommunikator.

»Hier ist der stellvertretende Vorsitzende des Zentralrates«, sprach er in das Gerät. »Mein Name ist Ratsmitglied Muuda. »Was kann ich für sie tun, Kommandeur Lenus? «

»Ich habe eigentlich nach dem Vorsitzenden Ruadan verlangt«, tönte es aus dem Empfangsgerät.

»Ruadan ist noch nicht hier«, antwortete Muuda. »Ich habe in seiner Abwesenheit die Amtsgeschäfte übernommen. Kommen sie endlich zu dem Grund ihres Funkspruches. «

»Wir haben ein Schlachtschiff der 2.500 Meter-Klasse unserer Schöpfer abgefangen«, antwortete er. »Es ist unautorisiert in die Sicherheitszone unseres Planeten eingedrungen. Ich habe das Schiff einkesseln lassen. Der Sprecher des Ältestenrates der Aller-Ersten bittet um eine Landeerlaubnis und verlangt unverzüglich nach einem Gespräch mit Ruadan. «

»Er kann hier überhaupt nichts verlangen«, erwiderte Muuda verärgert. »Können sie mich auf die Leitung aufschalten, dass ich mich direkt mit diesem Geoffwan unterhalten kann? «

»Das geht«, entgegnete Lenus. »Warten sie einen kurzen Moment. »Ich rufe das Schiff der Aller-Ersten und schalte sie auf den Hyperkomm-Funkspruch. «

Nach wenigen Sekunden meldete sich Lenus wieder. »Die Verbindung zu dem Schiff der Aller-Ersten steht«, sagte er. »Ich schalte sie jetzt auf die Funkverbindung. «

»Hier ist Muuda, stellvertretender Vorsitzender des Zentralrates«, sprach er in seinen Kommunikator. »Was gibt es so Dringendes? «

»Mein Name ist Geoffwan«, klang es aus dem Empfänger des Kommunikator. »Ich möchte unverzüglich mit Ruadan sprechen. «

»Ruadan ist nicht da«, antwortete Muuda. »Sie werden schon mit mir reden müssen. Warum sind sie ohne eine Autorisierung in die Sicherheitszone unseres Planeten eingedrungen? Sie kennen doch auch die Vorschriften bezüglich eines Einfluges? «

»Wir kommen aus einer weit entfernten Galaxie zu ihnen«, antwortete Geoffwan. »Leider passieren schon einmal kleine Abweichungen bei der Errechnung eines Kurses. «

»Kommen sie zum Punkt«, sprach Muuda in den Kommunikator. »Was wollen ausgerechnet sie in unserem Heimatsystem? Wir haben ihren hinterhältigen Verrat aufgedeckt. Die zeitgesteuerte Wurmlochanlage unserer Forschungsanlage wurde trotz ihrer Sicherheitsmaßnahmen von uns in Betrieb genommen. «

»Das wissen wir und bedauern es zutiefst«, antwortete Geoffwan. »Ihr Volk ist noch nicht auf dem geistigen Stand angelangt, um gewissenhaft mit einer solchen Einrichtung umzugehen. «

Der Aller-Erste bemerkte, wie Muuda schluckte. Doch bevor er etwas sagen konnte, sprach Geoffwan weiter.

»Der Grund unseres Besuches ist ein Abtrünniger unseres Volkes«, ergänzte er. »Wir suchen ein ehemaliges Mitglied unseres Rates. Sein Name ist Halswan. Seine Spur hat uns in ihr Imperium geführt.

Liefern sie uns den Flüchtigen unverzüglich aus. «

Muuda lachte laut auf.
»Ihnen ist also ein Ratsmitglied abhandengekommen«, spottete er. »Warum glauben sie, dass er sich bei uns versteckt? Auch wir nehmen nicht jede geflüchtete Person auf. «

»Wir wissen, dass er auf Ragun ist und sich bei ihnen versteckt«, antwortete Geoffwan. »Liefern sie uns Halswan aus. Er wird sich vor unserem Ältestenrat verantworten müssen. «

»Halswan ist ein Gefangener des Zentralrates von Ragun«, antwortete Muuda. »Er wird nicht an sie ausgeliefert. Ist das jetzt bei ihnen angekommen? Ziehen sie sich mit ihrem Schiff zurück, ansonsten lasse ich sie vernichten. Wir haben genug von Ihnen, von unseren

Schöpfern und von alle denen, die uns Hilfe lediglich als heiße Worte anbieten. «

»Ich ersuche sie nochmals, Halswan an uns auszuliefern«, mahnte ihn Geoffwan. »Falls sie diesem Wunsch nicht entsprechen sollten, dann werden wir ihn uns selbst holen. «

Muuda lachte nochmals laut auf.
»Versuchen sie das«, sprach der in den Kommunikator. »Dann habe ich endlich einen Grund auf sie feuern zu lassen. «

Die Verbindung brach ab.

Sicherheitszone des Zentralplaneten

Die Crew der Termar 1 sah, wie die ragunischen Schiffe die Luken ihrer Geschütztürme öffneten. Die massiven Waffentürme wurden automatisch ausgefahren.

»Stellen sie eine abhörsichere Verbindung zu Geoffwan her«, befahl Major Travis.

»Die Verbindung baut sich auf«, bestätigte Sergeant Farmer. »Sie können sprechen, Herr Major. «

»Hier ist Major Travis, ich rufe Geoffwan«, sprach er ruhig in seinen Communicator.

Der Sprecher der Aller-Ersten meldete sich sofort. »Geoffwan spricht, « antwortete er. »Die Raguner lassen uns nicht landen. «

»Wir haben mitgehört«, sagte Major Travis. »Ihre Schlachtschiffe haben ihre Waffentürme ausgefahren. Ziehen sie sich mit ihrem Schiff in unsere Richtung zurück.«

»Sie werden es nicht wagen uns anzugreifen«, sagte Geoffwan. »Wir sind ihre Schöpfer. «

»Das scheint die Raguner nicht zu interessieren«, antwortete Major Travis. »Aktivieren sie ihren Antrieb und kommen sie in einer gemäßigten Geschwindigkeit zu uns zurück. Wir sind im Besitz der Koordinaten der zeitgesteuerten Wurmlochanlage ihres Forschungs-Asteroiden. Hierum kümmern wir uns als Erstes. Dann überlegen wir uns einen neuen Plan und kommen zurück. Dieser wird ausgelegt sein, um die bodengebundenen Wurmloch-Tore auf Ragun zu vernichten und ihren abtrünnigen Halswan zu ergreifen. «

Geoffwan überlegte einen Augenblick.

»Wir sind einverstanden«, antwortete er. »Wir kommen zu ……«

In dem Moment eröffneten die 20 ragunischen Großkampfschiffe das Feuer auf das Schiff der Aller-Ersten. Muuda hatte den Angriffsbefehl erteilt, sofern das Schiff keine Anstalten machte sich zurückzuziehen.

»Sie greifen uns an«, hörte der Major den Aller-Ersten sagen.

Die Verbindung brach ab.

Hektik brach auf der Brücke der Termar 1 aus. Die Offiziere sahen, dass sich der Schutzschirm des Schiffes zum Teil in eine tiefrote Farbe verfärbte. Die starken Nadelstrahlen der ragunischen Schiffe schlugen ohne Gegenwehr in den Schirm des 2.500 Meter messenden Schiffes ein. Noch hielt er den Einschlag der zahlreichen Lasersalven aus.

»Stellen sie mir einen Funkkontakt zu unseren Imperator-Schiffen her«, befahl Major Travis.

Die Leitung baute sich auf.

»Hier ist Major Travis, Oberbefehlshaber der Flotte des Neuen-Imperiums«, sprach er in den Communicator. »Ich bitte die Commander der Imperator-Schiffe, der Termar 1 Beistand zu leisten. Wir fliegen in den Rücken der ragunischen Schiffe und eröffnen mit allen unseren Waffentürmen das Feuer. So lenken wir sie hoffentlich von dem Beschuss der Aller-Ersten ab. Wir geben Geoffwan die Möglichkeit zu fliehen und sein Schiff zu tarnen. Feuern sie im eigenen Ermessen. Bestätigen sie den Befehl. «

Die Verbindung wurde beendet.

»Sergeant Hausmann, halbe Kraft voraus«, befahl Major Travis. »Wir setzen uns in den Rücken der ragunischen Groß-Kampfschiffe. Hyperspace-Kanone und das Sternenfeuer-Geschütz bereitmachen. «

Sergeant Minta legte in Windeseile einige Hebel und leitete erforderliche Energie um. Er war für die Energieverteilung zuständig.

»Die Bestätigungen kommen herein«, meldete Sergeant Farmer. »Alle 10 Schiffe unserer Imperator-Klasse haben ihre Positionen eingenommen. «

»Enttarnen und feuern«, befahl Major Travis.

Die Hypertronic-KI des Flaggschiffes hatte sich bereits mit den anderen KI's der Schiffe verbunden.

Major Travis blickte auf den Bildschirm der Termar 1. Das Schiff der Aller-Ersten hatte ihre Waffentürme ausgefahren und leistete erbittert Widerstand. Doch die Anzahl der Angreifer war erdrückend. Immer wieder verfärbte sich der Schutz des Schiffes an unterschiedliche Stellen. Noch hatten die Raguner nicht registriert, dass ein gebündelter Angriff ihrer Nadelstrahlen besser gewesen wäre. Sie wurden wachgerüttelt, als die Ortungstaster und die Annäherungssensoren auf einmal laute Warnsignale abgaben. Doch es war bereits zu spät. Die ragunischen Schlachtschiffe wurden durch das Laserfeuer der Schiffe des Neuen-Imperiums massiv durchgeschüttelt. Die Raguner erkannten 11 neue Gegner auf ihren Ortungs-Schirmen. Die Schiffskonstruktionen konnten sie nicht zuordnen. Es gab keine Hinweise hierauf in ihren Datenbanken.

Die 60 Geschütztürme der 3.000-Meter messenden Schiffe der Imperator-Klasse, fauchten ihre dicken Lasersalven den ragunischen Schiffen zu. Nach und nach wurden die Gefechtstürme auf ihren Schiffen getroffen und abgerissen. Flammen schlugen aus den offen Energie-Leitungen, der aufgerissenen Bordwände. Obwohl die 20 heimatlichen Schiffe nur 11 Gegner gegenüberstanden, wurden sie von der Wucht des Angriffes schwer durchgerüttelt und von ihrer Position versetzt. Der Schutzschirm eines ragunischen Schiffes flackerte plötzlich in roter Farbe auf. Das auftreffende Geschoss aus einer Hyperspace-Kanone, zerriss das große Schiff in seine Bestandteile. Eine helle Atomsonne blendete die Besatzungen der restlichen Schiffe.

Auf das Schiff der Aller-Ersten, schien keine der ragunischen Besatzungen mehr zu achten. Es tarnte sich und flog aus der Gefahrenzone, zu den restlichen wartenden Schiffen des Neuen-Imperiums. Die neuen Kampfboliden der Imperator-Klasse nahmen einen Dauerbeschuss der feindlichen Schiffe vor. Aber auch mit den neuen Sternenfeuer-Geschützen war nicht zu spaßen. Es komprimierte einen massiven Laserstrahl, der sich im Anflug auf das ausgewählte Ziel, auf der Hälfte seiner Strecke in 24 kleinere Strahlen aufteilte. Der Einschlag unzähliger Salven, ließen die ragunische Schiffe verzweifeln. Auch die Termar 1 sparte nicht mit ihrem Laserfeuer. Immer mehr Geschütztürme wurden von den Schiffen der ragunischen Flotte abgesprengt.

»Weitere 500 schwere Schiffs-Giganten auf Abfangkurs«, meldete Sergeant Dantow. »Vermutlich wurde Verstärkung angefordert. «

Major Travis griff nach seinem Communicator.

»An alle Schiffe«, sprach er hinein. »Der Kreuzer unserer Freunde ist in Sicherheit. Bitte leiten sie sofort einen Fluchtkurs ein. Ragunische Verstärkung ist im Anflug. Tarnen sie ihr Schiff unverzüglich. Sammelpunkt sind die Koordinaten unserer wartenden Schiffe. «

»Ihre Befehle wurden bestätigt«, meldete Sergeant Farmer.

Major Travis nickte seinem Navigator zu.

»Sergeant Hausmann, den Fluchtkurs durchführen und unser Schiff tarnen«, befahl er.

Der Steuermann der Termar 1 beschleunigte und flog eine Schleife, in die entgegensetze Richtung. Gleichzeitig tarnte er das Schiff. Als die Termar 1 von allen Ortungsgeräten verschwunden war, schlug Sergeant Hausmann einen Haken und änderte nochmals seine Flugrichtung.

Die Schiffe der Imperator-Klasse vollzogen das gleiche Manöver. Ihre kräftigen Triebwerke beschleunigten und entfernten sich aus der Kampfzone. Zurück blieben beschädigte und qualmende Großkampfkreuzer der ragunischen Flotte. Sie waren mit der Aufnahme ihrer Schäden beschäftigt, um die abdrehende Flotte des

Neuen-Imperiums verfolgen zu können. An dem entfernten Sammelpunkt befahl Major Travis seiner Flotte, auf 90 Prozent des Unterlichtantriebes zu gehen. Zielpunkt war die Oortschen-Wolke. Erst ab dieser Position sollte die Flotte des Neuen-Imperiums in den Hyperraum wechseln. Major Travis wollte vermeiden, dass die Raguner den Hyperraumsprung der Flotte analysieren konnten. Der getarnte Verband beschleunigte und entfernte sich aus der Sicherheitszone des ragunischen Zentralplaneten.

Der Zentralrat von Ragun

Der stellvertretende Vorsitzende Muuda hatte die Verbindung zum Schiff der Aller-Ersten abgebrochen. Er überlegte, warum der Sprecher des Ältestenrates ein Gespräch mit Ruadan suchte. Während er sich mit seinen Kollegen unterhielt, wurde die große Pforte des Sitzungssaales aufgerissen. Der vor der Türe stehende Saaldiener wurde durch die Wucht der aufschlagenden Türe beiseite gedrückt. Zum Erstaunen der Räte trat Ruadan, gefolgt von Halswan und seinen 10 Sicherheits-Soldaten, in den Raum. Selbstsicher und mit schnellen Schritten ging der Worgass Ruadan auf das erhobene Podest des Zentralrates zu. Langsam schritt er die fünf Stufen hoch und stellte sich vor seinem Platz.

»Was macht Halswan hier? «, monierte Muuda. » Er und seine Begleiter sollten doch in einer Arrestzelle befragt werden? «

»Ich habe Halswan und seine Schutzsoldaten auf freien Fuß gesetzt«, antwortete Ruadan. »Wir sollten ihn nicht zu unserem Feind machen. Von diesen haben wir doch im Moment genug. Er ist zu wichtig für uns. «

Der Worgass in Gestalt des Vorsitzenden blickte seinen Stellvertreter an.

Dieser senkte seinen Blick.
»Das ist ihre Entscheidung«, erwiderte er. »Sie ist nicht mit diesem Rat abgesprochen. «

Ruadan schlug mit einer eisernen Kralle auf seinen Tisch. Ein dumpfer Ton hallte durch den Saal.

»Ich bin der Vorsitzende des Zentralrates«, sagte er. »Meine Entscheidungen überlagern die Abstimmung dieses Rates. «

Er blickte die Systemräte an.
»Ich versichere euch, Halswan ist wichtiger für uns, wenn er sich aktiv an der Abwehr der Allianzflotte der Arthropoden beteiligen kann«, erklärte er.

Er zeigte auf den Abtrünnigen der Aller-Ersten.
»Ich erteile ihm das Wort«, ergänzte er.

»Danke, geschätzter Vorsitzender«, antwortete Halswan höflich.

Er blickte die Systemrate an. Diese wussten nicht so recht, wie sie seine Freilassung bewerten sollten.

»Systemräte, Politiker und Abgesandte des ragunischen Imperiums«, sagte Halswan. »Noch nie standen sie einem solchen starken Feind gegenüber. Alle Abwehrmaßnahmen ihrer Flottenführung fruchteten nicht. Vielmehr wurde ihre ganze Führung mit der Flottenkampf-Station angegriffen und vernichtet. Das war ein schwerer Verlust für ihr Imperium. Die nachgerückten Offiziere besitzen nicht die Erfahrungen ihrer getöteten Vorgänger. Der Kampf gegen die immer weiter vorrückende Allianzflotte der Arthropoden entwickelt sich zu einer kostenintensiven Materialschlacht.

Mit dem Ausgang, dass ihr Imperium und ihr Zentralplanet am Ende untergehen wird. An das ragunische Imperium, wie sie es heute kennen, wird sich in einigen Jahrtausenden niemand mehr erinnern können. Es kommt in den Geschichtsarchiven der nachwachsenden Rassen nicht mehr vor. Noch haben sie die Gelegenheit zu flüchten. Suchen sie sich eine neue Heimat, oder einen neuen Planeten. Doch wir können nicht ausschließen, dass die Arthropoden sie auch dort finden werden. Nach unseren Erkenntnissen schüren sie einen immensen Hass, auf alles das, was humanoiden Ursprungs ist. «

Er blickte die aufgewühlten Systemräte und Abgesandten an.

»Es nützt nichts, den Kopf hängen zu lassen«, ergänzte er seine Worte. »Wir alle müssen uns dem Kampf stellen. Die hier anwesenden Systemräte gehören zu den Kolonie-Welten, denen an einer weiteren Existenz des Imperiums gelegen ist. Alle die nicht hier sind, wurden angegriffen und vernichtet, oder sie haben sich der Allianz der Arthropoden angeschlossen. Die spinnenartigen Wesen haben ihren Welten Unabhängigkeit und Freiheit versprochen. «

Halswan hob seine Hand und streckte einen Finger in die Luft.

»Erkennen sie nicht, dass sie Lügnern und Betrügern vertrauen«, sagte er. »Wie ist es vereinbar, einer Rasse zu vertrauen, die sich zum Ziel gesetzt hat, sämtliche von

Humanoiden bewohnte Welten anzugreifen und ihre Bevölkerungen zu ermorden. Ich rufe euch zu, vertraut ihnen nicht und kehrt ihnen den Rücken, denn am Ende des Krieges werden die Arthropoden gegen euch vorgehen. Sie wollen nur eure Schiffe und eure Ressourcen. Falls Ragun untergehen sollte, dann ist es ein leichtes für sie, die restlichen Koloniewelten des ehemaligen Imperiums zu säubern. «

Beifall wurde laut. Die anwesenden Räte schätzten die Rede des Aller-Ersten.

Halswan hob seine Hände in die Luft.
»Die Abwehr der Arthropoden-Flotte wird nicht ohne Opfer gelingen«, fuhr er fort. »So wie den übergelaufenen Kolonien von unseren Feinden Schiffe und Ressourcen abverlangt wurden, müssen wir das Gleiche jetzt von ihnen verlangen. In Absprache mit Ruadan, dem Vorsitzenden des Zentralrates bitten wir sie, uns alle ihre kampffähigen Schiffe und Besatzungen zu überlassen. «

Laute Schreie wurden laut.
»Das ist unser letzter Schutz vor den Feinden«, teilte ein Ratsmitglied mit. »Wir können uns nicht vollständig entblößen. «

Halswan blickte den Systemrat gelassen an.

»Von wie vielen Schiffen sprechen wir«, erkundigte er sich. »Sind es 20 Schiffe, oder sogar 50 Schiffe? «

Der Systemrat blickte ihn nachdenklich an.
»Wir unterhalten 850 Schiffe einsatzbereit«, antwortete er.

»Hört genau hin«, sprach Halswan die anderen Systemräte an. »Da werden 850 Kampf-Schiffe unserer Imperiums-Flotte vorenthalten. Falls es dem Zentralrat nicht gelingt, mit seinen Kräften das Vorrücken der Arthropoden-Allianz zu stoppen, dann werden es die 850 Kampf-Schiffe dieses Systemrates für uns erledigen. «

Lautes Gelächter brach aus. Die Systemräte mussten über ihren Kollegen schmunzeln.

Halswan hob wieder seine Hand.
»Auch ich hätte gelacht, wenn das Problem so einfach zu bereinigen wäre«, entgegnete er. »Wir stehen heute vor der Entscheidung, die Heimatflotten aller Kolonien, sämtliche Sicherheits-Flotten, oder alles, was fliegen kann, als Kriegsschiffe umzurüsten. Unsere letzte Hoffnung ist es, sie in dem Kampf gegen die Arthropoden aufmarschieren zu lassen. Eines ist sicher, geschätzte Räte, wenn unsere Imperiums-Flotte die Arthropoden nicht aufhalten kann, dann schaffen es auch ihre

verbliebenen Schiffe der kolonialen Heimatverteidigung nicht. «

Halswan verbeugte sich und gab das Wort an Ruadan zurück.

»Sie haben Halswan gehört«, sagte der Vorsitzende des Rates. »Ich ordne eine sofortige Übereignung alle bewaffneten Kolonieschiffe an den Zentralrat von Ragun an. Die Einheiten werden von aus aufgerüstet und als Verstärkung an die vorderste Front geschickt. Wir hoffen auf diesem Wege, das Vorrücken der feindlichen Allianz stoppen zu können. «

»Was ist mit den Schiffen der Aller-Ersten«, fragte ein Systemrat. »Ein Schiff konnte sich erfolgreich gegen 20 Groß-Kampfschiffe unserer 5.000 Meter-Klasse behaupten. Können wir nicht von ihnen weitere Schiffe erhalten? «

Halswan blickte Muuda an.
»Über was für ein Schiff reden sie? «, fragte er. » Ist in unserer Anwesenheit etwas passiert. «

»Das kann man wohl sagen«, entgegnete Muuda. »Ein Schiff ihres Volkes ist unautorisiert in der Sicherheitszone unseres Planeten materialisiert. Flottenführer Lenus konnte mit 20 Groß-Kampfschiffen seines Abfanggeschwaders, das Schiff an seinem Weiterflug hindern Der sogenannte Sprecher ihrer Regierung, er nannte sich Geoffwan, ersuchte um eine Landegenehmigung und um ein Gespräch mit dem Vorsitzenden unseres Zentralrates. Leider war Ruadan zum Zeitpunkt des Geschehens noch nicht hier. «

Muuda blickte den Vorsitzenden an und zuckte mit seinen Schultern.

»Ich habe dann als sein Stellvertreter das Gespräch mit diesem Geoffwan geführt«, sagte er.

»Er ist einer der einflussreichsten Personen unseres Volkes«, antwortete Halswan. »Was wollte er? «

»Können sie sich das nicht denken? «, fragte Muuda scharf. » Er ist auf der Suche nach ihnen. Er teilte uns mit, dass er ihrer Spur in das ragunische Imperium gefolgt ist.«

»Er sucht mich«, überlegte Halswan. »Meine Flucht ist endgültig aufgefallen. Geoffwan will Schadenbegrenzung betreiben. Ich habe aber seine Aura nicht gespürt. «

»Eine Landung auf unserem Planeten habe ich abgelehnt, ebenfalls ein Gespräch mit dem Zentralrat«, teilte Muuda mit. »Ich wüsste nicht, was mit der Regierung ihrer Rasse noch zu besprechen ist. Als er sich weigerte, sich mit seinem Schiff zurückzuziehen, befahl ich dem Abfanggeschwader von Kommandeur Lenus, das Feuer auf ihn zu eröffnen. «

Halswan blickte Muuda an.
»Das war keine gute Entscheidung«, antwortete er. »Falls es der Wille von Geoffwan gewesen wäre, hätte er mit nur einem Feuerschlag seines Schiffes, die ganzen 20 Groß-Kampfschiffe von Kommandeur Lenus vernichten können. «

»Das kann ich nicht glauben«, erwiderte Muuda. »Zwar gelang es unseren Einheiten nicht, größere Schäden an dem Schiff ihres Sprechers zu verursachen, doch die Schutzschirme verfärbten sich teilweise tiefrot. Erst nach der Enttarnung von 10 unbekannten Schiffen einer fremden Rasse, wurde es für unsere 20 Groß-Kampfschiffe gefährlich. Es waren Kampf-Giganten einer 3.000 Meter-Klasse. Sie entfachten ein massives Feuerwerk und beschädigten alle Einheiten von Kommandeur Lenus. Ein Schiff unserer 5.000 Meter-Klasse müssen wir komplett abschreiben. Es explodierte in einer gigantischen Atomsonne. Vermutlich wurde es von einem großen Gefechtskopf der fremden Schiffe getroffen. Während dieser massiven Schlacht, gelang es dem Schiff von Geoffwan, sich unbemerkt aus dem Kampfgebiet zurückzuziehen. «

»Haben sie Aufzeichnungen von dem Kampfgeschehen? «, fragte Halswan. » Ich bin mir sicher, dass seine Freunde des Neuen-Imperiums von Natrid und Tarid ihn wieder unterstützen. «

Er blickte den Zentralrat an.

»Ich sage es ihnen ganz offen«, knurrte der Aller Erste. »Diese Rasse ist effizienter und schlauer als die Raguner. Sie haben die Zeichen der Zeit genutzt und allen fremden Kontakten, denen sie begegnet sind, freundschaftliche Beziehungen angeboten. Selbst die Lantraner unterstützen sie mit einem Teil ihrer Technik. «

»Wo kommt diese Rasse her? «, fluchte Muuda. » Ich kenne sie nicht? «

»Das sagt mir eigentlich alles«, antwortet Geoffwan. »Sie kommt von dem dritten Planeten dieses Sonnensystems. Dort wird sich in 500.000 Jahren eine humanoide Species entwickeln, die maßgeblich die Belange und den Schutz dieses Sonnensystems regelt. Geoffwan und seine Begleiter möchten wohl eine Manipulation der Vergangenheit verhindern. Er hat ihnen, wie sie wissen, unsere Flüchtlings-Station mit allen technischen Einrichtungen bereits zugesagt. «

»War das nicht ihr Vorschlag, die Flüchtlings-Station ihres Volkes zu vernichten«, fragte Muuda den Aller-Ersten. «

»Da wusste ich noch nicht, auf wie viel Gegenwehr wir stoßen würden«, antwortete der Abtrünnige.

»Was können wir noch tun? «, erkundigte sich Muuda. Der Worgass in der Gestalt des Vorsitzenden des Zentralrates erhob sich.

»Vielleicht haben wir trotzdem etwas Glück«, bemerkte er. »Unser Systemrat Camaal ist gestern mit einer Flotte von 5.000 Schiffen seiner 1.000 Meter-Klasse, unterstützt von 20 Groß-Kampfschiffen unserer 5.000 Meter Baureihe, zu unserer zeitgesteuerten Wurmloch-Station abgeflogen. Er wird um 800.000 Jahre in der Vergangenheit zurückversetzt und vor dem grauen Universum herauskommen. Dort wird sich seine Flotte auf die Suche nach dem Heimat-Planeten der Arthropoden machen, um ihn vollständig auszuradieren. Wir hoffen inständig, dass seine Mission ein Erfolg wird. «

»Warum wusste ich hiervon nichts? «, erkundigte sich Halswan.

»Sie waren in Arrest«, bemerkte Ruadan. »Es gibt noch einen zweiten Plan. Gestern wurden ebenfalls 50 Transportschiffe durch dem Wurmloch-Generator exakt 100 Jahre in unsere Vergangenheit abgestrahlt. Sie haben alles Erforderliche dabei, um tief in der Erde von Vagun eine zweite zeitgesteuerte Wurmloch-Station ihres Volkes zu erbauen. Die Konstruktionspläne lagen uns noch vor. Sie müsste schon fertig sein. Das nur für den Fall, falls der Sprecher ihrer Regierung es schaffen sollte, unsere Forschungsstation zu zerstören. Nach dem Durchflug beider Flotten wurde das Wurmlochtor manuell abgeschaltet. «

»Sie wissen, was das bedeutet? «, fragte Halswan. » Das Tor ist konzipiert worden, um geöffnet zu bleiben. Eine Abschaltung löscht den Speicher mit den Wurmloch-Daten. Falls das geschieht, ist ein Rückflug der Flotte von Camaal nicht mehr zu gewährleisten. «

Ruadan nickte
»Das ist uns bekannt, « erwiderte er.

»Darüber bin ich mir nicht sicher«, fuhr Halswan ihn an. »Durch eine manuelle Abschaltung löscht sich der Kontakt zu unserer Zeitebene. Die Flotte von Camaal ist abgeschnitten. Sie hat keinen Rückweg mehr. Sie werden ihren Systemrat niemals wiedersehen. «

Ruadan blickte den Aller-Ersten an.

»Opfer wird es immer geben«, antwortete er. »Die Abschaltung diente unserer Sicherheit. Es war nicht klar für uns, ob Arthropoden das Tor nutzen würden. Die vorrangige Frage ist aber, ob beide Flottenmissionen Erfolg haben werden? «

»Warten wir es ab«, sagte Halswan. »Die Vergangenheit wird uns einholen. Aber zumindest waren das einmal zwei bemerkenswerte Ideen dieses Rates. «

»Kommen wir nochmals auf Geoffwan zu sprechen«, betonte Muuda. »Sein Schiff hat sich unserem Zugriff entzogen. Ebenso die großen Schiffe der fremden Rasse. Sie sind einfach von unseren Ortungsschirmen verschwunden. Die Öffnung eines neuen Wurmlochfensters wurde nicht von uns registriert. Wir gehen davon aus, dass die Schiffe sich noch in der Nähe befinden und uns beobachten. Was könnten sie vorhaben? «

»Die Dummheit ihrer Frage ist bemerkenswert«, sagte Halswan. »Wir hatten soeben darüber gesprochen. Geoffwan will alle Wurmloch-Generatoren vernichten.

Wird ihre Forschungs-Station auf dem Asteroiden von einer Schutzflotte gesichert? «

Ruadan hielt sich zurück mit seinem Redeschwall. Stattdessen antwortete Muuda.

» Wir haben dort lediglich 50 Schiffe unserer 1.000 Meter-Klasse stationiert«, teilte er mit. »Alle anderen Einheiten wurden an die Front abberufen. «

»Welch ein Leichtsinn«, sagte Ruadan. »Wer hat den Befehl hierzu gegeben? «

Muuda blickte seinen Vorsitzenden an.
»Dieser Rat hat gemeinschaftlich hierüber entschieden«, antwortete er. »Das sollten sie doch noch wissen? «

Halswan lachte offen den Räten ins Gesicht.
»Vermutlich können sie sich bereits von der Anlage verabschieden«, bemerkte er. »An ihrer Stelle würde ich eine starke Flotte von 500 Schiffen dorthin beordern, welche die vor Ort stationierte Schutzflotte unterstützt. «

Ruadan erhob sich.
»Ich gebe sofort den Befehl«, erwiderte er.

Er winkte einen Offizier der Raumflotte zu sich.

»Wir brauchen sofort gefechtsstarke Einheiten bei den Koordinaten unserer Wurmloch-Forschungs-Station«, befahl er. »Er wird in Kürze angegriffen werden. Zweigen sie unverzüglich 500 kampfstarke Schiffe ab und beordern sie diese zu den Koordinaten unseres geheimen Asteroiden. «

Der Offizier wollte aufbegehren, doch Ruadan hob seine Hand.

»Das ist ein Befehl des Zentralrates«, sagte er ärgerlich. »Versuchen sie diese Forschungs-Anlage zu sichern. Sie ist sehr wichtig für uns. «

Der Offizier der Raumflotte bestätigte den Befehl und lief aus dem Sitzungssaal.

Flotte des Neuen-Imperiums

Die Flotte des Neuen-Imperiums hatte sich mit ihren Unterlicht-Antrieben der Oortschen Wolke genähert. Noch waren die Schiffe getarnt. Immer wieder wurden starke Flottenverbände registriert, die aus dem Hyperraum brachen und einen Kurs auf den ragunischen Zentralplaneten einschlugen, oder große Geschwader in Unterlichtgeschwindigkeit, die aus dem Sol-System entfernten. Auf den Ortungsschirmen und Tastern, zeichneten sich ununterbrochen fremde Impulse ab. Major Travis hatte die Koordinaten des Forschungs-Asteroiden, die Heinze aus dem Gedächtnis von Flotten-Kommandeur Lenus gefiltert hatte, an seine Schiffsführer weitergegeben. Er wusste, dass die Position des Asteroiden an der Südseite der Milchstraße lag.

Vermutlich hatten die Raguner diesen Asteroiden ausgewählt, weil sie dachten, dass der entgegengesetzt der einfliegenden Armada der Arthropoden-Flotte lag. Doch diesen Gefallen taten die spinnenartigen Lebewesen den gehassten humanoiden Feinden nicht. Von vier Seiten drangen ihre Verbände in die Milchstraße ein und verwüsteten Planeten und Kolonien der Raguner. Die große Verteidigungsflotte der Raguner musste sich aufteilen. Hierdurch schwächten sie jedoch alle vier Fronten, die durch frische Schiffs-Verbände und Flotten-Geschwader der Arthropoden verstärkt wurden.

Heran hatte sein Schiff an der Termar 1 angedockt.
Major Travis hatte ihn mit den Daten des Tiefen-Scans seiner Schiff-KI zu ihm gebeten. Die letzten Informationen sollten ausgewertet und analysiert werden. Auch Geoffwan war anwesend. Der Sprecher der Aller-Ersten hatte sich für die Unterstützung durch die Flotte des Neuen-Imperiums bedankt.

»Mir ist es schleierhaft, wie sich unsere Kinder derart von uns abwenden konnten«, betonte er. »Ich erkenne sie nicht wieder. Noch nie wurden wir mit Waffengewalt aus ihrer Sicherheitszone getrieben. «

»Das ragunische Imperium steht vor seinem Untergang«, erklärte der Major. »Der Zentralrat wird langsam unruhig. Vermutlich hat Halswan auch noch seinen Teil dazu beigesteuert. Er wird dem Rat mitgeteilt haben, dass ihr Regierungs-Gremium sie hintergangen hat. «

»Wir haben die Präsenz von Halswan gespürt«, antwortete Nadewan. »Er befindet sich auf Ragun. Es wird schwierig werden, ihn zu ergreifen. «

»Das denke ich mir«, erwiderte Major Travis. »Selbst die 12 Personen-Wurmloch-Tore, die ihr Volk für die Flüchtlings-Evakuierung auf Ragun erbaut hat, werden uns vor eine schwierige Aufgabe stellen. Ihr inneres System ist derzeit noch zu stark abgeschirmt. Ein Vorstoß mit unserer Flotte ist ein nicht absehbares Risiko. «

»Wir werden ein Sonderkommando in einem kleinen getarnten Schiff landen müssen«, schlug Heran vor. »Hierzu biete ich meinen Evolutions-Raumer an. Wir müssen an den Toren Sprengsätze anbringen und sie in ausreichender Entfernung zünden. «

»Es gibt noch mehrere andere Möglichkeiten, die ich mir vorstellen könnte«, antwortete Major Travis.

Er blickte Geoffwan an.
»Können sie von ihrem Raumschiff ein geöffnetes Wurmloch abschalten, auch wenn noch Raumschiffe hineinfliegen? «, erkundigte er sich.

»Im Normalfall blockieren die Sensoren der Wurmloch-Steuerung ein Abschalten des Fensters, solange Raumschiffe durchfliegen«, antwortete Geoffwan. »Es gibt aber die Möglichkeit einer Notabschaltung. Dabei ist es jedoch möglich, dass ein gerade einfliegendes Raumschiff zerstört wird. Falls es sich zur Hälfte im Normalraum und bereits zur Hälfte in dem Wurmloch befindet, zerschneidet die Notabschaltung das Schiff in der Mitte. Die Folgen erklären sich von alleine. «

»Ich verstehe«, erwiderte Major Travis. »Falls wir an einer Front zu den Arthropoden ein Wurmloch öffnen, sie vorher mit Lasersalven bedrängen, dann wird sicherlich eines ihrer Geschwader uns verfolgen. Auf diesem Wege könnten wir zum Beispiel einen Verband von arthropodischen Schiffen in die innere Sicherheitszone von Ragun locken. «

»Ich begreife, worauf sie hinauswollen«, antwortete Talswan.

Geoffwan schüttelte seinen Kopf.
»An ihrem Beispiel erkennen sie, warum alte fortgeschrittene Rassen ihre technischen Errungenschaften nicht gerne an nachwachsende, junge Species weitergeben«, erklärte er. »Die Wurmlochtechnik wurde als Erleichterung für Reisen im Universum konzipiert. Aber wie bei allen Entwicklungen, lässt sich diese auch militärisch nutzen. «

»Das ist alles eine Frage des Standpunktes«, erwiderte Major Travis. »Die militärische Nutzung fängt bereits an, wenn sie ein Wurmloch zu ihren Feinden öffnen und ihre Raum-Verbände hindurch schicken. «

Nadewan blickte Geoffwan an.
»Da hat der Major natürlich Recht«, bestätigte er. »Von dieser Sichtweise aus, haben wir die Nutzung der Wurmlochfenster noch nicht betrachtet. «

»Heran, zeige uns bitte einmal den Scan des Asteroiden-Sektors, mit der ragunischen Forschungs-Station«, bat Major Travis.

Der Lantraner schritt zu dem CIC-Informationstisch und breitete eine große Folie hierauf aus.

»Die Koordinaten von Heinze beziehen sich auf diesen Sektor«, teilte er mit.

Sein Finger zeigte auf ein Asteroidenfeld.
»In diesem Feld von unterschiedlich großen Steinbrocken muss sich der Forschungs-Asteroid der Raguner befinden«, sagte Heran. »Die Angaben meiner Hypertronic-KI sind über jeden Zweifel erhaben. Leider ist auch für sie nicht möglich, bei der Anzahl der sich dort befindlichen Steinbrocken, ihn exakt anzupeilen. «

Geoffwan und Major Travis blickten auf die Folie.
»Die Anlage wird vermutlich nicht vollständig deaktiviert sein«, bemerkte Geoffwan. »Vielleicht können wir aber vor dem Asteroidenfeld geringe Energiewerte orten? «

Major Travis nickte bestätigend.
»Ich setze auf eine Sicherheits-Flotte der Raguner, die den Asteroiden beschützen wird«, erwiderte er. »Die Station wird für die Raguner zu wichtig sein. «

»Auf dieser Entfernung konnte ich die Flotte natürlich nicht orten«, sagte Heran trocken.

Major Travis blickte ihn an und lächelte.

»Das werden wir nachholen, sobald wir die Koordinaten erreicht haben, « erklärte er.

»Wir öffnen ein Wurmloch zu diesen Koordinaten«, entschied der Major. »Vor dem Feld werden wir neue Ortungen vornehmen. Wenn wir den Asteroiden, oder eine ragunische Flotte geortet haben, werden wir uns in einem getarnten Zustand den Koordinaten nähern. An unserem Zielpunkt, versuchen wir die exakte Anzahl der sich im Raum befindlichen ragunischen Schiffe zu ermitteln. Mein Plan ist es, die Schutzflotte in eine Raumschlacht zu verwickeln. Gelingt der Plan, dann nähert sich ein getarntes Schiff unserer Imperator-Klasse der Station und eliminiert sie. Wir werden dem Personal jedoch noch Gelegenheit geben, die Forschungs-Station zu verlassen. «

Major Travis blickte seine Gesprächspartner an.

»Bestehen irgendwelche Einwände? «, fragte er.

»Ich halte den Plan für gut«, antwortete Geoffwan. »Wir sind nicht darauf aus, humanoide Lebewesen zu töten. «

Er lächelte Major Travis an.

»Bei allen unseren Differenzen mit den Lantranern erkennen wir erst jetzt, dass sie mit ihrem Vorschlag richtig lagen, die Terraner als führende Species der Milchstraße zu fördern«, ergänzte er. »Wir wissen ebenfalls, dass sie mit der von uns erbauten Flüchtlings-Station gewissenhaft umgehen werden. Sie birgt noch viele neue Erkenntnisse für sie. «

Major Travis blickte den Sprecher der Aller-Ersten fragend an. Der schüttelte seinen Kopf.

»Mehr sage ich nicht hierzu«, ergänzte Geoffwan. »Konzentrieren wir uns auf die Vernichtung der zeitgesteuerten Wurmloch-Station. Es war unser Fehler, den Ragunern die Konstruktionspläne zu übergeben. «

»Haben wir Ortungen, oder Feindhinweise vorliegen? «, fragte Major Travis
.

»Derzeit ist es in diesem Sektor ruhig«, antwortete Sergeant Dantow. »Es sind keine Feindzeichen auszumachen. «

Major Travis drehte sich seinen Gästen zu.
»Gehen sie auf ihre Schiffe«, entschied er. »Unsere Mission Präventivschlag im Zeitstrom beginnt jetzt. Sobald sie bereit sind, wird die Termar 1 ein Wurmloch öffnen. «

Die Gäste verabschiedeten sich. Heran lief von der Brücke zu dem Hangar, an dem sein Evolutions-Schiff angedockt war. Die Aller-Ersten öffneten ein nebliges weiß leuchtendes Tor im Nichts. Nacheinander schritten sie hindurch. Hinter ihnen fiel die weiße Tür in sich zusammen und verschwand, als ob sie niemals existiert hätte.

Wurmloch-Forschungsstation der Raguner

Die geheime Station hatte laut dem Befehl ihres Leiters auf eine minimale Energieversorgung geschaltet. Die Besatzung wusste, dass die Kriegsfront immer näher rückte. Der Zentralrat hatte sie informiert, dass die große Allianzflotte der Arthropoden sich in vier kleinere, aber immer noch starke Angriffsflotten geteilt hatte. Von vier Seiten aus, griffen sie bewohnte Planeten und Kolonien des ragunischen Imperiums am Rande der Milchstraße an. Cicollus, der Leiter der Forschungs-Station wusste, dass es für die Imperiums-Flotte unmöglich war, alle feindlichen Verbände gleichzeitig aufzuhalten. Morgon, der wissenschaftliche Leiter war auf die Brücke gekommen, um die aktuellen Informationen des Tages abzufragen.

»Wir sind per verschlüsselten Hyperkomm-Funkspruch von dem Flotten-Oberkommando auf Ragun informiert worden, dass heute zwei Flotten-Verbände bei uns eintreffen werden«, unterrichtete Cicollus ihn.

Er reichte ihm eine kleine Folie mit zwei Koordinaten-Ziffern hierauf.

Der wissenschaftliche Leiter nahm die Folie an sich und blickte hierauf.

»Wenn ich die Zeitprogrammierung richtig deute, dann liegt der Zielort sehr weit in der Vergangenheit? «, bemerkte er.

Der Leiter der Forschungs-Station blickte ihn mit einem ersten Blick an.

»Die oberste Flottenbehörde hat aufgrund der zunehmenden Anzahl von arthropodischen Agenten entschieden, auf detaillierte Angaben von Missionen, oder von Einsätzen über unsere zeitgesteuerte Wurmloch-Anlage zu verzichten und nur noch den Programmierungs-Code zu übermitteln«, flüsterte er dem wissenschaftlichen Leiter mit. »Unsere Führung will auf diesem Wege vermeiden, unseren Feinden zu viele Informationen preiszugeben. «

»Vermuten sie, dass sich auf dieser Station auch bereits Agenten eingeschlichen haben? «, fragte Morgon.

Cicollus sah ihn an.
»Ich bin mit dieser Frage überfordert«, antwortete er. »Unser Personal wurde uns von Ragun zugestellt. Es hieß ursprünglich, dass alle Personen überprüft wurden. Falls sich Agenten bei dem neuen Personal befunden haben, dann sind sie erst mit den letzten zwei Personaltransporten zu uns gelangt. Sie sollten Körperscanner aufbauen. Stellen sie diese auf die höchste Leistungsstufe. Sie sollen einen Alarm auslösen, wenn sie etwas finden, dass von dem Körper einen normalen Raguners abweicht. Lassen sie zusätzlich die Personallisten überprüfen. Vielleicht wurden auch diese Dokumente gefälscht. «

»Ich registriere einen starken Aufriss im Hyperraum«, meldete der Ortungs-Offizier der Station. »Wir erhalten Besuch. «

Der Leiter der Station reagierte schnell.
»Sofort die vollständige Energieversorgung unserer Station herstellen«, befahl er. »Den Schutzschirm aktivieren und auf Maximum schalten. «

»Die Energieversorgung wurde hochgefahren«, meldete der Offizier der Technik. »Die Schutzschirme brauchen noch etwas. «

Cicollus blickte den Funk-Offizier der Station an. »Informieren sie unsere Schutzflotte«, befahl er. »Sie sollen einen Schutzring um unseren Asteroiden aufbauen. Was ist mit unserem Schutzschirm? «

»Der Schutzschirm baut sich mit maximalen Werten auf«, erwiderte der technische Offizier. »Die Abwehrtürme wurden ausgefahren. «

»Gut«, antwortete der Leiter der Forschungsstation.

Er blickte auf den großen Bildschirm der Leitstelle. Unzählige rote Ortungskontakte tauchten auf. Die Anzahl schien sich noch weiter zu vergrößern.

»Ich erhalte ID's unserer Flotte«, meldete der Ortungs-Offizier freudig. »Es handelt sich um 5.000 ragunische Zerstörer unserer 1.000 Meter-Klasse. Es sind Kriegsschiffe des Systemrats Camaal. «

Sichtlich erleichtert lehnte sich der Leiter in seinem Kommandosessel zurück.

»Informieren sie unsere Schiffe«, befahl er. »Der Alarmzustand wird aufgehoben. «

»Unsere Schutzflotte wurde informiert«, bestätigte der Funk-Offizier.

Cicollus und Morgon blickten auf den großen Bildschirm der Leitstelle. Die Feindzeichen hatten eine grüne Farbe angenommen. Die Hypertronic-KI sah die Schiffe nicht mehr als Gefahr an. Ein großer Pulk von Lichtzeichen, hatte sich in einem ausreichenden Abstand, vor dem Asteroiden formiert.

»Eingehender Hyperkomm-Funkspruch«, meldete der Funk-Offizier der Station.

»Stellen sie bitte laut«, sagte Cicollus.

Er griff nach seinem Kommunikator.
»Hier ist die koloniale Raumflotte unter dem Befehl von Systemrat Camaal«, hallte es aus den Lautsprechern. »Ich rufe die Wurmloch-Forschungs-Station. Bitte melden sie sich. «

»Hier ist die Leitstelle der Wurmloch-Station«, antwortete der Befehlshaber. »Mein Name ist Cicollus. Ich leite diese Station. «

»Schön sie wohlbehalten anzutreffen«, erwiderte Camaal. »Sie wurden von unserem Flotten-Oberkommando informiert, dass wir eine Reise in die Vergangenheit unternehmen möchten. Liegen ihnen bereits die übermittelten Programmierungs-Codes vor? «

»Wir haben sie erhalten«, antwortete der Leiter. »Wollen sie uns mitteilen, wohin ihre Reise geht? «

»Diese Information unterliegt der imperialen Geheimhaltung«, antwortete Camaal. »Ich darf es ihnen nicht mitteilen. Wir haben nicht viel Zeit. Eine zweite Flotte mit Material und technischem Personal ist dicht hinter uns. Ich übersende ihnen die Programmierungs-Codes für den Transport-Verband. «

Camaal drücke auf die Sendetaste.
»Ich habe die Codes erhalten«, bestätigte Cicollus. »Diese weichen aber von ihren Koordinaten ab? Fliegen sie nicht zu dem gleichen Ziel?
«
»Auch das ist geheim«, entgegnete der Systemrat. »Ich darf ihnen nicht mehr mitteilen. Bitte verstehen sie das. «

»In Ordnung«, erwiderte der Leiter der Forschungs-Station. »Wenn ihre Flotte bereit ist, dann öffne ich ihnen jetzt das gewünschte Fenster und halte es für ihren Rückflug offen. Beeilen sie sich. «

»Wir sind bereit«, bestätigte Camaal. »Danke für ihre Unterstützung. «

»Viel Erfolg für ihre Mission«, antwortete der Leiter der Forschungs-Station.

Er blickte seinen technischen Offizier an.
»Öffnen sie der Flotte das Wurmlochfenster«, befahl er.

Dieser Offizier zog einen kräftigen roten Hebel nach unten. Die Generatoren der Station fuhren schlagartig hoch an ihre Leistungsgrenze. Ein nicht sichtbarer Kontaktstrahl fuhr aus dem Ausleitungskanal der Station in den Weltraum. Doch bildete sich ein kreisrundes Gebilde, ähnlich einem detonierenden Feuerwerksstern. Das runde Gebilde festigte sich. Ein Riss im Normalraum entstand, helles blaues Licht flutete den Kreis. In Sekundenschnelle hatte sich das Fenster stabilisiert.

Cicollus und Morgon sahen, wie die große Flotte der Klappflügel-Schiffe in das geöffnete Wurmloch flogen.

»Wir müssen das Tor aufhalten, bis die Flotte zurückkehrt«, sagte der Leiter der Station. »Unsere

Schiffe kommen sonst nicht mehr in unsere Gegenwart zurück.«

»Ihnen ist bewusst, dass diese Schaltung noch nicht erprobt wurde«, bemerkte Morgon. »Ich hoffe sehr, dass sich die Generatoren nicht wegen einer Überhitzung abschalten. «

»Konnten sie mir das nicht eher mitteilen«, fuhr ihn Cicollus an. »Wie stehen wir jetzt vor dem Zentralrat da. Ich hatte diesem mitgeteilt, dass die Anlage betriebsbereit ist. «

»Das ist sie ja auch«, erwiderte der wissenschaftliche Leiter. »Es wurden bereits mehrmals Schiffe nach Ragun geschickt. Aber das Offenhalten des Tores wurde noch nicht getestet. Sie wissen doch selbst, was alles in letzter Zeit passiert ist. Uns fehlte die Gelegenheit für diesen Test. «

Cicollus blickte auf die Überwachungsmonitore. Alle Anzeigen waren stabil.

Er lehnte sich zurück und wartete ab.
»Ich hoffe für sie, dass sie Recht behalten werden«, entgegnete der Leiter der Station. »Bleiben sie hier auf der Brücke. Die Transportflotte wird nicht mehr lange auf

sich warten lassen. Bis zu diesem Zeitpunkt sollte Systemrat Camaal zurückgekehrt sein. «

»Wir wissen doch überhaupt nicht, welche Befehle ihm aufgetragen wurden«, erwiderte der wissenschaftliche Leiter. »Möglicherweise gibt es Komplikationen? «

»Was sollten das für Probleme sein? «, fragte der Leiter des Forschungs-Asteroiden.

»Eine Feindflotte wäre denkbar«, antwortete Morgon. »Haben sie bereits einmal daran gedacht, dass auch Schiffe der Arthropoden durch das geöffnete Fenster kommen könnten. Der künstliche Horizont erkennt keine fremden Schiffe. Er ist lediglich ein künstliches erschaffenes Wurmloch. «

»Je länger ich mich mit ihnen unterhalte, um so unwohler wird mir«, sagte Cicollus.

Der wissenschaftliche Leiter blickte ihn verständnislos an. »Ich dachte, das wäre ihnen klar«, sagte er. »Selbst sie als Leiter dieser Station sollten ein wenig technisches Verständnis mitbringen. «

»Achtung«, teilte der Ortungs-Offizier. »Ich registriere einen neuen Aufriss im Hyperraum. Eine weitere Flotte wird in Kürze in dem Normalraum materialisieren. Sie scheint aber wesentlich kleiner zu sein als die von Systemrat Camaal. «

»Wir erwarten eine Transportflotte«, antwortete der Leiter der Station. »Erhalten wir schon verwertbare IDs?«

»Noch nicht«, antwortete der Offizier. » Die Daten werden derzeit von unserer Hypertronic-KI geprüft. «

Erneut wurden 50 rote Schiffskontakte auf dem Bildschirm angezeigt. Gespannt blickten die Offizier auf den Bildschirm. Dann wechselten die Schiffssignale in eine grüne Farbgebung.

»Die eingetauchte Flotte wurde identifiziert«, meldete die KI der Station. »Es handelt sich um eine ragunische Transportflotte. «

»Wir erhalten einen Hyperkomm-Funkspruch von ihr«, meldete der Funk-Offizier.

»Darauf habe ich gewartet«, antwortete Cicollus. »Legen sie das Gespräch auf die Lautsprecher. «

»Hier ist Flottenbefehlshaber Henuar«, tönte es aus den Lautsprechern. »Ich rufe die Wurmloch Forschungsstation«.

Cicollus griff nach seinem Kommunikator.
»Mein Name ist Cicollus«, sprach er in sein Gerät. »Flottenführer Henuar, wir verstehen sie klar und deutlich. «

»Wurden sie bereits von Systemrat Camaal über unsere Mission informiert? «, erkundigte er sich.

»Das wurden wir«, antwortete der Leiter der Forschungs-Station. »Wir haben ihren Programmierungs-Code vorliegen. «

»Dann bin ich beruhigt«, antwortete Henuar.

»Leider müssen sie warten, bis der Systemrat von seiner Mission zurückgekehrt ist«, teilte Cicollus mit. »Wir sind verpflichtet das Fenster so lange offenzuhalten. «

Der Leiter der Station bemerkte, wie sich der Befehlshaber der Transportflotte kurz räusperte.

»Die Situation hat sich geändert«, teilte er Cicollus mit. »Sie haben mitbekommen, dass sich die Flotte der

Arthropoden in vier große Einzelverbände aufgeteilt hat?
«

»Wir wurden informiert«, antwortete der Leiter abwartend.

»Ich übersende ihnen neue Befehle des Flotten-Oberkommandos von Ragun. »Lesen sie diese bitte unverzüglich durch und melden sie sich wieder bei mir. Die Übermittelung erfolgt in diesem Moment...«

Henuar gab seinem Funk-Offizier ein Zeichen. Dieser drückte auf einen Knopf und sandte die Textmitteilung des Flotten-Oberkommandos an die Forschungs-Station.

»Haben wir etwas erhalten? «, erkundigte sich der Leiter.

»Der Empfang wird bestätigt«, meldete die Funkstelle. »Ich drucke die Folie für sie aus. «

Der Offizier stand auf und lief auf einen Schrank zu, aus der eine Infofolie ausgespuckt wurde.

Der Funk-Offizier fing sie auf und eilte zum Leiter der Station zurück.

»Sie ist als geheim deklariert«, sagte er.

Cicollus ergriff sie und las den Text.
Dann reichte er sie weiter an den wissenschaftlichen Leiter.

»Lese ich das richtig«, fragte dieser. »Unsere Flottenführung opfert Camaal und seine 5.000 Schiffe? «

»Es scheint so zu sein«, antwortete der Leiter der Forschungs-Station.

Die Offiziere der Leitstelle blickten ihren Vorgesetzten fragend an.

»Sie verlangen von uns, das Wurmlochfenster unverzüglich zu schließen«, ergänzte der Leiter. »Damit wäre der Rückflug für unseren Systemrat verschlossen. «

»Das können wir nicht machen«, warnte der Funk-Offizier.

»Wollen sie sich mit dem Zentralrat auf Ragun auseinandersetzen? «, fragte Cicollus. » Weigern wir uns, werden wir sofort durch andere Offiziere ersetzt. «

Er griff nach seinem Communicator.
»Flottenbefehlshaber Henuar, « sprach er hinein. »Wir haben die Nachricht erhalten. Haben wir das richtig

interpretiert. Das geöffnete Wurmloch soll abgeschaltet werden. «

»Nicht abgeschaltet«, antwortete Henuar. »Es soll lediglich für den Durchflug fremder Schiffe gesichert werden. Das ist doch ein eindeutiger Befehl des Flotten-Oberkommandos.«

»Also doch abgeschaltet«, wiederholte Cicollus seine Frage.

»Sehen sie es, wie sie wollen«, lachte der Befehlshaber der Transportflotte. »Ich bitte sie, das gleiche auch nach unserem Durchflug zu machen. Schalten sie das Fenster unverzüglich ab, wenn das letzte meiner Schiffe eingetaucht ist. Bei den Piloten meiner Transportflotte handelt es sich ausschließlich um Freiwillige. Wir werden in eine Zeitepoche geschickt, die 100 Jahre vor unserer heutigen Zeit liegt. Falls wir uns je wiedersehen sollten, dann sind wir sehr gealtert. Trotzdem sehen wir unsere Mission als einen Betrag zu dem Erhalt unseres Imperiums. «

Der Flottenführer ließ eine kleine Pause vergehen. Cicollus hörte, wie er schwer atmete. Dann fuhr er fort. »Ich bitte sie jetzt das Tor zu verschließen«, bat der den Leiter der Station. »Lassen sie mich nicht ihre Schutzflotte über ihre Einstellung und ihre Haltung zu Befehlen des Flotten-Oberkommandos informieren? «

»Rückfragen sind doch wohl noch erlaubt«, knurrte Cicollus den Flottenführer an. »Wir deaktivieren jetzt das Tor. «

Er blickte seinen technischen Offizier an. »Sie haben es gehört«, befahl er. »Schalten sie endlich das Tor ab. «

»Wir können doch nicht..... «, schimpfte ein Offizier.

»Halten sie den Mund«, schimpfte der Leiter der Station ihn an. »Wollen sie in einer ragunischen Arrestzelle enden? Schalen sie sofort das Tor ab. «

Alle Augen der anwesenden Offiziere richteten sich auf ihren Kollegen der technischen Abteilung.

Dieser fluchte, drehte sich aber um und stieß den roten Hebel in seine Ausgangsstellung zurück.

»Danke«, antwortete Cicollus. »Denken sie lieber darüber nach, dass Camaal und die Besatzungen der Schiffe seiner Flotte noch leben. Vielleicht ist er sogar ein einer wesentlich besseren Epoche gestrandet, als die in der wir uns befinden. «

Das große Wurmlochfenster oberhalb der Station fiel in sich zusammen und erlosch.

Der Leiter der Station griff nach dem Kommunikator. »Das Fenster wurde deaktiviert«, meldete er.

»Wir haben es registriert«, antwortete Henuar. »Der Zentralrat auf Ragun wird zufrieden mit ihnen sein. Öffnen sie uns jetzt das Fenster, gemäß den ihnen übermittelten Koordinaten. Wir haben ebenfalls keine Zeit zu verlieren. Nach dem letzten Schiff schließen sie bitte das Fenster. Habe ich mich verständlich ausgedrückt? «

»Selbstverständlich, Flottenkommandeur Henuar«, erwiderte der Leiter der Station. »Ich wünsche ihnen viel Erfolg in ihrem neuen Leben. «

Dann brach er die Hyperkomm-Funkverbindung ab.

»Öffnen sie ihm das verdammte Wurmlochfenster«, forderte Cicollus seinen technischen Offizier auf. »Er will es nicht anders haben. «

Auf dem Bildschirm sahen die Offiziere, wie sich oberhalb der Station erneut ein stabiles hellblaues Fenster aufbaute. Nachdem sich die blaue Energie des Ereignishorizontes stabilisiert hatte, flog die ragunische Transportflotte hinein und verschwand.

Niemand von dem Brückenpersonal achtete in diesem Moment auf die angezeigten Impulse der Fremdkontakte auf dem Monitor des Ortungsgerätes, die wegen des Durchfluges der Transportflotte nicht auf dem zentralen Bildschirm angezeigt werden konnten.

Vor 800.000 Jahren, in einer weit entfernten Galaxie.

Der Verband der 5.000 ragunischen Klappflügel-Kreuzer formierte sich vor dem grauen Universum.

»Zeichnen wir Feindkontakte? «, fragte Systemrat Camaal.

Der Ortungs-Offizier seines Kommandoschiffes schüttelte den Kopf.

»Ich habe nichts«, antwortete er. »Alles ist ruhig. «
»Sind wir hier überhaupt richtig? «, stellte Camaal die Frage. » Können wir ermitteln, ob die Zeitsteuerung der

Wurmloch-Anlage, uns in die angewählte Zeitebene gebracht hat? «

»Unsere KI vergleicht noch die Sternenkonstellationen«, antwortete der wissenschaftliche Offizier. »Ich erwarte in wenigen Sekunden die Auswertung. «

»KI«, fragte der Systemrat. »Hast du einen Abgleich erstellen können? «

»Die Auswertung war erfolgreich«, antwortete die Hypertronic-KI des Schiffes monoton. »Die Konstellationen der Sterne entsprechen einem Zeitfenster von 800.000 Jahren. «

»Danke«, antwortete Camaal.
Die Brückencrew blickte auf die graue Staubanomalie. »Wir werden vorsichtig navigieren müssen«, teilte der Steuermann des Schiffes mit. »Dieser Bereich ist von vielen Asteroiden-Feldern und Staubwolken durchzogen. «

»Wir sind hier, um eine Mission zu erfüllen«, erklärte der Systemrat. »Die Hoffnungen unseres Volkes liegen auf uns. Wir werden nicht eher zurückkehren, bis wir die Arthropoden vernichtet haben. «

»Eine Rückkehr wird schwierig werden«, meldete der Ortungs-Offizier. »Nach meinen Informationen hat sich gerade das geöffnete Wurmloch geschlossen. Es ist nicht mehr auszumachen, lediglich dunkler Weltraum ist zu orten. «

»Die Koordinaten auf den zentralen Schirm legen«, befahl Camaal. Das Bild schwenkte um, in die entgegengesetzte Richtung. Da, wo soeben noch ein hellblaues Wurmloch leuchtete, war nichts mehr zu erkennen.

Camaal schüttelte seinen Kopf.
»Vermutlich handelt es sich um eine Überlastung der Generatoren«, sagte er. »Unsere Freunde werden das in den Griff bekommen. Sie öffnen uns ein neues Tor. «

»Bei der kleinsten Abweichung der Einstellung, werden wir hier Jahre ausharren müssen, bis sich ein Tor öffnet«, bemerkte der wissenschaftliche Offizier. » Ich habe immer davor gewarnt, ein Wurmlochtor über eine längere Zeit offenzuhalten. Es verbraucht eine gewaltige Menge an Energie. Die kleinste Instabilität lässt es zusammenbrechen. Es muss auch von dieser Seite her angewählt werden können. «

»Vielleicht wurde die Forschungsanlage auf unserem Asteroiden angegriffen? «, sagte der 1. Offizier des

Schiffes. » Es hieß doch, dass sich die Allianzflotte der Arthropoden in vier gleich große Verbände aufgeteilt hat.«

»Wenn die Wurmloch-Station vernichtet wurde, dann wäre das äußerst schlecht für uns«, erwiderte Camaal. »Doch wir werden einen anderen Weg finden. Konzentrieren wir uns auf unsere Aufgabe. «

Er blickte den Ortungs-Offizier an.
»Tiefenscan durchführen«, befahl er. »Können wir irgendwo erhöhte Energiewerte registrieren? «

»Sensoren und Ortungs-Tiefentaster wurden aktiviert«, meldete der Offizier. »Die Sektoren des grauen Universums werden einzeln geprüft. «

»Geben sie einen Befehl an unsere Flotte«, befahl Camaal. »Wir fliegen mit halber Geschwindigkeit in das graue Universum hinein. Alle Schiffe sollen auf eine automatische Kurskorrektur, die Schutzschirme auf Maximalwerte schalten. «

»Ihr Befehl wurde weitergegeben«, antwortete der Funk-Offizier.

Die Flotte beschleunigte und drang in die graue Suppe des Universums ein.

Camaal hatte sich in seinem Kommandosessel zurückgelehnt. Ein lauter Alarmton rüttelte ihn aus seinen Gedanken wach. Er blickte auf den zentralen Bildschirm und sah, wie ein großer Asteroid sich seinem Schiff auf einem Kollisionskurs näherte. Die Hypertronic-KI des Schiffes schwenkte von ihrem Kurs ab und flog eine Schleife um den Felsbrocken herum. Erleichtert nickte Camaal.

Seit vier Stunden drang die Flotte jetzt in die innere Staubwolke ein. Noch immer waren keine Feindkontakte angezeigt worden.

»Wo sind sie? «, fragte Camaal ungeduldig. » Angeblich sollten die Arthropoden doch in diesem Universum zahlreiche Planeten bevölkert haben? «

Er blickte seinen Ortungs-Offizier an.
»Führen sie zusätzlich einen Scan möglicher bewohnter Welten durch«, befahl er. »Suchen sie nach fremden Lebensformen. «

Der Offizier nickte und änderte die Programmierung der Abtaster.

Nur Minuten später ertönten zahlreiche Alarmzeichen auf der Brücke des Schiffes.

»Ich habe etwas«, meldete der Ortungs-Offizier.

»Legen sie auf den Bildschirm«, sagte der Systemrat.

Die Hypertonic-KI zoomte einen Planeten heran. In seiner Umlaufbahn trudelten zahlreiche Metallteile von zerstörten Raumschiffen. Immer wieder wurden welche von der Anziehungskraft des Planeten angezogen und tauchten als brennende Metallstücke in die Atmosphäre ein.

»Hier hat eine Raumschlacht stattgefunden«, stutzte Camaal. »Können wir die Oberfläche des Planeten zoomen? «

Der Ortungs-Offizier nahm einige Schaltungen vor. Das Bild zoomte auf die Oberfläche des Planeten. Ein Schrei ging durch die Crew. Die Welt brannte. Nur noch Ruinen, verkohlte Erde und Trümmer waren zu erkennen. Nichts deutete mehr auf eine lebende Welt hin. «

»Was haben die Arthropoden hier wieder für eine Grausamkeit angerichtet? «, fragte der Systemrat. » Fangen sie jetzt an ihre eigenen Planeten zu säubern? «

»Entschuldigung«, erinnerte der wissenschaftliche Offizier. »Sie vergessen, dass diese Zeit lange vor unserer realen Epoche liegt. «

»Sie haben Recht«, entschuldigte sich Camaal. »Man kommt langsam mit den Zeitepochen durcheinander. Wie sieht es auf den umliegenden Planeten aus? «

Der Ortungs-Offizier richtete die Sensoren des Schiffes neu aus. Die Taster schlugen an, die Sensoren vermittelten das gleiche Bild.

»Genauso«, antwortete der. »Alle Planeten wurden angegriffen und vollständig verwüstet. Es wird Jahrtausende brauchen, bis die Welten wieder bewohnbar sind. «

Er stutzte und beugte sich tief über seinen Abtaster.

»Die Trümmer der Raumschiffe wurden von unserer KI identifiziert«, teilte der Offizier mit. »Es handelt sich ausschließlich um Trümmer von arthropodischen Schiffen. «

Camaal schaute ihn fassungslos an.

»Wie ist das möglich?«, fragte er.

Der wissenschaftliche Offizier ergriff das Wort.

»Jemand war schneller als wir«, antwortete er. »Vermutlich haben die Arthropoden auch einer anderen Rasse auf die Füße getreten. Doch diese scheint technisch fortgeschrittener gewesen zu sein, als sie selbst. Ich habe die Trümmerteile von allen Planeten in diesem Sektor addiert. Die Flotte der Arthropoden muss ungefähr aus 100.000 Schiffen bestanden haben. «

Camaal pfiff durch seine Zähne.

»Hoffen wir einmal, dass dies die Haupt-Armada der arthropodischen Flotte war«, überlegte er. »Falls wir auf eine solche Anzahl von Schiffen treffen, dann sehe ich schwarz. «

»Ich zeichne starke Energiereflexe«, meldete der Ortungs-Offizier. »Sie liegen 13 Sektoren vor uns. Dort scheinen drei Raumschlachten stattzufinden. «

»Legen sie auf den Bildschirm«, befahl Camaal.

»Die Distanz ist zu weit«, antwortete der Offizier. »Wir werden nur kleine Lichtpunkte sehen können. «

Das Bild des zentralen Monitors schaltete sich um.

In dem entfernten Sektor war ein Wetterleuchten zu sehen. Zahlreiche kleine Lichtpunkte, es mussten mehrere Tausend sein, erhellten wie ein verschwommenes Feuerwerk den entfernten Sektor. Die Crew der Brücke hielt ihren Atem an. Die Laserstrahlen mehrere Schiffsverbände, die Salven dicker Impulsstrahlen erzeugten ein blitzendes Leuchten über dem Kampfgebiet.

Systemrat Camaal hatte genug gesehen.

»Das sind unsere Arthropoden«, sagte er. »Es kommt uns zugute, dass sie bereits in eine Raumschlacht verwickelt sind. Wir werden uns auf die Seite ihrer Gegner stellen. «

Er drehte seinen Kopf seiner Crew entgegen.

»Navigator«, sagte er. »Berechnen sie einen Hyperraumsprung in diesen Sektor. Nutzen sie unsere KI, um ein asteroidenfreies Feld zu ermitteln. Geben sie danach die Sprungdaten an unsere Flotte durch. Wir materialisieren ein Klick vor der fremden Flotte und fragen an, ob wir Unterstützung anbieten dürfen. «

»Sprungdaten wurden ermittelt und weitergeleitet«, bestätigte der Navigator. »Unsere Flotte ist bereit.

Camaal hob seine rechte Hand. Langsam ließ er sie sinken.

»Den Sprung durchführen«, befahl er.

Die Flotte von 5.000 ragunischen Schiffen entmaterialisierten in den Hyperraum. Es vergingen nur wenige Sekunden, dann wechselte sie an den berechneten Koordinaten wieder in den Normalraum.

Die anschwellenden Geräusche der Ortungstaster und das schrille Piepsen der Sensoren verteilten sich über die Brücke. Der Bildschirm des Flaggschiffes zeigte eine gewaltige Armada von Schiffen an. In drei Gruppen attackierten 5.000 Meter große Schiffsgiganten, die bekannten Schiffseinheiten der Arthropoden. Das schien das Heimatsystem, der spinnenartigen Species zu sein. Exakt 18 Planeten umrundeten einen großen Hauptstern. Von der 8. Welt stiegen ununterbrochen Schiffe auf, welche die Streitmacht der Arthropoden zu verstärken schienen. Die Gegner griffen in drei großen Formationen an. Ihre zahlreichen Waffentürme ließen die aufsteigenden Schiffe noch in ihrer Beschleunigungsphase explodieren. Zahlreiche Explosionen in der Flotte der Arthropoden, zeugten von der Unterlegenheit ihrer Schiffe.

Alarmtöne wurden laut.

»400 Schiffe der Arthropoden befinden sich auf einem Kollisionskurs«, meldete der Ortungs-Offizier. »Wir wurden entdeckt. «

»Unsere Schiffe sollen eine breite Blockadelinie bilden, befahl Camaal. »Ich möchte 5 Schiffslinien übereinander formiert haben, die Backbord-Geschütze den Feinden zugewandt. Kein Schiff darf unsere Blockade-Linie durchbrechen. «

Der Funk-Offizier gab den Befehl weiter. Die eingespielte ragunische Flotte formierte sich rechtzeitig. Noch bevor eine erste Salve von den arthropodischen Schiffen erfolgte, waren alle Geschütztürme und Raketen-Abschussrampen gefechtsbereit.

Die Einheiten der Arthropoden sahen in der Flotte der Raguner eine Verstärkung des Ceshalter-Verbandes. Wütend feuerten ihre Schiffe bereits, als sie noch nicht in Schussreichweite waren.

»Abwarten, bis die Schiffe in Reichweite sind«, befahl der Systemrat.

Geduldig warteten die ragunischen Kommandeure ab. Sie durften nach eigenem Ermessen feuern. Dann war es so weit. Ein Feuerschlag nicht definierbarer Größe, schlug in die Schiffe der Arthropoden ein. Ihr Anflug wurde massiv gestoppt. Die erste Linie der arthropodischen Schiffe verging in grellen Explosionen. Die einschlagenden Nadelstrahlen ließen vieler ihrer Schutzschirme nach wenigen Sekunden kollabieren. Die nachfolgenden Salven, durchbohrten die Außenwände und rissen große Löcher. Ein Reagieren war für sie nicht mehr möglich. Im Sekundentakt schlugen neue Salven ein. Die breite Wand aus ragunischen Schiffen war das Kämpfen gewohnt. Schiffslinie für Schiffslinie wurde dem massiv einschlagenden Höllenfeuer der Nadelstrahlen übergeben.

Der Feuerschlag eines Ceshalter-Verbandes kam überraschend. Er hatte sich unterhalb einer Arthropoden-Flotte genähert. Die dicken Laserstrahlen rissen die Unterseiten der Schiffe auf. Systemrat Camaal musste seine Augen schließen, um nicht von den intensiv grellen Strahlen geblendet zu werden. Die Schiffe der Arthropoden wurden schwer getroffen und brachen der Reihe nach auseinander. Andere Schiffe wurden von den ragunischen Salven in grelle Atomsonnen verwandelt. Es zeigte sich auf dem zentralen Bildschirm des Flaggschiffes, dass die spinnenartige Species dem Angriff nichts entgegenzusetzen hatte.

Camaal ballte seine Hände zu Fäusten.

»Wir kriegen sie«, sagte er. »Die Flotte muss vernichtet werden. «

Es war wie ein Rausch. Die Flotte der Raguner schoss im Automatikmodus auf die stur anfliegenden Schiffe der Arthropoden. Sie konnten ihre Unterlegenheit nicht akzeptieren und schmissen alle verfügbaren Kräfte in die Raumschlacht.

Die Geschütztürme der Klappflügel-Zerstörer fauchten im Salventakt ihre Strahlen aus den Rohren. Die Flotte der Arthropoden war bereits deutlich geschrumpft. Die Salven konzentrierten sich jetzt auf die verbliebenen Schiffe. In einem immer schnelleren Takt explodierten die arthropodischen Einheiten in grellen Flammen, oder brachen in der Mitte auseinander und trifteten steuerlos durch den Weltraum. Nachrückende Schiffe der Ceshalter machten einen kurzen Prozess mit den halbierten Schiffsteilen. Ihre Salven ließen die Schiffsteile in feurigen Sonnen vergehen.

»Eingehender Hyperkomm-Funkspruch«, meldete der Funk-Offizier. »Wir werden gerufen? «

»Auf den Bildschirm legen«, befahl Camaal.

»Verbindung wird umgeleitet«, meldete der Offizier.

Das Bild erhellte sich und zeigte die hochgewachsene Gestalt einer humanoiden Person, in einer unbekannten Uniform.

»Mein Name ist Tuula«, stellte er sich vor. »Ich bin der Flotten-Kommandeur des Ceshalter-Verbandes, der das graue Universum von den Arthropoden reinigt. Ich sehe, sie sind auch humanoider Herkunft. «

»Mein Name ist Systemrat Camaal«, sprach er den Flottenführer an. »Auch wir sind hier, um den Arthropoden eine Lektion zu erteilen. Dürfen wir sie bei der Vernichtung dieser Rasse unterstützen? «

Kommandeur Tuula lachte.
»Jede Unterstützung ist hilfreich«, antwortete er. »Sie kommen aber zu spät. Seit drei Jahren säubern wir die graue Staubwolke von dieser spinnenartigen Lebensform. Sie hat sich wie ein Insektenvolk vermehrt und sich über 346 Planeten ausgebreitet. Das war unserer großen Vielfältigkeit zu viel. Wir haben dem jetzt ein Ende gesetzt. «

»Wir sind ihnen sehr dankbar hierfür«, lächelte Camaal. »Das war auch unser Anliegen. Leider haben wir erkannt, dass wir vermutlich mit unserer Flotte von 5.000 Schiffen nicht viel ausgerichtet hätten. Dank ihren Schiffen wurde bereits die Vorarbeit erledigt. «

»Freuen sie sich«, antwortete Tuula. »Vor ihnen liegt das Heimat-System dieser Rasse. Der achte Planet ist ihre zentrale Brut-Welt. Er nennt sich Aramis. Diesen Planeten behalten wir uns bis zum Schluss vor. Danach feiern wir unseren Sieg. Sie sind herzlich eingeladen. «

»Wir nehmen gerne teil«, antwortete Systemrat Camaal. »Auch unterwerfen wir uns ihrem Kommando. Geben sie uns bitte ihre Befehle, wie wir helfen können. «

»Das hören wir gerne«, erwiderte der Ceshalter. »Sichern sie die linke Flanke des Sternensystems. Keine Schiffe der Arthropoden sollten flüchten können. Dann ziehen wir den Kessel langsam zu. «

»Ich habe verstanden«, antwortete Camaal. »Bitte informieren sie ihre Verbände, dass wir auf ihrer Seite kämpfen. «

»Das mache ich gerne«, lachte Tuula.
Die Verbindung brach ab.

Systemrat Camaal widmete sich wieder der tobenden Raumschlacht. Der Verband der Arthropoden war zusammengeschmolzen. Die Feuersalven seiner Blockadelinie peitschen auf die restlichen Schiffe des gehassten Feindes ein. Er bemerkte, wie der Boden seines Schiffes vibrierte. Das pausenlose Dröhnen der gewaltigen Geschütztürme wurde laut in das Innere der Schiffe übertragen. Dann gab es plötzlich keine Feinde mehr. Die Flotte der Ceshalter drehte ab und flog mit zunehmender Geschwindigkeit einem neuen Pulk Feindschiffe zu.

»Wir brechen hier ab«, befahl Camaal. »Alle Schiffe drehen bei. Wir bilden eine neue Blockadewand an der linken Flanke der Raumschlacht. Alle ausscherenden Schiffe der Arthropoden sind anzugreifen und zu vernichten. Wir machen keine Gefangenen. «

»Ihr Befehl wurde weitergegeben«, bestätigte der Funk-Offizier.

»Navigator, abdrehen und Kurs auf die linke Flanke initiieren", befahl der Systemrat.

Die ragunische Flotte hatte keine Verluste zu verzeichnen. Alle Schiffe waren intakt. Alle eingeschlagenen Lasersalven des Feindes konnten von den hochentwickelten Schutzschirmen abgeleitet werden.

Camaal war sehr zufrieden mit dem Verlauf der Raumschlacht.

Seine Flotte drehte ab und flog zu den neuen Koordinaten. Der Funker arbeitete mit Höchstleistungen, um die Anfragen der Flotten-Kommandeure zu beantworten. Sie alle wollten wissen, was es mit der fremden Flotte auf sich hatte. Niemand der Besatzungen dachte im Moment darüber nach, dass sie Zeitzeugen eines schrecklichen Völkermordes waren. Sie erkannten nicht das unwirkliche Szenario, der später einen unsagbaren Hass der Arthropoden auf alle humanoiden Species auslöste.

Die 5.000 Klappflügel-Zerstörer formierten erneut eine vierfache übereinanderliegende Blockadewand, an den neuen Koordinaten der Raumschlacht. Die Schiffe standen dieses Mal enger an dem System der 18 Planeten. Noch waren die Geschütztürme der ragunischen Zerstörer nicht auf den Feind ausgerichtet. Die Kommandeure der Schiffe waren sich sicher, dass sie die restlichen Schiffe der Arthropoden und ihre Heimatwelt vernichten konnten.

Dann geschah das Unerwartete. Exakt 250 Groß-Kampfschiffe, der spinnenartigen Lebensform, brachen vor der ragunischen Flotte aus dem Hyperraum. Die

Einheiten wirkten bereits durch ihre Baumasse von 2.500 Metern den ragunischen Schiffen überlegen. Die Schiffe scherten auf die Blockadelinie der Raguner ein und eröffneten das Feuer. Hektik brach auf den sich noch formierenden Klappflügel-Zerstörern aus.

Als die Arthropoden begannen, ihre Salven auf die gegnerischen Einheiten zu schießen, hoben sich erst die kräftigen Rohre der Geschütztürme der ragunischen Zerstörer an, um ein Ziel anzuvisieren. Doch die Hypertronic-KIs der ragunischen Schiffe, hatten bereits reagiert. Mit brachialer Gewalt entluden die ihre Waffentürme. Die großen Schiffe der Arthropoden wurden von einem verbitterten Gegenschlag getroffen. Die Schutzschirme der vordersten Schiffe fielen schlagartig aus. Die nachfolgenden Salven der Raguner durchschlugen die Bordwände und drangen tief in das Schiffsinnere ein. Zahlreiche 2.500 Meter-Riesen explodierten, andere trudelten scher getroffen aus ihrer Angriffslinie.

Systemrat Camaal befahl einen Raketenangriff auf die geschwächten Schutzschirme der feindlichen Schiffe. Tausende von zielsuchenden Geschossen verfließen die Luken der ragunischen Gefechtsbatterien. Die Mündungen der Lasertürme flammten pausenlos ihre Strahlen auf die feindlichen Schiffe und rissen große

Löcher in deren Reihen. Dann trafen die Raketen mit ihren Gefechtsköpfen auf die feindlichen Schiffe. Sie rissen zahlreiche Aufbauten auf und sprengten Metallteile der Schiffe ab. Glühende Explosionen breiteten sich auf den arthropodischen Schiffen aus. Auch die Schutzschirme der Klappflügel-Zerstörer wurden bis hart an ihr Versagen beansprucht. Die großen Schiffe der Arthropoden besaßen wesentlich mehr Feuerkraft als ihre kleineren Einheiten.

Camaal beobachte die massive Raumschlacht auf dem Monitor seines Schiffes. Wieder schüttelte ein Laserschlag eines arthropodischen Groß-Kampfschiffes sein Flaggschiff durch.

»Befehlen sie 500 unserer Schiffe an die Unterseite der Arthropoden-Flotte«, sagte er dem Funkoffizier.» Von dort muss ein massiver Angriff erfolgen. Unsere oberste Linie soll das übernehmen. Ich glaube Kommandeur Buuda befehligt sie. Übermitteln sie meinen Befehl. «

Der Funk-Offizier gab die Meldung durch.
Camaal erkannte, wie die Schiffe seiner obersten Verteidigungslinie das Feuer einstellten, beschleunigten und eine Schleife flogen. Unterhalb der Flotte der Arthropoden setzten sie ihr Laserfeuer fort. Die Nadelstrahlen von 1.000 Klappflügel Zerstörern schlugen

brachial in die ungeschützten Unterseiten der arthropodischen Schiffe ein. Camaal sah auf seinem Bildschirm, wie sich unterhalb der feindlichen Schiffe starke Explosionen ausbreiteten.

»Das Feuer verstärken«, befahl er. »Die Geschütze der Feindschiffe müssen auf uns gerichtet bleiben. Sie dürfen sich nicht unserer Flotte unterhalb ihrer Schiffe zuwenden. «

Der Salventakt der ragunischen Schiffe erhöhte sich. Den großen Kampfschiffen der Arthropoden gelang es nicht die Oberhand zu gewinnen. Immer mehr Schiffe explodierten in grellen Atombränden. Die eindringenden Laserstrahlen, unterhalb der Arthropoden-Schiffe, beschädigten oder vernichteten wichtige Kabelbäume und Leitungen. Das massiv einschlagende Lasergewitter beendete den Angriff der ragunischen Groß-Kampfschiffe schnell. Mit geringer Geschwindigkeit rückte die ragunische Blockadelinie weiter auf das ausgedünnte Haupt-Schlachtfeld zu.

Auf den Ortungsschirm des Flaggschiffes sahen die Offiziere der Brücke, wie Ceshalter-Geschwader Jagd auf fliehende Schiffe der Arthropoden machten. Feuerbälle, die an die Größe kleiner Sonnen erinnerten, zeugten von dem Untergang arthropodischer Groß-Kampfschiffe. Eine

Flotte von Ceshalter-Schiffen feuerte auf eine unterlegene Einheit ihrer Feinde. Ihr massives Geschützfeuer verursachte eine breite Linie von aufgehenden Atomsonnen. Dann brach das Wetterleuchten ab. Die Ortungstaster der Schiffe zeigten nur noch vereinzelte Kleinschiffe der Arthropoden an. Hierum kümmerten sich die Kampf-Jets der Ceshalter Schiffe. Wie ein Schwarm von Hornissen, flogen mehrere Tausend dieser kleinen Kampfflieger aus dem Bauch ihrer großen 5.000 Meter messenden Mutterschiffe. In Geschwadern flogen sie in alle Sektoren des feindlichen Heimatsystems und vernichteten die übriggebliebenen Schiffe der Arthropoden.

»Eingehender Bildfunkspruch von Kommandeur Tuula«, meldete der Funk-Offizier.

»Auf den zentralen Bildschirm legen«, antwortete Camaal.

Kommandeur Tuula lachte.
»Wir danken für ihre Unterstützung«, sagte er mit kraftvoller Stimme. »Wir haben ihr Manöver gegen die 250 Groß-Kampfschiffe der Arthropoden mit Bewunderung verfolgt. Danke für ihren Einsatz. «

Es verstrich eine kleine Pause. Dann sprach der Flotten-Kommandeur Tuula weiter.

»Formieren sie sich unter unserer Flotte«, empfahl er. »Die mutierte Species ist besiegt. Ihre Raumschiffe wurden vollständig zerstört, alle Rettungskapseln vernichtet. Der 8. Planet ist der Rückzugsort ihrer letzten Überlebenden. Er muss verrichtet werden. «

Kommandeur Tuula erkannte, wie Camaal sein Gesicht verzog.

»Ich sehe ihre Bedenken«, sagte er. »Doch bedenken sie bitte, dass auf diesem Planeten ihre wichtigsten Brutzentren stehen. Vernichten wir sie nicht, dann vermehren sie sich erneut rasant und greifen in einigen Hundert Jahren unsere Zivilisationen an. Das können wir nicht hinnehmen. Überlegen sie, warum sie hier sind. Diese mutierte Species des Universums ist nicht von der Evolution der großen Vielfältigkeit vorgesehen gewesen. Es ist eine schreckliche Wucherung, die sich unbeobachtet entwickeln konnte. Beseitigen wir sie, dann haben wir für alle Zeiten Ruhe vor ihnen. «

Camaal nickte.

»Deswegen sind hier hierhin gekommen«, antwortete er. »Diese Rasse bringt nur Unheil, Krieg und Aggressivität in unsere Hoheitsgebiete. «

»Wir gruppieren uns um den Heimatplaneten der Arthropoden und nehmen einen Dauerbeschuss vor«, sagte Kommandeur Tuula. »Der Boden wird verbrennen, Vulkane brechen aus, bis der Planet endgültig glutflüssig geworden war. Die Atmosphäre wird sich auflösen. Ab diesem Zeitpunkt wissen wir, dass wir gewonnen haben. Die Heimatwelt dieser Species wird nur noch eine tote Welt sein. «

»Wir reihen uns in ihre Flotte ein«, antwortete Camaal. »Wenn wir die Koordinaten erreicht haben, gebührt ihnen die Ehre den Feuerbefehl zu erteilen. «

»Das wird mir ein Genuss sein«, lächelte Kommandeur Tuula.

Er fing an die humanoide Rasse zu mögen. Camaal war nachdenklich geworden. Er hatte erkannt, mit welcher Härte der Flottenführer der Ceshalter gegen die spinnenartige Species vorgegangen war.

»Wie groß muss der Hass dieser Rasse auf die Arthropoden sein? «, dachte er. » Ich möchte die

Ceshalter auf keinen Fall zu unseren Feinden zählen müssen.

500.000 Jahre in der Vergangenheit, Forschungs-Asteroid der Raguner

Der Schiffs-Verband des Neuen-Imperiums war aus dem Hyperraum ausgetreten. In ausreichender Entfernung sondierten sie die Lage. Ortungsgeräte und Sensoren erfassten Forschungs-Asteroiden der zeitgesteuerten Wurmloch-Anlage. Die Flotte sah, wie in einem geöffneten Wurmloch-Fenster eine Transport-Flotte von 50 ragunischen Schiffen verschwand.

Eine nebelige Wand baute sich auf der Brücke der Termar 1 auf. Geoffwan, der Sprecher der Aller-Ersten trat heraus.

»Wir haben unser Ziel erreicht«, sagte er. »Die Station wird nur von einer Flotte von 50 ragunischen Klappflügel-Schiffen der 1.000 Meter-Klasse bewacht. Das sind schnelle, aber waffentechnisch nicht überragend ausgestattete Schiffe. «

Major Travis blickte den Sprecher an.
»Wie sieht ihr Plan aus? «, fragte er.

»Heran hat angedockt«, meldete Sergeant Dantow. »Er ist auf dem Weg zur Brücke. «

»Er ist nicht gerne allein«, lächelte Major Travis.

Erneut blickte er Geoffwan an.
»Warten sie mit der Offenlegung ihres Planes, bis unser lantranischer Freund da ist«, sagte er. »Er wird sicherlich auch noch etwas hierzu beizutragen haben. «

»In der Zwischenzeit muss ich ihnen noch Zusatzinformationen geben«, teilte Geoffwan mit. »Ich hatte vergessen zu erwähnen, dass unsere Tarnung möglicherweise nutzlos ist. Die ragunischen Schiffe werden uns zwar auf ihren Ortern und Tastern nicht erfassen können, doch die Konstruktionsdaten der zeitgesteuerten Wurmloch-Station basieren auf unserer Technik. Auch die Ortungsgeräte und die Sensoren sind wesentlich empfindlicher als auf den ragunischen Schiffen. Die Station wird uns unweigerlich erfassen. «

»Höre ich richtig«, sagte Heran vom Schott der Brücke herüber. »Sie haben auch ihre Ortungstechnik in der Station verbaut? «

Geoffwan blickte ihn an.

»Was steht denn noch alles in ihren Konstruktions-Zeichnungen? «, fragte er. »Verwenden sie möglicherweise auch Gerätschaften von anderen Rassen?«

Heran blickte Geoffwan verärgert an. Dieser zuckte mit seinen Schultern.

Major Travis blickte auf den zentralen Bildschirm der Termar 1. Noch waren keine Aktivitäten der Schutz-Flotte festzustellen. Die Schiffe lagen auf unterschiedlichen Koordinaten um den Forschungs-Asteroiden verteilt.

»Wir sollten mit einem Angriff nicht zu lange warten«, teilte Geoffwan mit. »Halswan wird unsere Absicht über kurz oder lang erkennen. Wenn er uns eine starke Flotte nachschickt, dann werden wir nicht in die Nähe des Asteroiden kommen. «

»Teilen sie uns bitte ihren Angriffsplan mit«, sagte Major Travis.

»Ich habe keinen«, erwiderte Geoffwan. »Die Station muss zerstört werden. Nichts braucht übrig zu bleiben. Ich empfehle nach dem Lehrbuch vorzugehen. Wir werden die Besatzung der Station warnen, um ihnen genügend Zeit zu geben ihre Rettungskapseln aufzusuchen. Dann werden unsere Schiffe die Schutzflotte angreifen und sie beschäftigen. Ein oder zwei Schiffe ihrer Imperator-Klasse werden aus dem Schlachtfeld ausscheren und ein Bombardement der Station vornehmen. «

Der Major blickte Heran an.

»Wie ist deine Meinung? «, erkundigte er sich.

»Wir haben keine andere Möglichkeit«, antwortete der Lantraner. »Wenn die Raguner der Station uns sowieso orten können, dann wird es ihnen auch gelingen ihre Abwehrgeschütze auszufahren. Meine Empfehlung ist es, zwei Schiffe der Imperator-Klasse einzusetzen, um den Schutzschirm der Station zur Überlastung zu bringen. Damit hätte das Personal genügend Zeit sich zu retten. «

»Kann ihr Schiff auch geortet werden? ««, fragte der Major den Aller-Ersten.

»Das wird ihnen nicht möglich sein«, lächelte er. »Die von ihnen verwendete Technik ist nach unseren Vorstellungen bereits wieder veraltet. Das Tarnfeld unseres Schiffes wurde weiterentwickelt. «

»In Ordnung«, entgegnete Major Travis. »Dann bleibt ihr Schiff unsere Geheimwaffe. Falls es uns nicht gelingen sollte, in die Nähe des Asteroiden zu gelangen, dann werden ihre Kollegen das machen müssen. Bitte informieren sie Nadewan und Talswan über unser Gespräch. Sagen sie ihnen bitte, dass sie ihr Schiff im getarnten Zustand belassen sollen. Ich werde jetzt unsere Flotte instruieren. «

Der Sprecher der Aller-Ersten hatte verstanden. Er verschwand auf dem gleichen Wege, wie er auf der Brücke der Termar 1 erschienen war.

»Die Aller-Ersten bleiben mir suspekt«, bemerkte Heran. »Sie können alles, wissen alles und schleichen als Energiewesen durch das Universum. Ist das die Erfüllung eines Lebenszieles? «

Major Travis lachte den Lantraner an.
»Zumindest haben sie dich ins Grübeln gebracht«, antwortete er. »Wir kommen ohne sie nicht aus. Scheinbar haben sie lange vor euch die Fäden in der Galaxie gezogen. Darauf deutet auch die geheime Flüchtlings-Station auf unserem Planeten hin. «

Er blickte seinen Freund an.
»Du greifst bitte nur ein, wenn es zu gefährlich für uns wird«, sagte Major Travis. »Ich kenne die Möglichkeiten deines Schiffes zur Genüge. Halte uns bitte den Rücken frei. «

»Das mache ich«, lachte Heran. »Leider hatte ich mich bereits auf ein schönes Feuerwerk gefreut. «

Mit den Worten drehte sich heran um und ging auf sein Schiff zurück.

Major Travis und Commander Brenzby informierten die Flotte. Der Plan sah vor, die 50 ragunischen Schiffe der Schutzflotte auseinanderzuziehen. Hierdurch sollte es für zwei Schiffe der Imperator-Klasse leichter werden, sich dem Forschungs-Asteroiden zu nähern. Die Commander der Schiffe bestätigten den Befehl. Langsam nahm die Flotte des Neuen-Imperiums Fahrt auf und näherte sich dem Asteroiden.

Wurmloch-Forschungsstation der Raguner

In der Leitstelle der Wurmloch-Forschungs-Station wiesen zahlreiche Warnimpulse auf eine sich nähernde Feindflotte hin.

Cicollus, Leiter der Forschungsstation raufte sich in den Haaren.

»Sind das arthropodische Schiffe? «, fragte er.

Der Ortungs-Offizier schüttelte seinen Kopf.

»Der Abgleich mit unseren Daten verlief negativ«, antwortete er. »Das können nur Schiffe ihrer Verbündeten sein. Ich registriere 10 Schiffe einer 3.000 Meter-Klasse, 50 Schiffe einer 2.000 Meter-Klasse, 1 Schiff einer 2.500 Meter-Klasse, 1 in einer 500 Meter-Klasse und 1 Schiff einer 250 Meter-Bauart. Wollen sie unsere Flotte informieren? «

Der Leiter der Forschungs-Station nickte.
»Stellen sie mir eine Verbindung zu unserer Schutzflotte her«, befahl er. »Sie scheinen die Schiffe noch nicht registriert zu haben. «

»Hier ist Cicollus, sprach er in das Gerät. »Ich rufe den Kommandeur der Schutzflotte. «

»Hier ist Kommandeur Danus«, hallte es aus den Lautsprechern. »Was gibt es schon wieder? «

»Erfassen sie nicht die 60 Feindschiffe, die in unser Gebiet eindringen? «, fragte der Leiter der Forschungs-Station.

»Welche Schiffe? «, entgegnete der Kommandeur der Flotte. » Wir haben nichts auf unseren Geräten. Alles ist ruhig. Glauben sie, wir schlafen auf der Brücke unserer Schiffe? «

»Sparen sie ihren Sarkasmus«, brüllte Cicollus ihn an. »Wir zeichnen eindeutige Resonanzkontakte. «

»Aus welcher Richtung? «, fragte der Flotten-Kommandeur.

»Aus westlicher Richtung«, antwortete der Leiter der Forschungs-Station. »Unternehmen sie endlich etwas, ansonsten lasse sich sie durch einen fähigeren Flottenkommandeur ersetzen. «

Die Verbindung brach ab.
Kommandeur Danus lief an den Ortungsmonitor seines Schiffes.

»Die Station registriert zahlreiche Fremdreflexe«, sagte er. »Warum haben wir nichts? «

»Es wird nichts angezeigt«, antwortete der Ortungs-Offizier verärgert. »Ich hätte sie sofort informiert. Schauen sie selbst nach. «

Der Offizier drehte dem Kommandeur den Monitor zu. Nichts war zu sehen. Keine Ortungsreflexe waren hierauf ersichtlich.

Danus überlegte kurz.

»Befehl an die Flotte«, befahl er. »Auf Kampfhandlungen einstellen, Schutzschirme aktivieren und alle Waffentürme unserer Schiffe ausfahren. Eine getarnte Flotte nähert sich unserer Position. Alle Schiffe nehmen ihre Abwehrpositionen ein. «

Kommandeur Danus lief zu seinem Kommandosessel zurück.

»Sensoren auf die westliche Richtung ausrichten«, sagte er.

Das Bild des zentralen Bildschirms wechselte. Nichts war hierauf zu sehen, als dunkler Raum.

»Flächenfeuer auf die westlichen Koordinaten geben«, befahl der Kommandeur. »Nehmen sie einen fluktuierenden Beschuss vor. «

Die Backbordseite des befehlsgebenden Schiffes feuerte auf die Koordinaten. Die Geschütztürme schwenkten hin und her und fächerten gelbe Strahlen in das All. Plötzlich schlugen zwei Strahlen auf den Schutzschirm eines Schiffes der Kaiser-Klasse ein. Der kurze Lichtreflex genügte dem Kommandeur.

»Da ist etwas«, erkannte er. »Sofort konzentriertes Feuer auf die Position geben. «

Die Geschütztürme von 10 ragunischen Klappflügel-Zerstörern fauchten auf. Ihre kräftigen Nagelstrahlen schlugen exakt in ein Schiff der Kaiser-Klasse ein.

Major Travis verfolgte das Geschehen.
»Sie haben uns entdeckt«, sagte er. »Die Tarnung abschalten und auf Angriffsformation einschwenken. Die Schiffe der Imperator-Klasse bilden einen Feuerwall und unterstützen die Schiffe der Kaiser-Klasse. Ich autorisiere die Feuerfreigabe nach eigenem Ermessen. «

Schlagartig fielen die Tarnschirme der Schiffe in sich zusammen. Lediglich der Kreuzer der Aller-Ersten blieb weiter im Tarnmodus.

Die Mündungen der Laserrohre flammten im Rhythmus von Sekunden auf.

Die ragunische Schutzflotte wurde mit einem massiven Angriffsfeuer belegt. Der donnernde Dauerbeschuss der Waffentürme der Schiffe der Imperator-Klasse zeigte erste Wirkung. Die Schutzschirme der vordersten ragunischen Schiffe verfärbten sich bereits rot. Ihr Gegenfeuer verpuffte in den starken Schutzfeldern der natradischen Schiffe. Ein ragunischer Zerstörer fing die volle Schiffsseite an Treffern auf. Der bereits rotglühende Schirm kollabierte schlagartig. Rettungskapseln verließen das Schiff, als eine weitere Breitseite eines Schiffes der Imperator-Klasse einschlug und das Schiff in unzählige kleine glühende Metallteile zersplitterte. Immer mehr Einheiten der ragunischen Abwehrflotte zogen qualmende Rauchfahnen hinter sich her. Das Stakkato der Lasersalven beschädigte immer mehr gegnerische Schiffe. Erneut explodierte ein ragunisches Schiff in einer grellen Atomsonne. Die Mannschaft hatte es nicht mehr geschafft sich zu retten.

Major Travis griff nach dem Communicator.
»Öffnen sie mir eine Hyperkomm-Funkverbindung zu der Forschungs-Station«, befahl er.

»Sie können sprechen«, antwortete Sergeant Farmer.
»Die Verbindung baut sich auf. «

»Hier ist Major Travis, Oberbefehlshaber der Flotte des Neuen-Imperiums«, sprach er in den Communicator. »Ihre Flotte ist unterlegen, fahren sie ihre Waffentürme ein und ergeben sie sich. Wir sind nicht darauf aus, ihre Schiffe zu vernichten. Ziehen sie sich zurück. Ich fordere die Besatzung der Forschungs-Station auf, ihre Rettungskapseln aufzusuchen. Verlassen sie unverzüglich ihre Forschungs-Station. Die Anlage stellt eine Gefahr für uns da und wird von uns vernichtet. Dies ist unsere letzte Warnung. Verlassen sie sofort ihre Station. «

Er blickte Sergeant Farmer an.
»Erhalten wir eine Antwort? «, erkundigte er sich.

Der Funk-Offizier schüttelte seinen Kopf.
»Sie stellen sich stumm«, antwortete er.

Major Travis hob seinen Communicator.
»Ich rufe Commander Bürgin«, sprach er in das Gerät.

Es knisterte kurz, dann meldete sich der Commander der Imperator-Schiffe.

»Ihre Schiffe bewähren sich«, sagte der Major freundlich. »Ich bin begeistert. «

»Wir auch«, antwortete der Commander. »Was kann ich für sie tun? «

»Lassen sie von drei Schiffen ihrer Imperator-Klasse aus die Station mit Hyper-Space-Geschossen beschießen«, befahl er. »Wenn ich es richtig vermute, wird das ihren Schutzschirm überlasten. «

»Ich veranlasse alles Nötige«, antwortete Commander Bürgin.

Major Travis beendete die Verbindung.

Auf dem Bildschirm sah er, wie erneut zwei ragunische Schiffe sich in helle Sonnen verwandelten. Die einschlagende Energie der Nadelstrahl-Geschütze, wurde von den effektiven Schutzschirmen der Schiffe des Neuen-Imperiums problemlos abgeleitet.

Hektik war in der ragunischen Forschungs-Station ausgebrochen. Die Offiziere liefen von Anzeige zu Anzeige.

»Verfluchte Schweinerei«, sagte Cicollus.

Erneut hatte es zwei Schiffe seiner Schutzflotte erwischt. Die hellen Atomsonnen verblassten nur langsam auf dem zentralen Bildschirm.

»Unsere Flotte ist unterlegen«, erkannte er. »Setzen sie einen Notruf ab, auf höchster Priorität. Melden sie einen Angriff auf die zeitgesteuerte Wurmloch-Station. Die Feinde sind zu stark. Wir können dem Angriff nicht mehr lange standhalten. Erbitten sofort eine starke Flotte als Unterstützung. «

Der Funk-Offizier bestätigte.

»Der Hyperkomm-Funkspruch ist raus«, meldete er. »Wir haben jedoch bisher keine Antwort erhalten. «

»Informieren sie mich unverzüglich, wenn eine Nachricht von dem Flotten-Oberkommando eintrifft«, erwiderte der Leiter.

»Achtung, auf Einschlag vorbereiten«, meldete der Ortungs-Offizier. »Ich habe drei massive Gefechtsköpfe im Anflug auf uns registriert. «
Er stutzte.

»Jetzt sind sie wieder fort«, meldete er. « Das verstehe ich nicht. «

»Halten sie die Augen offen«, forderte ihn Cicollus an. auf Der Ortungs-Offizier blickte verbissen auf seinen Monitor.

»Ich habe sie wieder erfasst«, sagte er. »Der Aufschlag erfolgt in wenigen Sekunden. Sie sind aus dem Hyperraum gefallen. «

Der Leiter der Station blickte ihn irritiert an. Dann rissen drei gewaltige Explosionen die Offiziere der Leitstelle von den Füßen. Ihre Körper wurden durch die Leitstelle gewirbelt und schlugen hart auf dem Boden auf. Gerätschaften explodierten und Verkleidungen und Kabelstränge fielen aus der Decke der Leitstelle herunter. Einige von ihnen waren gerissen und sprühten gefährliche Funken aus ihren Enden.

Der wissenschaftliche Offizier stand noch aufrecht und eilte zu einer Anzeigenkonsole.

»Unser Schutzschirm ist kollabiert«, erklärte Morgon. »Der nächste Treffer lässt die komplette Station hochgehen. Die Feldschirm-Generatoren sind explodiert. Hier ist nichts mehr zu machen. Ich deaktiviere alle Wurmloch-Energiemeiler. «

Cicollus, der Leiter der Station blickte sich um.
Überall waren verletzte Offiziere zu sehen, die sich langsam aufrichteten. Der größte Teil von ihnen blutete aus unterschiedlichen Wunden. Qualm und Rauch breitete sich auf der Station aus. Endlich erkannte der Leiter, dass die Anlage nicht mehr zu retten war.

»Wir evakuieren«, befahl er. »Sämtliches Personal verlässt sofort die Station und bringt sich mit den Fluchtgleitern in Sicherheit. «

Er blickte den Funk-Offizier an, der aus einer Stirnwunde stark blutete.

»Geben sie das durch, dann verschwinden sie«, befahl er. »Lassen sie ihre Wunde behandeln. «

»Was ist mit ihnen? «, erkundigte sich der Offizier.

»Ich komme nach«, antwortete der Leiter der Station. »Geben sie endlich meinen Befehl durch. «

Der Funk-Offizier tat wie befohlen. Dann schlug er auf einen roten Knopf. Ein schriller Alarmton tönte durch alle Abteilungen der Station. Hiernach sprang er auf und lief zum Ausgang der Leitstelle. Die Evakuierung nahm seinen Lauf.

Cicollus sprang auf und lief zu einem Terminal zu. Er riss mehrere Speicherkristalle heraus. Sie hatten sämtliche Aufnahmen über den Angriff gespeichert. Ebenfalls die Bauformen der unbekannten Schiffe. Dann eilte er der Besatzung hinterher und versuchte einen der letzten Fluchtgleiter zu erwischen.

Marc Travis und die Crew der Termar 1 sahen, wie die drei Geschosse der Schiffe der Imperator-Klasse ihre Geschützrohre verließen und kurz danach in den Hyperraum wechselten. Es dauerte nicht lange, dann brachen sie wieder in den Normalraum ein, korrigierten ihren Kurs und schlugen Sekunden später in den Schutzschirm der Basis ein. Das erste Geschoss reichte bereits aus, um den Schirm kollabieren zu lassen. Die freigesetzten Energien ließen die Feldgeneratoren explodieren. Die kurz danach einschlagenden Geschosse durchbrachen die Außenpanzerung der Station und richteten in ihrem Inneren schwere Schäden an. Mehrere Explosionen fauchten in den kalten Weltraum und entluden ihre Energie in langen Feuersäulen.

Der Major erkannte, wie erste Fluchtgleiter die Station verließen.

»Die Besatzung verlässt ihre untergehende Station«, sagte er.

Sein Kopf drehte sich Sergeant Farmer zu.
»Geben sie bitte durch, dass die Fluchtgleiter unbehelligt gelassen werden«, befahl er. »Sie sollen sich in Sicherheit bringen. «

»Ihr Befehl wurde gesendet«, bestätigte der Funk-Offizier.

Von den fünfzig ragunischen Klappflügel-Zerstörern existierten nur noch 27 Einheiten. Die restlichen Schiffe wurden zerstört, oder drifteten unkontrolliert durch den Weltraum.

Major Travis blickte Commander Brenzby an.
»Jetzt leiten wir das Ende der Station ein«, befahl er. »Wir unterfliegen die Flotte der Raguner und attackieren ihre Unterseiten. Hierdurch drängen wir sie von der Station fort. «

Er blickte seinen Funk-Offizier an.
»Sergeant Farmer, informieren sie bitte 5 Schiffe unserer Kaiser-Klasse, dass sie sich uns anschließen«, befahl der Major. »Gleichzeitig öffnen sie mir bitte eine Leitung zu Commander Bürgin. «

»Ihre Leitung baut sich auf«, meldete der Funk-Offizier.
»Ich gebe ihren Befehl an ein Geschwader der Kaiser-Klasse-Schiffe weiter. «

Major Travis nickte und hob seine Hand.
»Commander Bürgin, hören sie mich? «, sprach er in den Communicator.

Die Leitung knackte kurz.
»Klar und deutlich«, antwortete der Commander.

»Die Termar 1 wird mit fünf Schiffen der Kaiser-Klasse, die ragunische Abwehrreihe von unten angreifen«, erklärte der Major. »Wir werden die Schiffe unterfliegen und ihre weniger geschützten Flächen attackieren. In dieser Zeit befehlen sie bitte zwei Imperator-Schiffen die Station anzugreifen. Geben sie ihnen alles, was sie aufbieten können. Nichts darf von dieser gefährlichen Station übrigbleiben. «

»Ich habe verstanden«, antwortete Commander Bürgin. »Die restlichen Schiffe meines Verbandes werden sie im Auge behalten. Im Notfall werden wir Sperrfeuer auf die Schiffe geben. «

»Danke«, antwortete Major Travis. »Lassen sie jetzt die Station angreifen. Die Besatzung sollte sie bereits verlassen haben. «

Er blickte Commander Brenzby an.
»Bereit? «, fragte er.

Der Commander nickte.

»Sturzflug unter die Flotte der Raguner«, befahl er Sergeant Hausmann zu. »Führen sie das Manöver aus. Sämtliche Waffentürme auf Automatikfeuer stellen. «

Die Termar 1 und die fünf Schiffe der Kaiser-Klasse nahmen Fahrt auf. Die Zerstörer glichen flammenden Feuerbällen, welche sich unter die ragunischen Einheiten wälzten. Das Trommelfeuer aus ihren Geschütztürmen überraschte die Kommandeure der ragunischen Klappflügel-Zerstörer. Bevor die Schiffe sich zur Seite rollen konnten, um den Angriff zu erwidern, explodierten bereits weitere fünf Einheiten von ihnen. Oberhalb der Schiffe hatten die restlichen Einheiten des Neuen-Imperiums ihren Dauerbeschuss intensiviert.

Sergeant Minta, der Experte der Termar 1 für die Geschütztürme, ließ seine Finger gekonnt über seine Waffenkonsole gleiten. Er unterstützte die Hypertronic-KI des Schiffes mit manuellen Zielerfassungen. Wie bei einem Maschinengewehr röhrten die Laserstrahlen aus den massiven Rohren des Schiffes. Nach jedem erfolgreichen Treffer schwenkten sie herum und nahmen neue Ziele ins Visier. Das Flaggschiff von Admiral Tarin feuerte massive Lasersalven auf einen Angreifer, der in einem grellen Leuchtfeuer verging.

Die Zahl der ragunischen Abwehrschiffe lichtete sich weiter. Doch trotz ihrer Unterlegenheit, brachen sie ihre Verteidigung nicht ab.

Zwei Schiffe der Imperator-Klasse scherten aus ihrem Verband aus. Die langen Schiffe schwenkten auf den Asteroiden der Wurmloch-Forschungs-Station ein. Aus dem Weltraum sah es aus, als ob die Station seitlich, auf einer abschüssigen Seite des Asteroiden befestigt war und jederzeit abrutschen könnte. Doch das war nur ein Trugschluss. Die schweren Zerstörer näherten sich dem Ziel. In einer ausreichenden Entfernung stoppten die Schiffe. Die drehten der Station ihre Steuerbordseiten zu. Sekunden vergingen, dann verließen massive Laserstrahlen ihre Geschütztürme und flogen auf die verlassene Station zu. Weitere Salven folgten im Sekundenrhythmus. Die ersten einschlagenden Strahlen sprengten die ungeschützte Glaskuppel der Station in unzählige kleine Splitter. Alle nachfolgenden Salven vernichteten die Gerätschaften der Anlage. Obwohl die Energie der Station deaktiviert war, fauchten Explosionen von sich entladener Restenergie in den Weltraum.

Der Commander der Imperator-Schiffe befahl das Kombi-Strahlen-Geschütz einzusetzen. Oft waren diese äußerst effektiven Geschütze noch nicht zum Einsatz gekommen. Er beabsichtigte die Station, samt des Asteroiden zu sprengen. Nur so konnte er sicher gehen, dass nicht noch etwas von der Station in unterirdischen Höhlen übrigblieb.

An dem Frontbereich der Schiffe öffnete sich eine Luke. Massive, dicke Abstrahlrohre fuhren heraus und justierten sich auf den Planeten ein. Dann gab der Commander den Befehl zum Feuern.

Ein tiefes Dröhnen wurde auf den Schiffen hörbar, als ob das Geschütz sämtliche verfügbaren Energien zu sich umleitete. Dann röhrten baumstammdicke Strahlen aus den Rohren des Geschützes und schlugen Sekunden später auf dem Asteroiden ein. Die Station der Raguner wurde vollständig verdampft. Die beiden aufeinandertreffenden Strahlen bohrten sich tief in das Gestein des Asteroiden und färbten es glühend rot. Steine und Staub wirbelten auf. Die rötliche Färbung breitete sich schnell weiter aus. Die grellen Energiestrahlen fraßen sich weiter, tief zu dem Mittelpunkt des Felsens. Dann zerriss es den Asteroiden in einer brachialen Explosion. Unterschiedliche große Felsstücke wurden in den Weltraum geschleudert, oder kollidierten mit andern Felsbrocken aus dem Asteroidenfeld. Die geheime Wurmloch-Station der Raguner hatte aufgehört zu existieren.

Gespannt hatte die Crew der Termar 1 das Schauspiel auf dem Bildschirm verfolgt. Die Gegenwehr der ragunischen Schiffe war abgeklungen. Sie erkannten, dass sie nicht mehr ausrichten konnten. Langsam zogen sie sich aus der

Gefahrenzone zurück. Das Schiff der Aller-Ersten enttarnte sich.

»Wir erhalten einen Hyperkomm-Funkspruch von Geoffwan«, meldete Sergeant Farmer.

»Legen sie auf die Lautsprecher«, befahl der Major.

»Hier ist Geoffwan«, tönte es aus den Bord-Lautsprechern. »Wir sind ihnen zu unsagbarem Dank verpflichtet. Der erste Teil unsere Mission ist erfüllt. Lassen sie uns nach Ragun zurückfliegen und des Rest erledigen. «

Major Travis überlegte kurz.
»Wir brauchen einen besseren Plan«, entgegnete er. »Ich werde nichts überstürzen. Öffnen sie uns einen Durchgang zurück nach Natrid. Dort werden wir uns noch einmal besprechen. «

»Funkspruch von Heran«, meldete der Funk-Offizier. »Es ist angeblich wichtig. «

»Warten sie einen Moment«, sagte Major Travis zu Geoffwan. »Unser lantranischer Freund hatte etwas Dringendes. «

»Hier ist Heran«, tönte es aus den Lautsprechern. »Mein intensiver Tiefenscan zeigt eine ragunische Flotte von 500 Zerstören an, die in 5 Minuten aus dem Hyperraum brechen wird. Es ist vermutlich die Verstärkung für die hier stationierte Schutzflotte. Falls wir hier fertig sind, sollten wir schnellsten verschwinden. «

»Danke für den Hinweis«, antwortete der Major. »Ich veranlasse alles. «

Die Verbindung zu Heran wurde beendet.
»Geoffwan, haben sie das Gespräch mitbekommen? «, fragte der Major.

»Klar und deutlich«, antwortete der Aller-Erste. »Wir fliegen zurück nach Natrid. Ich öffne sofort das Wurmloch. Fliegen sie ohne Verzögerung hindurch. «

»Befehl an alle Schiffe«, sagte Major Travis. »Rücksturz nach Natrid. »Das Wurmloch wird in wenigen Sekunden geöffnet. Eine starke ragunische Flotte ist im Anflug. Wir verlassen diesen Sektor. Für heute haben wir genügend Schiffe zerstört. «

»Die Bestätigungen kommen bereits an«, meldete Sergeant Farmer. »Alle Schiffe sind bereit. «

Vor dem Schiff bildete sich ein hellblauer Durchgang. Die Schiffe des Neuen-Imperiums beschleunigten und flogen in den künstlichen Horizont. Hinter ihnen schloss sich das Wurmloch wieder.

Kommandant Cicollus fluchte laut. Er hatte den Abflug der fremden Flotte registriert. Er wusste, dass die Verstärkung zu spät kommen würde. Es vergingen lange Minuten, bis die Flotte von 500 ragunischen Schiffen in den Normalraum wechselte. Sie scannte nach fremden Schiffen und ihrem Forschungs-Asteroiden. Jedoch nichts wurde auf ihren Ortungsgeräten angezeigt. Lediglich eine kleine Gruppe ragunischer Fluchtgleiter zeichnete Ortungsreflexe auf den Bildschirmen.

Vorschau: